Python 数据分析师成长之路

熊 松 / 编著

清華大学出版社
北 京

内 容 简 介

本书凝聚了作者在多个行业数据分析实战中的宝贵经验，旨在帮助读者从零基础入行到专家级数据分析师需掌握的全栈核心能力。书中提供了高效的成长方法和简洁的学习路径。

本书共 13 章。第 1~5 章为基础部分，系统介绍 Python 学习的基本路径以及数据分析师所需的核心编程技能，包括 Pandas 和 NumPy 基础、数据预处理和 SQL 基础。第 6~11 章侧重于应用，涵盖了数据获取、可视化、分析方法、自动化分析报告生成、行业分析思维和数据挖掘等实用技能。第 12 章为创新部分，重点探讨了如何利用 ChatGPT 进行数据挖掘。第 13 章为答疑部分，回答了数据分析从业者常见的问题，如思维培养、突破瓶颈和转行准备，总结了多年的经验供读者参考。

书中每个知识点均配有详细的实战代码示例，帮助读者快速理解并应用到实际分析中。通过本书的学习，读者能够专注于数据收集到分析结论形成的全链路技能，掌握最常用的技能与最简短的学习路径。

本书适合初入数据分析领域的从业者、准备转型的各行各业人员以及对 Python 数据分析感兴趣的读者。

图书在版编目（CIP）数据

Python 数据分析师成长之路 / 熊松编著. -- 北京 : 清华大学出版社, 2025. 6. -- ISBN 978-7-302-69477-9

Ⅰ. TP312. 8

中国国家版本馆 CIP 数据核字第 2025DL2624 号

责任编辑：赵　军
封面设计：王　翔
责任校对：冯秀娟
责任印制：宋　林

出版发行：清华大学出版社

网　　址：https://www.tup.com.cn，https://www.wqxuetang.com
地　　址：北京清华大学学研大厦 A 座　　**邮　　编：**100084
社 总 机：010-83470000　　**邮　　购：**010-62786544
投稿与读者服务：010-62776969，c-service@tup.tsinghua.edu.cn
质 量 反 馈：010-62772015，zhiliang@tup.tsinghua.edu.cn

印 装 者：三河市东方印刷有限公司
经　　销：全国新华书店
开　　本：185mm×235mm　　**印　张：**18　　**字　　数：**432 千字
版　　次：2025 年 7 月第 1 版　　**印　　次：**2025 年 7 月第 1 次印刷
定　　价：89.00 元

产品编号：107745-01

前　　言

在大数据分析领域，掌握数据分析能力已成为互联网和传统行业不可或缺的核心技能，当前，许多企业正在经历数字化转型，其决策过程日益依赖数据赋能。

过去，数据分析主要依赖 Excel，这种方式效率较低。随着数据量的迅猛增长，掌握 SQL 进行数据提取，以及使用 Python 进行数据分析，已成为必备技能。尤其是在数据挖掘任务中，机器学习算法的应用越来越重要。未来，利用 ChatGPT 进行数据分析的趋势也将逐渐形成。

因此，进入数据分析行业的从业者需要首先熟悉数据提取的基础能力，并熟练掌握使用 Python 进行数据分析的技能。一些企业甚至要求具备合法获取公开数据的能力，以便快速有效地处理所需分析的数据。只有这样，才能进行深入分析，通过可视化展示结果，进一步推进数据挖掘，最终实现科学决策。此外，未来还需学习如何利用 ChatGPT 进行快速探索和数据分析，以适应行业的发展。

目前市场上已有一些书籍专注于数据分析的编程能力、分析思维的培养以及机器学习算法等方面，但鲜有针对初入职场的分析师如何快速有效地成长为数据分析专家的指南。因此，本书旨在系统阐述职场中从基础到深入所需的核心技能与思维。

随着岗位需求和项目要求的不断提高，数据分析师需要掌握一系列基础知识和核心技能。为此，本书结合实际工作项目，详细讲解数据分析师成长的全链路，帮助读者理解在职业发展过程中需要掌握的各项相关技能。这样，读者可以轻松梳理学习成长路径，降低学习的门槛，快速提升自身的分析能力。

本书共 13 章，主要分为三部分。

第一部分为基础部分（第 1~5 章），介绍 Python 学习路径及其在数据分析中的基础编程技能，包括 Pandas 基础、NumPy 基础、Python 数据预处理和 SQL 基础。

第二部分为应用部分（第 6~11 章），介绍在实际数据分析工作中常用的技能和知识，包括数据获取、数据可视化、数据分析方法、自动化分析报告生成、行业分析思维和数据挖掘等。

第三部分为实践部分（第 12、13 章）。第 12 章为创新部分，重点介绍如何利用 ChatGPT 进行数据挖掘。第 13 章为答疑部分，针对数据分析从业者常见的疑问，如思维培养、瓶颈突破和转行准备，总结了多年的经验，供读者参考。

建议初学者认真学习前 5 章，打好基础，以便后续的深入学习。第 6~11 章针对不同案例聚焦学习常用技能、语法及相关思维。初入职场的读者可以结合自身工作需求制订学习优先级，逐步完成第 6~11 章的学习。在此基础上，尝试学习第 12 章，初步了解如何通过 ChatGPT 进行数据分析和挖掘，并阅读第 13 章，以应对成长过程中可能遇到的疑惑，从而做好充分准备。

在创作形式方面，本书主要通过最基础的编程语法和最常用的分析函数进行讲解。尽管数据分析中还有许多复杂的函数，本书不会深入探讨这些内容。我们将重点通过简单的语法和典型的案例，介绍数据分析岗位所需的各种技能，力求使读者通过实际操作快速入门，了解数据分析职业发展所需的知识体系。这样，读者就可以根据个人兴趣和工作需求，进一步深入学习自己想掌握的部分。

在内容方面，本书主要面向所有希望从事或已经从事数据分析岗位的人员。只要读者对学习编程不排斥，并对数据分析感兴趣，就可以学习本书的内容。

数据分析相关技术已广泛应用于各行各业，吸引了众多对数据分析感兴趣的人考虑转型进入数据分析领域。目前国内有许多数据分析培训机构和相关课程，然而它们往往相对独立。例如，有专门教授编程的课程，也有分享分析思维的课程，甚至还有突出数据可视化的培训等。

配套资源下载

本书配套源代码，请读者用微信扫描右边的二维码下载。如果学习本书的过程中发现问题或疑问，可发送邮件至 booksaga@126.com，邮件主题为“Python 数据分析师成长之路”。

本书是作者从各行业数据分析工作实践中整理的技能体系和经验总结，旨在梳理和汇总从初级岗位到专家级岗位可能涉及的技能、分析方法和经验案例。内容涵盖 Python 基础语法、NumPy 和 Pandas 数据分析方法、SQL 基础语法、Python 数据获取、数据分析思维、数据可视化、自动化分析报告、数据建模以及 ChatGPT 分析建模入门等。书中通过大量具体示例和实际案例，展示了数据分析技能和理论的掌握程度，以及这些能力在实际案例中的应用。

最后，感谢编辑的热情指导，感谢我的家人一直以来的支持，没有他们的帮助，本书无法顺利完成。

熊 松

2025 年 4 月

目　　录

第 1 章

从菜鸟到高手的路径是什么

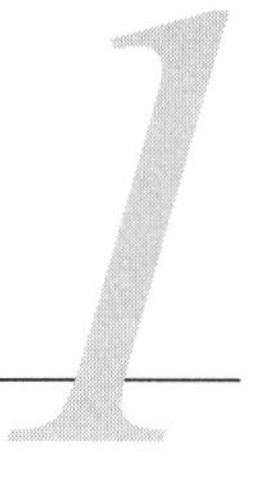

本章主要探讨如何帮助职场新人从迷茫中找到正确的学习方法，制订有效的成长计划，避免在职场中重复无效的努力，尽早走上正确且高效的成长之路。

作为曾经从非相关专业误打误撞进入数据分析师行业的人，笔者深知从菜鸟到专家的过程并非易事。经过数十年的努力与积累，虽然不能自称为高手，但对自己走过的弯路有了更深刻的理解。因此，借此机会回顾过去的经历，梳理出一条从菜鸟到高手的快速成长之路，帮助更多热爱数据分析的读者，使他们尽量少走弯路，这也是笔者最大的愿望。

许多初入职场的读者常常感到迷茫，不知如何开始制订清晰的学习与成长规划，更不清楚如何进入正确的成长轨道。实际上，成长路径可以分为以下4个层次：

（1）硬技能成长：学习数据分析的基础技能。

（2）软技能成长：培养数据分析的思维能力。

（3）通用链路技能：掌握Python数据分析技能学习的通用流程。

（4）职业心态建设：在不同的职业阶段保持积极的职业心态。

接下来，将详细介绍这4个成长路径的具体内容。

1.1 数据分析基础技能学习

许多热爱数据分析的人，一提到编程，往往会望而却步，尤其是许多非相关专业人士更是把编程能力视为一道高不可攀的入行门槛。实际上，基础编程技能在数据分析工作中确实至关重要，但并非像许多人想象的那样遥不可及。即便不懂编程，也并不意味着无法从事数据分析相关的工作。例如，许多人都能够熟练使用Excel软件，这就是进行数据分析的基础。如果再学习一些基础的SQL（Structured Query Language，结构化查询语言）和Python技能，那么就更有机会进入这个行业。下面将简要介绍数据分析的基础技能——Excel、SQL和Python，帮助读者在学习过程中更有针对性。

1.1.1 Excel 能力

在谈论编程能力之前，我们先来看看Excel，相信很多人都很熟悉这个软件。在学习数据分析相关编程技能之前，熟练掌握Excel是必不可少的。不同岗位对Excel的技能要求差异较大，例如，财务人员在高效工作时对Excel的要求就比较高。

1. 要学习什么

根据不同的需求，Excel学习的内容也会有所不同。从入门数据分析的角度，有以下几个关键点：

- Excel基础使用能力：掌握添加和修改Excel文本内容、调整表格大小、修改字体等基本功能。
- Excel数据透视功能：多维度分析是常见的分析场景，因此掌握数据透视功能至关重要，包括不同维度的统计值和求和等（建议多加练习以便熟练掌握）。
- Excel图表生成功能：将透视后的数据表格以图表形式展示是汇报分析结果的重要手段，因此学会如何将数据转换为图表也十分重要。

2. 怎么学

关于学习方式，许多人会犹豫是否需要去培训机构。实际上，刚入门时可以优先利用一些免费的资源来了解数据分析的技能，并评估自己的学习能力，再决定是否参加培训。以下是一些学习建议：

- 基础技能图书：购买一本关于Excel技能的图书进行自学，通常能在短时间内获得显著提升。
- 网络免费教程：通过搜索引擎查找Excel基础教程，网络上拥有大量的免费资源，只需认真跟随学习即可。
- 实践练习：在网上寻找实际案例进行练习，并进行整理和分类，积累到自己的文档中，以备后续复习或直接使用。

3. 学到什么程度

明确学习内容和方式后，了解需要掌握的深度尤为重要。并非所有技能都需要掌握得非常熟练，这通常取决于实际工作的需求，因为每个人的工作需求不同，表1-1所示是根据常见需求和技能难易度的学习深度建议。

表 1-1　学习深度建议

工作使用频繁度	技能难易程度	学习深度建议
频繁使用	难	理解透彻
频繁使用	中	理解透彻
频繁使用	易	理解透彻
一般使用	难	记录到笔记中
一般使用	中	记录到笔记中
一般使用	易	尽量理解透彻
较少使用	难	记录到笔记中
较少使用	中	记录到笔记中
较少使用	易	记录到笔记中

从表中可以看出，对于频繁使用的技能，必须理解透彻，才能在实际工作中灵活运用，提高工作效率。如果频繁使用的技能难度较大，可以将其记录到笔记中，逐步熟悉和掌握。

总之，以上内容介绍了Excel在数据分析岗位入门中需要学习的内容、学习方式及学习深度。建议读者不要急于学习所有Excel功能，而是根据实际工作需求逐步掌握所需技能，并详细记录和总结，从而实现低成本、高效率的学习。

1.1.2 SQL 编程能力

随着互联网的不断发展，数据量也随之增长，Excel已无法满足数据分析的需求。许多使用过Excel的人都知道，当数据量超过10万条时，进行简单的统计分析就会变得非常缓慢。因此，将数据存储到数据仓库，并通过SQL进行数据提取和分析，已成为当前的首选方案。

1. 要学习什么

不同岗位对SQL的学习要求有所不同。例如，数据仓库工程师需要掌握的SQL技能远多于数据分析师。因此，数据分析师不必过于焦虑，只需要明确自己需要掌握的技能，便能轻松应对。

- SQL数据提取能力：对于数据分析师而言，数据提取是最基础的能力，必须掌握。
- SQL数据仓库管理能力：此能力取决于岗位需求。在许多大型公司中，数据仓库的管理通常由专门的团队负责。

2. 怎么学

由于SQL是结构化查询语言，很多人会发现它相对容易学习。以下是一些学习建议：

- 图书学习：阅读基础的SQL图书，了解需要掌握的技能和数据提取的基本逻辑。
- 网络免费教程：充分利用网络上的免费资源，通过实践逐步理解并掌握SQL。

- 实践练习：建议下载并安装基础的数据仓库，亲自动手编辑SQL进行实操练习，从而提高学习效率。

3. 学到什么程度

SQL是用于管理关系数据库的标准语言，主要用于数据查询和程序设计。数据分析师的重点在于查询和分析，通过不同维度的数据进行统计分析。如果读者希望在数据分析行业长期发展，建议掌握以下学习重点并明确学习目标：

- 熟练掌握查询技能：必须熟练掌握单表和多表的关联查询、过滤等基本技能。
- 一般掌握数据仓库管理技能：了解数据仓库管理的基本知识，以便自主学习相关数据表的增、删、改、查技能。
- 提高数据查询效率等技能：可以根据实际情况学习提升数据查询效率的方法。如果公司有专门的团队支持，可以专注于数据分析中的数据提取工作。

以上是关于SQL在数据分析岗位入门中需要学习的内容、学习方法及学习程度的介绍。建议读者首先熟练掌握查询技能，以满足日常工作需求，然后逐步深入学习其他相关内容。

1.1.3　Python 编程能力

Excel主要用于快速统计和分析，SQL适合处理大规模数据查询与统计分析，而Python的应用范围更为广泛。那么，学习Python的意义是什么呢？在深入探讨之前，我们先对Python进行初步了解，明确学习的内容、方法以及学习的深度。

Python作为一种高级编程语言，广泛应用于软件开发和数据科学领域，并具有多样的优势。在TIOBE 2024年3月的编程语言排行榜中，Python凭借其强大、易学好用的特点位居第一，超越了C语言，如图1-1所示。

Programming Language	Ratings	Change
Python	15.63%	+0.80%
C	11.17%	-3.56%
C++	10.70%	-2.59%
Java	8.95%	-4.61%
C#	7.54%	+0.37%
JavaScript	3.38%	+1.21%
SQL	1.92%	-0.04%
Go	1.56%	+0.32%

图 1-1　2024 年 3 月编程语言排行榜

Python的主要应用领域包括：

- Web开发：Python在构建Web应用程序方面表现优异，常用框架如Django和Flask。
- 数据科学与人工智能：Python在数据分析、可视化、机器学习和人工智能领域的应用广泛，Pandas、NumPy、Scikit-learn和Matplotlib等库为这些领域提供了强大支持。
- 科学计算：Python在科学计算和工程领域也有广泛应用，SciPy和SymPy库提供了丰富的科学计算功能。
- 自然语言处理：Python在文本数据处理和自然语言处理方面表现出色，NLTK和spaCy等库为开发者提供了强大的工具和算法。

Python的优势包括：

- 简单易学：Python的语法简洁明了，类似自然语言，易于学习，特别适合初学者和非计算机专业人士。
- 多样的应用领域：Python可广泛应用于Web开发、数据科学、人工智能、机器学习、科学计算等多个领域，其灵活性和通用性使其成为全能的编程语言。
- 强大的生态系统：Python拥有庞大且活跃的社区，丰富的第三方库和工具（如NumPy、Pandas、TensorFlow、PyTorch等）大大简化了开发流程，提高了效率。
- 跨平台性：Python是跨平台的，可以在Windows、Linux、macOS等多种操作系统上运行，便于开发者在不同环境中部署应用程序。
- 快速开发：Python支持快速开发和迭代，动态类型和自动内存管理的特性使得原型构建和迭代开发迅速高效。
- 丰富的社区支持和文档：Python拥有庞大的开发者社区，丰富的文档、教程和问答网站（如Python官方文档、Stack Overflow等），方便开发者获取所需帮助和资源。
- 广泛的工具支持：Python支持多种集成开发环境（IDE），如PyCharm、Jupyter Notebook，还支持多种文本编辑器，如Sublime Text、VS Code，开发者可根据个人喜好选择合适的工具。

选择Python进行数据分析的原因如下：

- 简单易用：与R语言或其他数据分析语言相比，Python更加简洁易懂。
- 高效多功能：Python不仅可以快速进行统计分析、数据可视化，还能实现自动化预警和生成分析报告，广泛应用于数据挖掘和机器学习领域。
- 丰富的生态支持：众多第三方库使得Python在数据分析方面既高效又便捷。

通过以上介绍，我们对Python的应用和优势有了初步了解，接下来将具体探讨入门Python时应学习的内容、方法及深度。

1. 要学什么

在数据分析领域，学习Python时可以重点关注以下几个方面：

- 基础语法：掌握基本语法以进行数据读取和统计分析。
- 数据可视化：学会使用Python生成可视化图表，方便制作数据分析报告。
- 自动化处理：利用Python自动化生成分析报告（结合实际工作需求进行学习）。
- 数据挖掘：掌握特征挖掘和模型建立的技能（结合实际工作需求进行学习）。

2. 怎么学

针对Python的学习，不同难度的内容可以采用不同的学习方法：

- 网络学习：通过图书学习基础语法仍然是最常见的选择。
- 网络免费教程：利用免费的网络在线教程也能有效掌握基础语法、可视化和自动化等内容，满足入门需求。
- 实践练习：对于数据挖掘等进阶内容，建议结合自己的能力，通过自学和网络平台竞赛实践相结合或通过培训机构和实践相结合的方式进行学习，成长会更快。

3. 学到什么程度

由于Python的应用范围非常广泛，学习的深度应根据实际工作需求进行调整。以下是针对不同岗位的学习层次进行区分：

- 业务数据分析师：需要掌握Python的基本语法，能够进行数据分析、可视化和自动化处理。
- 数据挖掘工程师：需要深入学习Python在机器学习算法和特征挖掘方面的应用。
- 数据产品经理：需要具备Python基础知识，了解爬虫技术、机器学习和特征挖掘，能够独立探索和分析产品。

总的来说，Excel、SQL和Python作为数据分析的核心技能，都需要熟练掌握基础知识。虽然学习门槛并不高，但在此基础上，结合自身实际工作场景进行针对性学习，将更有效地提升工作效率和技能水平。

1.2　数据分析思维能力培养

在成长为一名优秀数据分析师的过程中，除了掌握各种技巧和编程能力外，数据分析思维的软实力才是核心竞争力。因此，有意识地培养自己的分析思维至关重要。

那么，如何培养数据分析思维呢？许多分析师在开始数据分析时通常遵循以下思路：

（1）观察数据趋势的变化。

（2）分析用户的基本维度变化，如年龄、性别等。

（3）深入分析交叉维度，找出问题所在。

这三步是许多数据分析师的入门方法，如同“三板斧”一般，如图1-2所示，这种分析方法对于一般问题有效。然而，面对不同的业务场景时，这种思路可能并不适用。如果缺乏其他分析思路，重新寻找切入点可能让人感到无从下手。因此，培养数据分析能力，尤其是分析思维能力，变得尤为重要。

图 1-2　数据分析师入门“三板斧”

总体而言，数据分析思路对数据分析师来说，就像探宝专家手中的地图。只有拥有清晰完整的地图，才能快速准确地找到目标，进而获得有价值的洞见。否则，分析得出的结论可能既不准确也不实用，对公司而言毫无价值。因此，掌握正确的分析思路是每位希望成为优秀分析师的必备技能。

当我们面对老板布置的业务分析任务时，如何找到正确的分析思路呢？根据笔者多年的经验，正确的分析思路源于对业务的深刻理解，同时需要从更高的视角（包括业务、公司和行业）出发，通过严谨的逻辑和量化分析的方法来解决问题。

下面是笔者结合多年工作经验，提出的由底层到上层、由浅入深的4个层面分析思路，旨在帮助读者提升数据分析能力。

1.2.1　需求层面：角色转换

每个公司的数据分析师所需要分析的内容来自不同的业务部门，涉及销售、运营、财务、产品、技术等多个领域。作为分析师，我们应主动进行角色转换（见图1-3），站在各部门的视角，识别数据分析的关键点，帮助他们发现产品、运营流程和销售业绩中的问题。同时，提出切实可行的建设性建议，以提升工作效率和营收，而非被动地等待需求，成为单纯的数据提取工具。如果最终沦为工具，那将是每位数据分析师最为悲惨的境遇。

图 1-3　数据分析师角色转换

笔者曾任职于一家电商公司，担任数据分析师。在该公司，运营团队会定期开展活动，并在节假日进行短信营销。然而，由于缺乏商业智能（Business Intelligence，BI）工具的支持，每次营销只能采用全量推送的方式。这种粗放式的操作不仅耗费大量成本，而且对提升营销效果的帮助有限。

从成本的角度分析，我们发现每次短信营销活动的成本高达10万元，一年中类似的活动超过十次，导致全年短信营销费用超过百万元。然而，通过数据分析，我们注意到转化率主要集中在一线和三线城市的年轻人群体。这表明，全量推送存在严重的资源浪费。

为了优化这一问题，我们进行了A/B测试，尝试精准筛选目标用户群体并定向投放。结果表明，仅投入1万元进行精准投放，其转化率与全量投放的效果几乎相当。最终，我们为运营部门节约了近100万元的预算。

现在看来，这是一种简单而高效的精细化运营策略。但在互联网行业刚起步的阶段，这种意识并非人人都具备。许多时候，问题的复杂性并非核心障碍，关键在于思维的灵活性和对数据价值的敏锐洞察。通过数据驱动决策，不仅能显著降低成本，还能大幅提升运营效率，为业务带来更大价值。

只有通过角色转换，深入理解不同角色的日常工作，我们才能发现有价值的分析主题，找到有效的分析思路，解决真正有意义的问题。如果被动等待问题找上门，往往会导致临时思考分析思路时手足无措。因此，主动出击，提前发现问题并制定解决方案，才是更为高效的关键策略。

1.2.2 业务层面：核心指标

除了主动进行角色转换以探索需求外，还需要深入了解各业务部门的核心指标。如图1-4所示，每个业务部门通常都有其特定的KPI，例如，销售部门关注营收指标，运营部门关注效率指标，产品部门则关注访问量或产品异常率等指标。当公司本月的营收总额下降时，常见的分析思路是顺着营收来源逐步拆解相关指标。首先明确营收的主要渠道，然后逐一排查这些渠道在哪个时间段出现了问题。这种“顺藤摸瓜”的分析方法直观且简单，但关键在于聚焦核心指标并进行深入分析。

图 1-4 关注核心 KPI

需要注意的是，在发现问题后必须进一步提供解决方案和建议，而不是简单地将问题抛给业务部门去解决。这种做法是不负责任的行为，每一位数据分析师都应具备闭环思维。虽然这个理念被广泛提及，但真正落实并不容易。例如，当我们发现某个广告渠道的投放效果不佳时，可以对比其他广告渠道的用户画像，识别出最佳的广告投放转化人群，同时提出相应的算法建模方案。只有在方案落地并确认效果达到预期后，才能算作一个完整的分析闭环。

1.2.3 战略层面：明确方向

在担任数据分析师的几年里，笔者逐渐感到自己的分析思路遇到了瓶颈。除了日常的需求分析和指标分析外，发现自己无法为公司提供更大的价值。经过反思后，才意识到问题出在对自己设限制。曾经，笔者从未主动去了解公司的战略层面，总认为自己只是处于底层的业务分析师，没有必要去了解公司的战略部署。这种错误的想法使笔者错失了许多重要的提升机会。

正如俗话所说：“不想当将军的士兵不是好士兵。”在数据分析领域也一样，可以认为，“不想了解公司战略的分析师，不是一个称职的分析师”。

我们不必制定惊天动地的战略规划，但有必要在充分了解公司战略后，通过数据驱动的方式更好地支持战略的执行，如图1-5所示。实际上，每项业务都是公司整体战略的重要支撑，因此我们的工作与战略发展息息相关。例如，当公司处于高速发展时期，其整体战略必然是快速扩张。在这种情况下，各业务目标也应与之相匹配，可能需要增加预算以支持发展。然而，如果我们只关注预算分析，研究如何节约成本，这样的思路显然与公司战略背道而驰。即使我们的分析报告再好再准确，对公司而言也可能意义不大。

图 1-5　明确企业战略方向

作为分析师，我们的职级和能力可能不足以直接影响和改变公司战略，但我们可以尽力为战略的实施提供支持。例如，在公司扩张时强烈要求节约成本，或在稳定期盲目建议扩张并不是最佳选择，反而可能会为公司带来风险。

因此，若希望提升分析的价值，不妨深入了解公司战略，明确分析思路和方向。

1.2.4　行业层面：洞察影响

在深入了解公司的战略后，需要进一步了解公司所处行业的发展动态，这样才能进行更有价值的分析，并为公司创造更大利润，如图1-6所示，即使公司不是行业巨头，通常也会受到行业变化的影响，但在这种情况下，掌握行业的变化趋势仍能帮助我们提前做好分析准备，为公司的战略决策提供有价值的支持。哪怕我们的分析不能够直接影响战略，但仍然能为公司战略部署提供重要参考。

图 1-6　洞察行业影响

例如，在第一代智能手机出现时，可以分析随着销量变化，市场份额如何变迁。同时，通过用户的购买数据分析，可以洞察手机用户的心智变化，从而预测未来智能手机的受欢迎趋势。此外，智能手机的发展将对公司销量和利润产生怎样的影响，也可以提出相关建议，提出可能的尝试和战略调整。想象一下，如果将这样的市场分析报告和可行性解决方案呈现给老板时，将会产生怎样的积极效果。

因此，要打破分析瓶颈，就需要密切关注行业动态。可以通过各类行业报告和专业网站获取信息，这将有助于我们积累更多的分析能力和思路。

总而言之，数据分析能力并不是凭空而来的，而是通过学习、探索和沉淀逐渐获得的。要提升分析能力，就必须深入了解不同的角色、业务、战略和行业，从而不断拓宽全局视角，发现更多有价值的分析思路。正是由于分析师在数据敏感度、经验和行业认知上的差异，才导致薪资待遇的跨度也很大。

在数据分析师行业，既要懂得分析、了解行业，又要具备一定的商业头脑，只有这样才能在未来创造更大的可能性。

1.3　Python 数据分析通用链路技能

在掌握了硬技能学习和软实力培养之后，接下来需要深入了解实际工作中涉及的具体任务。虽然不同岗位的职责有所不同，但对于数据分析而言，始终离不开从数据收集、分析到输出的完整链路。随着时代的发展，使用Python进行数据分析的频率和深度只会越来越高。因此，前期了解Python在数据分析全链路中的具体应用显得尤为重要。

当然，掌握Python技能的程度应根据实际工作需求来界定。不同工作场景所需的技能环节各不相同，例如：

- 数据分析：频繁使用Python进行统计分析。
- 数据挖掘：经常使用Python进行特征指标挖掘。
- 数据建模：使用Python进行数据建模。
- 机器学习：运用Python进行机器学习。

因此，我们需要系统地整理自己的学习链路。通过拆解不同的链路，可以更有针对性地学习Python。

通用的全链路数据分析过程中通常涉及的Python学习内容，可以分为6个主要部分：数据收集、数据预处理、数据分析、数据挖掘、数据可视化和数据分析报告。

1.3.1　数据收集

许多刚入职场的新人主要收集公司各业务部门的数据，而很少接触公开合规的数据。实际上，这些公开的数据也是数据分析的重要原材料，因此在获取这些数据时，需要学习Python的数据爬取技能。

对于喜欢自学的读者，可以尝试爬取一些公开的经济数据、商品评论等进行分析和挖掘，这将有助于提升Python的应用能力。因此，数据收集作为数据分析的第一步，至关重要。具体内容将在后续章节中详细介绍。

1.3.2 数据预处理

在获取数据后，我们所得到的通常是未经加工处理的原始数据。首先需要做的就是对这些数据进行各种加工和处理，将其转换为可用于分析的数据，这个过程称为数据预处理。

数据预处理的常见操作包括：

- 处理重复值
- 处理缺失值
- 处理空格
- 处理异常值

……

任何可能影响分析结果的未经处理的数据都需要进行预处理。在实际操作中，可能会遇到多种特征处理的情况，届时可根据需求灵活处理。

1.3.3 数据分析

在数据收集和预处理完成后，接下来就是数据分析。分析的第一步通常是现状分析，用于了解数据的基本情况，主要包括：

- 数据量：数据的总数量。
- 数据维度：数据包含的维度数量。
- 有效数据：可用于分析的有效数据量。
- 数据范围：数据覆盖的时间周期。

……

这些基本信息都可以通过Python快速分析完成。

对数据基本情况的了解是现状分析的关键。之后可以进行不同维度的分析或交叉维度分析，主要包括：

- 单维度趋势分析
- 多维度交叉分析

不同的应用场景会采用多种分析方法。

1.3.4　数据挖掘

数据挖掘在金融风控行业广泛应用，特征挖掘可以通过Python实现。同时，利用Python调用各种算法库进行特征建模也非常便捷。此外，通过Python还可以用来进行计算评估，最终将结果以可视化报告的形式呈现。

1.3.5　数据可视化

数据分析后的可视化是一个重要环节，它能帮助需求方更好地理解数据。可视化是最有效的表达方式之一。

Python的Matplotlib库能够轻松生成各种可视化报表和图形，例如：

- 柱状图
- 饼状图
- 折线图
- 排序图
- 堆砌图

……

不同类型的数据结果可以通过不同的可视化图形呈现，使信息更加直观易懂。

1.3.6　数据分析报告

提到数据分析报告，许多职场人士会选择使用PPT。虽然PPT能够以美观清晰的方式展现汇报信息，但它更侧重于结构化的视觉展示。相比之下，Word文档在细节和清晰度方面可能更具优势。

使用Python生成数据分析报告是一个高效的选择。Python的自动化功能可以显著提高工作效率，尤其是在日常的日报或周报中，通过编程实现一键生成报告，能够大幅节约时间。

如果需要定制化的数据分析报告，可以先使用Python生成可视化图表，再补充分析观点。这种方式同样高效，前提是需要熟练掌握相关技能。

以上是数据分析工作中，各岗位可能涉及的通用链路技能。不同环节需要掌握不同的技能，且根据岗位需求，学习的深度会有所不同。如果计划在数据分析行业长期发展，那么提前了解并掌握全链路的基本技能，将有助于更早地应用于实际工作中。

1.4　保持最佳的职业心态

在数据分析行业工作过程中，难免会遇到各种挑战。这些问题可能会直接影响我们对未来发展的信心，甚至产生离开这个行业的念头。在这种情况下，如果缺乏良好的职业心态，即使具备扎实的编程能力和敏锐的分析思维，也可能难以坚持下去。

1.4.1 遇到问题

在工作中，我们可能遭遇如下问题：

（1）被视为单纯的数据提取工具，每天重复相似的工作，令数据分析的价值感变得微乎其微。

（2）工作仅五年便感觉遇到瓶颈，未来发展前景似乎黯淡无光。

（3）对职业寿命的焦虑，让你意识到与医生、律师等职业相比，自己在行业中的发展空间并不乐观。

以上问题是大部分数据分析师面临的三大挑战。除此之外，每个人还可能面临不同的困扰，此处不一一列举。

1.4.2 面对和理解问题

作为曾经亲历这些问题的人，我深知，如果不及时调整心态，往往会半途而废。基于个人经验，以下是对上述三个问题的分析，这些问题恰好反映了职业发展过程中不同阶段的心态挑战：

- 职业初期（1~3年）：进入数据分析行业之初，由于经验尚浅，往往难以主动发现和解决问题，导致频繁被动接受数据提取任务。时间一长，发现自己似乎只是在重复相同的工作，价值感逐渐减弱。
- 职业中期（3~6年）：在这段时间里，优秀的数据分析师能够迅速从初级晋升为高级分析师，但如果希望进一步提升，就会发现这并非易事。此时，需要拓宽知识面，学习更多技能才能实现突破。
- 职业后期（6年以上）：通常在8~10年间，数据分析师进入职业中后期。如果未能达到专家级别，未来的发展机会将大大缩减。即使达到了专家水平，面对未来的职业规划也可能感到迷茫。

在不同的职业阶段，遇到这些问题是非常普遍的现象，尤其是在互联网等行业，数据分析师面临的问题往往会更早显现，初期难以适应也是正常现象。

1.4.3 解决问题：保持最佳的职业心态

在过去十多年中，笔者经历了许多挑战，也得到了许多同事的帮助。在此，笔者希望通过梳理这些经历，帮助更多的人在数据分析行业中保持最佳的职业心态。有时感到郁闷、迷茫或焦虑，往往不是因为能力不足，而是因为没有认真分析自己内心深处的问题。

1. 主动思考，打破工具人设

如果感觉自己被视为工具人，不妨反思一下，是他人将你视为工具人，还是自己将自己视作工具人？当我们接到数据需求时，是否主动思考以下几个问题：

- 数据需求合理性：这个数据需求是否合理且必要？如果不必要，可以选择不做，从而减少重复工作。
- 数据需求重复性：这个数据需求是否经常被重复提出？如果是，可以考虑通过固化和自动化来提升反馈效率。
- 数据需求拓展性：这个数据需求是否有潜力进一步拓展成更大、更有价值的需求？如果能够反馈给业务方，将有助于改变他人对你角色的看法。

需要记住，主动思考是打破工具人设的关键。

2. 挖掘能力洼地，突破瓶颈

作为一名数据分析师，虽然你可能已经熟悉编程，也能应对基本的业务分析，但这并不意味着已经到达了终点。每个人都有不完美之处，努力思考并找到自己的能力洼地，可以有效突破瓶颈。以下是一些寻找能力洼地的思考维度，可供读者参考：

- 角色转换：作为数据分析师，可以尝试转换为产品角色，从新的视角积累经验，找到能力突破的机会。
- 思维转换：如果我们的分析主要围绕商品销量，不妨学习一些财务知识，可以从财务的角度进行分析，寻找新的突破点。
- 技能转换：尽管我们可能已熟悉现有技能（如Python分析和可视化），但为了更好地提升数据分析能力，可以尝试学习网络爬虫技能，便于自行获取数据，助力进一步突破技能瓶颈。

切忌过早满足于现有状态，可以从不同角度寻找能力洼地并重点提升自己的数据分析能力。

3. 学会能力迁移，拓展行业边界

当你在数据分析领域达到一定高度后，可能会发现自己的价值或薪资难以提升。但这并不意味着前景有限。学会能力迁移将为你打开更多的行业机会。以下是一些能力迁移的建议：

- 行业复用：在不同的行业中，数据分析能力的许多技能（如Python数据分析和挖掘、分析思维等）都是可以复用的，无须担心技能会迅速被淘汰。
- 降维拓展：许多传统行业的数字化转型仍处于早期阶段，运用互联网数据分析或产品

分析的能力，可以在这些行业实现降维扩展，发挥更大潜力。

- 创新探索：随着自媒体和知识付费的流行，数据分析能力不仅能为内容创造带来优势，还能与多个行业融合，创造出新的自媒体玩法。

无论在哪个领域，许多技能和思维方式都是通用的。例如解决问题的能力、学习能力、沟通与协作能力，甚至在一些早期行业进行降维打击。因此，不要给自己设限，勇于拓展自己的行业边界。

1.5　本章小结

要想从数据分析菜鸟成长为高手，并非一蹴而就，当然也不需要将所有技能都学习到80分以上才算合格。基础技能需要熟练掌握，而高阶技能则应有所了解。例如，Excel基础技能、SQL基本查询能力和Python基础编程能力，这些通常被视为入门门槛。只要愿意学习，数月内就能完全上手。笔者就是跨专业自学过来的，实际上并没有想象中那么难。

真正难的是数据分析的思维能力，但这种能力也是可以逐步培养的。可以尝试给自己不同的角色和定位，刻意练习分析思维，不断积累经验，一定会有意想不到的收获。

在学习或工作过程中，了解Python数据分析的通用链路非常重要。虽然不需要对每个环节都深入掌握，但应尽早了解并学习。在实际工作中，根据自己的需求深入学习相关部分，这样不仅能打通全链路技能，还可以在某个环节形成自己的强项，这对升职加薪会有很大帮助。

最后，在未来的职业生涯中，保持良好的心态是制胜的关键。只要不断拓展自己，未来就会有无限的可能性。

第 2 章

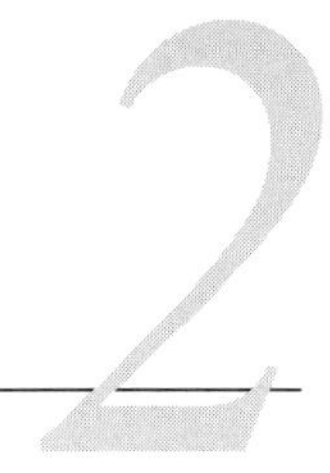

NumPy基础

本章将介绍在Python数据分析过程中常用的NumPy基础编程。掌握NumPy的基本概念，并能够进行简单的数据查询和计算，将显著提升实际数据处理的效率。

2.1 NumPy 简介

NumPy（Numerical Python）是Python数据分析中不可或缺的基础库。它支持高效的多维数组和矩阵运算，并提供了丰富的数学函数库来进行数组运算。NumPy在处理大量数组数据时速度极快，且无须使用Python循环，从而显著提高计算效率。

NumPy最重要的特性之一是其N维数组对象——ndarray。该对象是同类型数据的集合，索引从0开始。ndarray对象用于存储同类型元素的多维数组，数组中的每个元素在内存中占有相同大小的存储区域。

本节将重点介绍NumPy在数据分析中常用的一些语法和功能。

重要提醒：本书主要介绍数据分析师成长过程中需要重点学习的知识点，对于没有任何编程基础的读者，建议先学习一些基础编程知识，然后阅读本书，以便快速理解数据分析师成长过程中的核心内容。

2.2 NumPy 结构

创建一个ndarray数组只需调用NumPy的array函数。每个函数都有具体的名称和相应的参数，根据不同的参数实现不同的功能，具体格式如下：

```
numpy.array(object, dtype=None, copy=True, order=None, subok=False, ndmin=0)
```

相关参数说明如下：

- object：表示要转换为数组的对象或嵌套数列。
- dtype：数组元素的数据类型（可选）。
- copy：是否需要复制对象（可选）。
- order：创建数组的存储顺序，C表示行优先，F表示列优先，A表示任意顺序（默认值）。
- subok：如果为True，则返回一个与基类类型一致的数组。
- ndmin：指定生成数组的最小维度。

在上述参数中，常用的是object和dtype，其他参数很少用到。因此，在学习过程中，不必熟知每一个参数。以下是一个简单的代码示例：

```
import numpy as np
a = np.array([1,2,3],dtype=np.int32)
print (a)
```

输出结果如下：

```
[1 2 3]
```

以上代码输出了一个简单的一维数组。如果要生成更复杂的数组，需要修改各种参数。后续将详细介绍常见的数据生成和处理方法。

2.3　数据类型及转换

在对NumPy数组进行加、减、乘、除等操作之前，了解数组的数据类型非常重要，这有助于更好地进行数据交互。数据类型的初始化代码如下：

```
import numpy as np

data1=np.array([1,2,3],dtype=np.float64)
data2=np.array([1,2,3],dtype=np.int32)
print(data1.dtype)
print(data2.dtype)
```

输出结果如下：

```
float64
int32
```

如果需要转换数组的数据类型，可以使用astype方法：

```
import numpy as np

data1 = np.array([1,2,3,4])
print(data1.dtype)
data2 = data1.astype(np.float64)
print(data2.dtype)
```

输出结果如下：

```
int64
float64
```

通过astype方法，我们可以将data1的数据类型从int64转换为float64。

下面的代码示例将浮点数转换为整数类型（注意，小数部分将被截断）：

```
import numpy as np

data = np.array([1.5,-2.3,3.4,4.7])
print(data.astype(np.int32))
```

输出结果如下：

```
[ 1 -2  3  4]
```

可以看到，输出结果中小数部分被删除了。

此外，如果需要将包含数字的字符串元素转换为数字类型，也可以使用astype方法：

```
import numpy as np

data = np.array(['1.5','-2.3','3.4','4.7'], dtype = np.string_)
print(data.astype(float))
```

输出结果如下：

```
[ 1.5 -2.3  3.4  4.7]
```

通过astype方法进行转换时，会生成一个新的数组，而原数组的内容不会发生改变。

2.4　生成各种数组

在NumPy中，生成各种数据主要使用array函数。无论是单维数组、多维数组，还是随机数组，都可以通过该函数或其相关扩展功能来创建。针对不同的分析场景，我们需要创建不同的数组用于实践。下面先来看一个简单的代码示例：

```
import numpy as np
```

```
data = [2,3.5,5,0,3]
arr_data = np.array(data)
print(arr_data)
```

输出结果如下：

```
[2.  3.5  5.  0.  3. ]
```

以上代码生成了一个一维数组。如果要想创建一个多维数组，可以使用嵌套序列，代码如下：

```
import numpy as np

data = [[0,1,2,3],[4,5,6,7]]
arr_data = np.array(data)
print(arr_data)
```

输出结果如下：

```
[[0 1 2 3]
 [4 5 6 7]]
```

可以看到，data列表成功生成了一个二维数组。我们可以通过shape属性来确认数组的维度：

```
print(arr_data.shape)
```

输出结果如下：

```
(2, 4)
```

以上输出中的2代表行数，4代表列数，即生成了一个2行4列的数组。接下来，介绍几种常见的定制化数组的创建方法：

- 要创建一个全0的数组，可以使用zeros方法。
- 要创建一个全1的数组，可以使用ones方法。
- 要创建一个未初始化数值的数组，可以使用empty方法。

```
import numpy as np

data1 = np.zeros(5)            # 创建全0的数组
data2 = np.zeros((3,4))        # 创建全0的多维数组

data3 = np.ones(5)             # 创建全1的数组
data4 = np.ones((3,4))         # 创建全1的多维数组

data5 = np.empty((2,3,3))      # 创建未初始化的多维数组
print(data1)
print(data2)
```

```
print(data3)
print(data4)
print(data5)
```

输出结果如下：

```
[0. 0. 0. 0. 0.]
[[0. 0. 0. 0.]
 [0. 0. 0. 0.]
 [0. 0. 0. 0.]]
[1. 1. 1. 1. 1.]
[[1. 1. 1. 1.]
 [1. 1. 1. 1.]
 [1. 1. 1. 1.]]
[[[-3.10503618e+231 -3.10503618e+231 -5.43472210e-323]
  [ 0.00000000e+000  2.12199579e-314  0.00000000e+000]
  [ 0.00000000e+000  0.00000000e+000  1.77229088e-310]]

 [[ 3.50977866e+064  0.00000000e+000  0.00000000e+000]
  [             nan              nan  3.50977942e+064]
  [ 6.93487456e-310 -3.10503618e+231 -3.10503618e+231]]]
```

提示　由于NumPy专注于数值计算，默认的数据类型为float64（浮点型），除非另有指定。

2.5　数组计算

使用NumPy数组进行计算的效率通常高于通过for循环进行计算，因为NumPy数组支持逐元素操作。接下来，我们将详细介绍数组的基本加、减、乘、除计算。基础计算在数据分析过程中常常用于数据预处理，因此需要熟练掌握。

```
import numpy as np

data1 = np.array([[1, 2, 3], [2, 3, 4]])
print(data1)

# 加法
print(data1 + data1)

# 减法
print(data1 - data1)

# 乘法
print(data1 * data1)
```

```
# 除法
print(data1 / 2)
```

输出结果如下：

```
[[1 2 3]
 [2 3 4]]
[[2 4 6]
 [4 6 8]]
[[0 0 0]
 [0 0 0]]
[[ 1  4  9]
 [ 4  9 16]]
[[0.5 1.  1.5]
 [1.  1.5 2. ]]
```

如上代码所示，数组的计算是逐一对应进行的。例如，在除以2的运算中，数组中的每一个元素都被除以2。

2.6 索引和切片

在数据分析中，全面了解数据，特别是识别和处理异常值至关重要。为了快速定位具体的异常数据，通常需要借助索引进行高效的数据筛选。因此，为了能够更精准地掌握数据现状并为后续的计算分析奠定基础，熟练运用数据的索引与切片技术至关重要。

NumPy的索引和切片是操作数组的重要功能，允许用户以灵活的方式访问和修改数组中的元素。

- 索引：使用方括号（[ ]）加上索引号，引用数组中特定位置的元素。索引的作用是从数组中提取特定的元素，重新组成一个子数组。
- 切片：访问数组的连续元素子集。切片操作使用冒号(:)表示范围，语法为start:stop:step。其中start是起始位置，stop是结束位置（不包括），step是步长。切片操作可以应用于一维或多维数组。

1. 一维数组的索引和切片

一维数组的索引和切片代码如下：

```
import numpy as np

data = np.arange(15)
print(data)
```

```
print(data[4])          # 按照索引进行数据查询
print(data[3:6])
data[3:6] = 10          # 对区间数据进行赋值
print(data)
```

输出结果如下：

```
[ 0  1  2  3  4  5  6  7  8  9 10 11 12 13 14]
4
[3 4 5]
[ 0  1  2 10 10 10  6  7  8  9 10 11 12 13 14]
```

由上述代码可见，NumPy的索引方式与Python列表相似，均从0开始。当对data[3:6]进行赋值时，整个切片的值会被修改，且这一变化反映在原数组中，最后对应位置的值被修改为10。

使用切片索引[:]可以引用数组的所有值，代码如下：

```
import numpy as np

data = np.arange(15)
print(data[:])
```

输出结果如下：

```
[ 0  1  2  3  4  5  6  7  8  9 10 11 12 13 14]
```

2. 二维数组的索引和切片

二维数组的索引与一维数组有显著区别。一维数组的索引返回的是具体位置的单个值，而二维数组的索引返回的是一维数组。代码如下：

```
import numpy as np

data = np.array([[1, 2, 3], [2, 3, 4], [3, 4, 5]])
print(data[2])
```

输出结果如下：

```
[3 4 5]
```

要选择二维数组中的具体元素，可以使用以下两种方式：

```
print(data[0][0])
print(data[0,0])
```

输出结果如下：

```
1
1
```

由上述代码可以看出，data[0][0]表示先取第一个数组，再取该数组中的第一个元素。无论是使用两个方括号，还是使用逗号隔开，都可以用来索引具体元素。

3. 多维数组的索引和切片

多维数组的索引逻辑与二维数组相似，逐层获取数据即可。代码如下：

```
import numpy as np

data = np.array([[[1, 2, 3], [2, 3, 4]], [[3, 4, 5], [4, 5, 6]]])
print(data)
print(data[0])          # 输出一个2×3的数组
print(data[0][0])
print(data[0][0][0])
print(data[0, 0, 0])
```

输出结果如下：

```
[[[1 2 3]
  [2 3 4]]

 [[3 4 5]
  [4 5 6]]]
[[1 2 3]
 [2 3 4]]
[1 2 3]
1
1
```

由上述代码可以看出，多维数组是数组的嵌套结构，只需按照顺序逐层索引即可。对数组进行切片时，需要特别小心。下面是通过二维数据进行切片的详细示例：

```
import numpy as np

data = np.array([[1, 2, 3], [2, 3, 4], [3, 4, 5]])
print(data)

# 选择前两行的数据
print(data[:2])

# 选择前两行，第2列及之后的数据
print(data[:2, 1:])

# 选择第2行的前两列数据
print(data[1, :2])

# 选择第3列的前两行数据
print(data[:2, 2])
```

```
# 选择所有行的第1列数据
print(data[:, :1])

# 将0赋值给前两行第2和第3列的元素
data[:2, 1:] = 0
print(data)
```

输出结果如下：

```
[[1 2 3]
 [2 3 4]
 [3 4 5]]
[[1 2 3]
 [2 3 4]]
[[2 3]
 [3 4]]
[2 3]
[3 4]
[[1]
 [2]
 [3]]
[[1 0 0]
 [2 0 0]
 [3 4 5]]
```

从上述输出结果可以看出，使用索引可以对数组中任意位置的数据进行切片。如果对切片进行赋值，整个切片的值会被重新赋值，原数组的数据也会相应地被修改。

2.7　布尔索引

除了使用具体的数值来索引元素外，我们还可以通过传入布尔值数组进行索引。在数据分析中，通过布尔索引可以更方便地洞察数据的特征。因此，充分了解布尔索引非常重要。

```
import numpy as np

names = np.array(['a', 'b', 'c'])
data = np.random.randn(3, 4)
print(names)
print(data)
print(names == 'a')
print(data[names == 'a'])
```

输出结果如下：

```
['a' 'b' 'c']
[[ 0.62882063 -0.9443457   0.78765372  0.20187566]
 [-0.39464619  0.21552156  0.8627636   2.10803587]
 [ 1.42294934 -0.37465153 -0.25897518 -2.26696677]]
[ True False False]
[[ 0.62882063 -0.9443457   0.78765372  0.20187566]]
```

由输出结果中可以看到，根据布尔值数组，我们成功提取了第一行的数据。需要注意的是，布尔值数组的长度必须与原数组的行数一致。

在进行行列切片时，同样可以使用布尔值进行索引：

```
print(data[names == 'a',2:])
print(data[names == 'a',3])
```

输出结果如下：

```
[[0.57400185 0.86182715]]
[0.86182715]
```

在某些特殊情况下，可能需要执行取反操作，即选择除某一行或某一列之外的所有数据。可以使用“!=”运算符或者在条件前加上“~”运算符来实现取反运算：

```
print(data[~(names == 'a')])
condition = names == 'a'
print(data[~condition])
```

输出结果如下：

```
[[ 1.68083323 -0.87480113  2.10586516  0.61812069]
 [ 3.09885395 -1.44095797 -1.11527903  1.61043083]]
[[ 1.68083323 -0.87480113  2.10586516  0.61812069]
 [ 3.09885395 -1.44095797 -1.11527903  1.61043083]]
```

如果想选择多个名字，可以使用条件组合：

```
condition = (names == 'a') | (names == 'b')
print(data[condition])
```

输出结果如下：

```
[[-1.75475781 -1.37914091 -0.38530713  1.03460284]
 [-1.84118133 -0.53665693 -0.61262528  0.21221634]]
```

在组合条件时，使用“&”运算符表示“与”运算，使用“|”运算符表示“或”运算。

如果想修改数组中符合条件的数据，可以在条件判断表达式后进行赋值：

```
data[data<0] = 0
print(data)
```

输出结果如下：

```
[[0.         1.46486123 0.         1.4938428 ]
 [0.76859983 1.44274013 0.4706168  0.        ]
 [0.475637   0.         1.35437378 0.24853394]]
```

如上所示，所有小于0的数值都被设置为0。

2.8　本章小结

尽管NumPy为数值数据操作提供了基础的计算功能，但在大多数情况下，我们更倾向于使用Pandas进行数据分析和统计，尤其是在处理表格数据时。Pandas提供了更多针对特定场景的函数，例如时间序列操作等，而这些功能是NumPy所不具备的。因此，本章仅介绍NumPy的基础用法，包括计算和索引等内容，帮助读者对NumPy有一个初步了解。接下来，我们将重点探讨Pandas的各种使用场景。

第 3 章 Pandas入门

本章将介绍Pandas最基础的两种数据结构：Series（一维数据）和DataFrame（二维数据），以及它们的常见使用方法。掌握这些基础知识对后续Python数据分析实操的效率提升大有帮助。

Pandas是当前广泛使用的Python扩展库，主要用于数据处理和分析。它提供的数据结构和工具设计使得在Python中进行数据清洗和分析变得非常高效。特别是DataFrame，它可以使数据清洗、转换和分析等工作更加简便。如果需要在Python中进行数据处理、分析或可视化，Pandas无疑是一个非常有用的工具。

Pandas的应用范围十分广泛，几乎贯穿了本书后续关于数据分析、可视化及相关内容的讨论。因此，Pandas常常与其他数据计算工具一起使用，例如NumPy和Matplotlib（前后章节会有介绍到这些相关工具）。

Pandas的代码风格和NumPy类似。具体来说，Pandas适合处理表格型或异质型数据，而NumPy更适合处理同质型的数值数组。在日常的数据分析中，我们处理的数据通常是表格型且包含多种类别，因此使用Pandas的频率会更高。然而，当数据量较大并且需要高效运算时，NumPy更为适合。

Pandas是基于Python的库，因此需要先安装Python，然后通过Python的包管理工具pip来安装Pandas。常用的安装方式是在终端使用pip命令安装Pandas。在终端中输入以下命令：

```
pip install pandas
```

安装成功后，可以通过以下代码导入Pandas库：

```
import pandas as pd
```

如果代码运行正确，表示Pandas库已成功导入（在本书的后续章节中，凡是看到pd，便默认为对Pandas的引用）。

Pandas的主要数据结构是Series和DataFrame。本章将主要介绍Series和DataFrame的基础知识及其交互，并通过案例进行演示说明。对于一些不常用的复杂函数和方法，建议读者根据需要自行探索和研究。

3.1　Series 基础使用

Series的基础使用主要是从一维数据的角度来了解Pandas的应用场景，可以从最简单的一维数据开始学习其查询和过滤等基本操作，为后续多维数据的学习奠定基础。

3.1.1　Series 定义和构造

1. Series定义

在Pandas中，Series是一种类似于一维数组的数据结构，它包含一组数据及其对应的标签（即索引：index）。Series可以存储任何数据类型、对象等，通常用于处理或分析数值数据。

2. Series构造

构造Series的基本语法与其他函数类似，通常通过库名称、函数名和相应参数组成。具体构造代码如下：

```
    pandas.Series(data=None, index=None, dtype=None, name=None, copy=False,
fastpath=False)
```

参数说明如下：

- data：一组数据，可以是元组、列表、字典或其他数组等。
- index：数据的索引标签。如果不指定，默认从0开始。若使用列表或元组指定索引，长度需与data的长度一致（此处索引指的是行索引）。
- dtype：数据类型，默认情况下自动判断。
- name：设置Series的名称。
- copy：是否复制数据，默认为False。
- fastpath：是否启用快速路径，默认为False。在某些情况下，启用快速路径可能会提高性能。

通常情况下，我们主要使用data和index这两个参数。

下面是一个简单的示例：

```
import pandas as pd
data = pd.Series([2, 4, -1, 6])
print(data)
```

输出结果如下：

```
0    2
1    4
2   -1
3    6
dtype: int64
```

可以看到，输出结果中包含了索引列和数值列。左侧为索引列，默认从0到N-1（N为数据长度）；右侧为数值列，最后一行显示了数据的类型。

3.1.2 Series 索引和值

沿用上述示例中的数据，要获取Series的索引和数值，可以使用index属性和values属性。代码如下：

```
import pandas as pd
data = pd.Series([2, 4, -1, 6])

print(data.index)
print(data.values)
```

输出结果如下：

```
RangeIndex(start=0, stop=4, step=1)
[ 2  4 -1  6]
```

如果需要修改索引，可以直接创建一个索引序列，使用标签对每个数据点进行标识：

```
data2 = pd.Series([2, 4, -1, 6], index=['a', 'b', 'c', 'd'])
print(data2)
```

输出结果如下：

```
a    2
b    4
c   -1
d    6
dtype: int64
```

接下来，查看对应的索引输出的变化：

```
print(data2.index)
```

输出结果如下：

```
Index(['a', 'b', 'c', 'd'], dtype='object')
```

以上是标签化索引的输出结果，可以看到数据类型变成了对象（object）类型。

如果要为索引列命名，可以进行如下设置：

```
data2.index.name = 'index'
print(data2)
```

输出结果如下：

```
index
a    2
b    4
c   -1
d    6
dtype: int64
```

3.1.3　字典生成 Series

在Python中，字典结构是通过花括号包含键-值对（key-value pair）组成，代码如下：

```
{'a': 1000, 'b': 2000, 'c': 3000}
```

由于Series具有索引和对应的数值，它的结构与字典非常相似，因此可以通过字典生成Series。代码如下：

```
sdata = {'a': 1000, 'b': 2000, 'c': 3000}
sdata2 = pd.Series(sdata)
print(sdata2)
```

输出结果如下：

```
a    1000
b    2000
c    3000
dtype: int64
```

可以看到，Series的索引对应字典的键，而Series的值对应字典的值。

如果想按照特定顺序确定索引，可以使用如下代码：

```
new_index = ['b', 'c', 'a', 'd']
sdata3 = pd.Series(sdata, index=new_index)
print(sdata3)
```

输出结果如下：

```
b    2000.0
c    3000.0
a    1000.0
d       NaN
dtype: float64
```

在上述例子中，Series按照新的索引构建了数据结构。由于d不在sdata的键中，因此对应的输出为NaN，表示缺失值或空值。

如果只希望修改索引，而不改变值的位置，可以使用如下代码：

```
import pandas as pd
sdata = {'a': 1000, 'b': 2000, 'c': 3000}
sdata3 = pd.Series(sdata)
sdata3.index = ['b', 'c', 'a']
print(sdata3)
```

输出结果如下：

```
b    1000
c    2000
a    3000
dtype: int64
```

3.1.4 Series 基础查询与过滤

要对Series数据进行查询并输出结果，通常可以通过索引访问数据，代码如下：

```
import pandas as pd
data = pd.Series([2, 4, -1, 6], index=['a', 'b', 'c', 'd'])

print(data['a'])
print(data['d'])
print(data[['a', 'd']])
```

输出结果如下：

```
2
6
a    2
d    6
dtype: int64
```

 当查询多个值时，需要将索引放在一个方括号内。

如果要对数据进行过滤，可以使用条件判断表达式，代码如下：

```
print(data[data > 0])
```

输出结果如下：

```
a    2
b    4
d    6
```

```
dtype: int64
```

可以看到，所有数值大于0的数据均被输出。在数据预处理过程中，这种过滤操作经常用到。

3.1.5　Series 和数值相乘

对Series中的每个元素进行运算，可以通过直接与数值相乘的方法，代码如下：

```
import pandas as pd
data = pd.Series([2, 4, -1, 6], index=['a', 'b', 'c', 'd'])
print(data * 2)
```

输出结果如下：

```
a     4
b     8
c    -2
d    12
dtype: int64
```

3.1.6　Series 识别缺失值

在一个数组中，可能会遇到信息不完整的情况，导致出现缺失值。因此，识别缺失值并进行剔除是非常重要的。可以使用isnull和notnull方法来确认Series中的元素是否为缺失值。代码如下：

```
import pandas as pd
data = pd.Series([2, 4, -1], index=['a', 'b', 'c'])
new_index = ['b', 'c', 'a', 'd']
data2 = pd.Series(data, index=new_index)
print(data2)
print(data2.isnull())
print(data2.notnull())
```

输出结果如下：

```
b    4.0
c   -1.0
a    2.0
d    NaN
dtype: float64
b    False
c    False
a    False
```

```
d    True
dtype: bool
b    True
c    True
a    True
d   False
dtype: bool
```

3.2　DataFrame 基础使用

在日常数据分析过程中，数据通常以类似表格的结构化形式呈现，这种数据往往涉及多行和多列的复杂情况。因此，熟练掌握DataFrame的使用至关重要。DataFrame是一种表格型的数据结构，能够直接对多行和多列进行各种操作，例如数据的增、删、改、查、过滤、统计分析等。尤其是在数据现状分析和基础统计分析中，DataFrame的使用频率非常高，是数据分析的核心工具之一。

接下来，我们将详细介绍在日常工作中最常用的DataFrame函数和方法，帮助读者更高效地处理和分析数据。

3.2.1　DataFrame 定义和构造

1. DataFrame定义

DataFrame是一种表格型的数据结构，包含一组有序的列，每列可以具有不同的数据类型（如数值、字符串或布尔型值）。DataFrame同时拥有行索引和列索引，可以视为由Series组成的字典，所有Series共享同一个索引，如图3-1和图3-2所示。

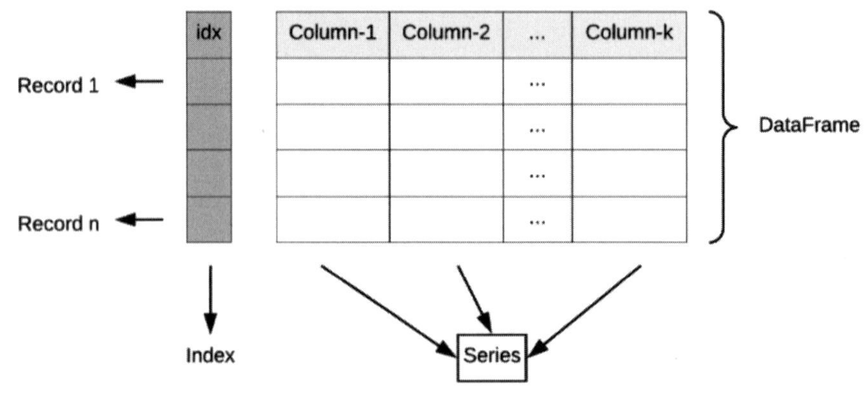

图 3-1　Series 索引结构图

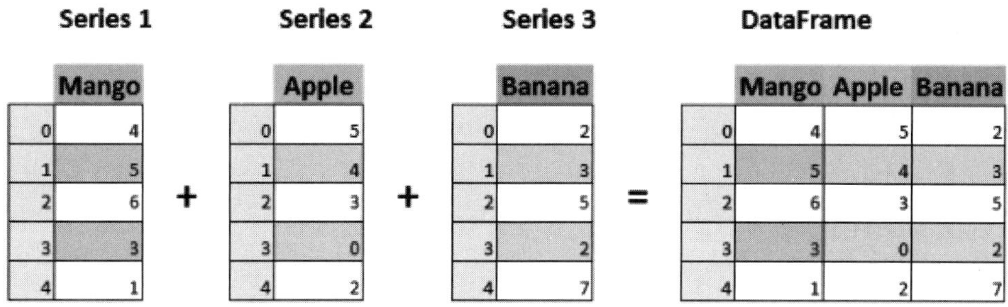

图 3-2　DataFrame 索引结构图

2. DataFrame构造

DataFrame的构造方法如下：

```
pandas.DataFrame(data=None, index=None, columns=None, dtype=None, copy=False)
```

参数说明如下：

- data：DataFrame的数据部分，可以是字典、二维数组、Series、DataFrame或其他可转换为DataFrame的对象。如果不提供此参数，则创建一个空的DataFrame。
- index：DataFrame的行索引，用于标识每行数据。可以是列表、数组或索引对象等。如果不提供此参数，则创建一个默认的整数索引。
- columns：DataFrame的列索引，用于标识每列数据。可以是列表、数组或索引对象等。如果不提供此参数，则创建一个默认的整数索引。
- dtype：指定DataFrame的数据类型。可以是NumPy的数据类型，例如np.int64、np.float64等。如果不提供此参数，则会根据数据自动推断数据类型。
- copy：是否复制数据。默认为False，表示不复制数据。如果设置为True，则会复制输入的数据。

在实际数据分析过程中，DataFrame的二维数据形式是最常用的，因此掌握基本的DataFrame构造方法非常重要。下面我们先了解几种常见的构建DataFrame的方法，可以通过字典或列表进行构建。

（1）通过字典构建DataFrame，代码如下：

```
import pandas as pd

data = {
    'name': ['Li', 'Wang', 'Zhao', 'Sun'],
    'age': [20, 30, 15, 40],
    'weight': [60.5, 63.4, 58.7, 69.9]
}
```

```
# 创建DataFrame
dataframe = pd.DataFrame(data)
print(dataframe)
```

输出结果如下：

```
    name  age  weight
0     Li   20    60.5
1   Wang   30    63.4
2   Zhao   15    58.7
3    Sun   40    69.9
```

上述输出结果中自动分配了索引，并按照顺序进行排列。

（2）通过列表构建DataFrame，代码如下：

```
import pandas as pd

data = [['Li', 20, 60.5], ['Wang', 30, 63.4], ['Zhao', 15, 58.7], ['Sun', 40, 
69.9]]

# 创建DataFrame
dataframe = pd.DataFrame(data, columns=['name', 'age', 'weight'])
print(dataframe)
```

输出结果如下：

```
   name  age  weight
0    Li   20    60.5
1  Wang   30    63.4
2  Zhao   15    58.7
3   Sun   40    69.9
```

可以看出，通过字典和列表创建的DataFrame是一致的。

3.2.2　嵌套字典生成 DataFrame

当遇到复杂的嵌套字典时，可以将嵌套字典转换为DataFrame格式，这不仅能够使数据结构更加清晰，还能更方便、高效地进行数据分析与操作。代码如下：

```
import pandas as pd
data={
      'age':{2001:'2.3',2002:'2.9'},
      'weight':{2000:60.5,2001:55.5,2002:45.5}
}
DataFrame = pd.DataFrame(data)
print(DataFrame)
```

输出结果如下：

```
     age  weight
2001  2.3    55.5
2002  2.9    45.5
2000  NaN    60.5
```

可以看到，没有键值的部分会使用空值NaN进行补全。

如果要将索引按照顺序输出，可以进行如下设置：

```
DataFrame = pd.DataFrame(data,index=[2000,2001,2002])
print(DataFrame)
```

输出结果如下：

```
     age  weight
2000  NaN    60.5
2001  2.3    55.5
2002  2.9    45.5
```

如果要对索引和列进行命名，可以进行如下设置：

```
DataFrame.index.name='year'
DataFrame.columns.name='name'
print(DataFrame)
```

输出结果如下：

```
name  age  weight
year
2000  NaN    60.5
2001  2.3    55.5
2002  2.9    45.5
```

如果需要转置，可以进行如下设置：

```
print(DataFrame.T)
```

输出结果如下：

```
        2001  2002  2000
age      2.3   2.9   NaN
weight  55.5  45.5  60.5
```

由输出结果可以看到，快速实现了转置。

3.2.3 DataFrame 固定行输出

在分析大量数据时，通常无法通过明细来查看所有的行和列。可以先输出前5行数据，这样可以对数据的原貌有一个初步的认识，代码如下：

```
import pandas as pd
data = {'name':['Li','Wang','Zhao','Sun','Qian','Wei'],
        'age':[20,30,15,40,33,55],
        'weight':[60.5,63.4,58.7,69.9,75.4,45.2]
      }
DataFrame = pd.DataFrame(data)
print(DataFrame.head())
```

输出结果如下：

```
   name  age  weight
0    Li   20    60.5
1  Wang   30    63.4
2  Zhao   15    58.7
3   Sun   40    69.9
4  Qian   33    75.4
```

由输出结果可见，一共6行数据，只输出了前5行，可以看到列和不同的数据类型。如果希望输出指定的行数，可以在圆括号中填入行数：

```
print(DataFrame.head(3))
```

3.2.4 DataFrame 固定列输出

1. 单列输出

如果选择单列输出，可以使用如下代码：

```
import pandas as pd
data = {'name':['Li','Wang','Zhao','Sun','Qian','Wei'],
        'age':[20,30,15,40,33,55],
        'weight':[60.5,63.4,58.7,69.9,75.4,45.2]
      }
DataFrame = pd.DataFrame(data,columns = ['weight','name','age'])
print(DataFrame['name'])     # 方法一
print(DataFrame.name)        # 方法二
```

输出结果如下：

```
0      Li
1    Wang
2    Zhao
3     Sun
4    Qian
5     Wei
Name: name, dtype: object
```

```
0      Li
1    Wang
2    Zhao
3     Sun
4    Qian
5     Wei
Name: name, dtype: object
```

由此可见，两种方法的输出一样。

2. 多列输出

有时列太多，需要输出想要的列。可以选择固定多列的输出，代码如下：

```
import pandas as pd
data = {'name':['Li','Wang','Zhao','Sun','Qian','Wei'],
     'age':[20,30,15,40,33,55],
     'weight':[60.5,63.4,58.7,69.9,75.4,45.2]
    }
DataFrame = pd.DataFrame(data,columns = ['weight','name','age'])
print(DataFrame.head())
```

输出结果如下：

```
   weight  name  age
0    60.5    Li   20
1    63.4  Wang   30
2    58.7  Zhao   15
3    69.9   Sun   40
4    75.4  Qian   33
```

可以看到，列按照固定多列输出。

如果需要随机输出多列，可以进行如下设置：

```
print(DataFrame[['name','age']])
```

输出结果如下：

```
   name  age
0    Li   20
1  Wang   30
2  Zhao   15
3   Sun   40
4  Qian   33
5   Wei   55
```

3.2.5 DataFrame 列赋值

如果想要对空列或创建一个新列并赋值，可以使用如下代码：

```
import pandas as pd
data = {'name':['Li','Wang','Zhao','Sun','Qian','Wei'],
        'age':[20,30,15,40,33,55],
        'weight':[60.5,63.4,58.7,69.9,75.4,45.2]
       }
DataFrame = pd.DataFrame(data,columns = ['weight','name','age'])
DataFrame['high']=5
print(DataFrame)
```

输出结果如下：

```
   weight  name  age  high
0    60.5    Li   20     5
1    63.4  Wang   30     5
2    58.7  Zhao   15     5
3    69.9   Sun   40     5
4    75.4  Qian   33     5
5    45.2   Wei   55     5
```

3.2.6 DataFrame 列删除

在分析的过程中，对于暂时没有太大分析价值的列，可以使用如下代码进行删除：

```
import pandas as pd
data = {'name':['Li','Wang','Zhao','Sun','Qian','Wei'],
        'age':[20,30,15,40,33,55],
        'weight':[60.5,63.4,58.7,69.9,75.4,45.2]
       }
DataFrame = pd.DataFrame(data,columns = ['weight','name','age'])
del DataFrame['age']
print(DataFrame.columns)
```

输出结果如下：

```
Index(['weight', 'name'], dtype='object')
```

由输出结果可见，age列已删除。

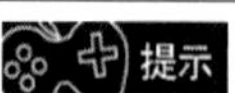

“del”代表在原地删除某列，并不会返回新的DataFrame。后续介绍的drop方法也可以对列删除，但与del不同，drop方法不会修改原始的DataFrame，而是返回一个包含删除行或列后的新对象。

3.3 Pandas 数据交互

前面介绍的都是针对Series和DataFrame的最基础使用，但对于一些数据交互操作，如索引、选择或过滤等，仍需进一步深入。在数据分析过程中，经常需要对数据进行过滤、删除等操作，这时通常需要重新设置索引，形成一个新的数据对象。因此，熟练掌握各种数据交互方法，可以进一步提高分析效率。

3.3.1 重新设置索引

要重新创建一个新的索引，可以使用reindex方法。下面是创建一个单维度数据的代码：

```
import pandas as pd
data = pd.Series([5.1,3.2,2.3,9.3], index=['c','b','a','d'])
print(data)
```

输出结果如下：

```
c    5.1
b    3.2
a    2.3
d    9.3
dtype: float64
```

接下来，使用reindex方法：

```
data2=data.reindex(['a','b','c','d','e'])
print(data2)
```

输出结果如下：

```
a    2.3
b    3.2
c    5.1
d    9.3
e    NaN
dtype: float64
```

由输出结果可以看到，数据按照新的索引进行了排列，值还是对应之前的索引名称保持不变。对于没有对应的索引值的索引，Pandas自动填充了缺失值（NaN）。

```
data = pd.Series(['a','b','c'], index[0,2,4])
data.reindex(range(6),method='ffill')
print(data)
```

在DataFrame中，其数据结构是多行多列的，因此reindex方法不仅可以改变行索引，也可以改变列索引，代码如下：

```
import pandas as pd
import numpy as np
data =
pd.DataFrame(np.arange(9).reshape((3,3)),index=['a','b','c'],columns=['v1','v2','
v3'])
print(data)
```

输出结果如下：

```
   v1  v2  v3
a   0   1   2
b   3   4   5
c   6   7   8
```

首先，设置行的索引，代码如下：

```
data = data.reindex(['a','b','c','d'])
print(data)
```

输出结果如下：

```
    v1   v2   v3
a  0.0  1.0  2.0
b  3.0  4.0  5.0
c  6.0  7.0  8.0
d  NaN  NaN  NaN
```

由输出结果可见，添加了d行索引，由于没有值，则用缺失值NaN来填充。

然后，对列进行索引设置，代码如下：

```
data = data.reindex(columns=['v1','v2','v3','v4'])
print(data)
```

输出结果如下：

```
    v1   v2   v3  v4
a  0.0  1.0  2.0 NaN
b  3.0  4.0  5.0 NaN
c  6.0  7.0  8.0 NaN
d  NaN  NaN  NaN NaN
```

由输出结果可见，补充了v4列，由于没有值，因此自动用缺失值NaN来填充。

3.3.2　删除行和列

如果要删除不需要的行或列，可以使用drop方法。

首先，创建一个Series数据，代码如下：

```
import pandas as pd
```

```
import numpy as np
data = pd.Series(np.arange(5.), index=['a','b','c','d','e'])
print(data)
data2 = data.drop('b')
print(data2)
```

输出结果如下：

```
a    0.0
b    1.0
c    2.0
d    3.0
e    4.0
dtype: float64
a    0.0
c    2.0
d    3.0
e    4.0
dtype: float64
```

由输出结果可见，b行已删除。

如果需要删除多行，可以使用以下代码：

```
data2 = data.drop(['b','c'])
print(data2)
```

输出结果如下：

```
a    0.0
d    3.0
e    4.0
dtype: float64
```

由输出结果可见，b和c行已删除。

在DataFrame中，先创建一个数据样例并对其行进行删除，代码如下：

```
import pandas as pd
import numpy as np
data =
pd.DataFrame(np.arange(9).reshape((3,3)),index=['a','b','c'],columns=['v1','v2','
v3'])
print(data.drop(['a']))
```

输出结果如下：

```
   v1  v2  v3
b   3   4   5
c   6   7   8
```

接下来，删除列。删除列有两种方法：第一种是通过axis=1，第二种是通过axis='columns'，代码如下：

```
print(data.drop('v1', axis=1))
print(data.drop('v2', axis='columns'))
```

输出结果如下：

```
   v2  v3
a   1   2
b   4   5
c   7   8
   v1  v3
a   0   2
b   3   5
c   6   8
```

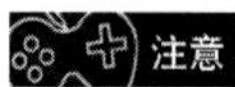

data数据通过使用drop方法先删除了v1列，然后在原data数据的基础上删除v2列，因此drop方法并不会修改原始的data数据。

如果希望随着drop清除掉data元数据中的行或列，可以执行以下代码：

```
import pandas as pd
import numpy as np
data = pd.DataFrame(np.arange(9).reshape((3,3)),index=['a','b','c'],
columns=['v1','v2','v3'])
data.drop(['a'],inplace=True)
print(data)
data.drop('v1', axis=1, inplace=True)
print(data)
data.drop('v2', axis='columns',inplace=True)
print(data)
```

输出结果如下：

```
   v1  v2  v3
b   3   4   5
c   6   7   8
   v2  v3
b   4   5
c   7   8
   v3
b   5
c   8
```

由输出结果可见，data中的行和列都被删除了。一般情况下，inplace默认为False，当inplace

设置为True时，表示彻底删除数据。

3.3.3 Pandas 选择与过滤

除了修改索引和删除行列之外，在分析数据之前，查看数据是非常重要的一步。因此，通过索引选择或过滤数据进行查看是必不可少的操作。

首先，来看一下如何通过索引在Series中进行数据选择与查看，代码如下：

```
import pandas as pd
import numpy as np
data = pd.Series(np.arange(5.), index=['a','b','c','d','e'])
print(data)

# 按照索引选择b行
print(data['b'])
```

输出结果如下：

```
a    0.0
b    1.0
c    2.0
d    3.0
e    4.0
dtype: float64
1.0
```

除了通过索引值进行选择外，Series还支持通过整数进行索引，这对于大规模数据分析会提高查询效率。代码如下：

```
print(data[1])          # 按照整数索引选择
print(data[2:4])        # 按照整数区间选择
print(data[[1,3]])      # 按照整数行选择
print(data[data < 2])   # 按照条件表达式的结果选择
```

输出结果如下：

```
1.0
c    2.0
d    3.0
dtype: float64
b    1.0
d    3.0
dtype: float64
a    0.0
b    1.0
dtype: float64
```

data[2:4]切片索引并不包含尾部。然而，Series在这方面有所不同：当通过索引（非整数）进行查询时，尾部是包含在内的。

```
print(data['b':'d'])
```

输出结果如下：

```
b    1.0
c    2.0
d    3.0
dtype: float64
```

由输出结果可以看到，通过字符区间索引的Series数据查询包含尾部。

接下来，我们来看看如何对DataFrame数据进行索引。下面演示如何按列进行索引，代码如下：

```
import pandas as pd
import numpy as np
data =
pd.DataFrame(np.arange(16.).reshape((4,4)),index=['a','b','c','d'],columns=['v1',
'v2','v3','v4'])
print(data)

# 按照列索引选择单列数据
print(data['v2'])
```

输出结果如下：

```
     v1    v2    v3    v4
a   0.0   1.0   2.0   3.0
b   4.0   5.0   6.0   7.0
c   8.0   9.0  10.0  11.0
d  12.0  13.0  14.0  15.0
a     1.0
b     5.0
c     9.0
d    13.0
Name: v2, dtype: float64
```

选择多列数据：

```
print(data[['v2','v3']])
```

输出结果如下：

```
     v2    v3
a   1.0   2.0
```

```
b   5.0   6.0
c   9.0  10.0
d  13.0  14.0
```

如果要选择行，可以按行序号或某列的条件来选择数据：

```
print(data[:2])              # 选择前两行
print(data[data['v2']>5])   # 选择v2大于5的行
```

输出结果如下：

```
    v1   v2   v3   v4
a  0.0  1.0  2.0  3.0
b  4.0  5.0  6.0  7.0
    v1   v2    v3    v4
c  8.0  9.0  10.0  11.0
d 12.0  13.0  14.0  15.0
```

还有一种特殊情况，就是通过对标量值进行比较，以选择布尔类型的结果：

```
print(data < 8)
```

输出结果如下：

```
      v1     v2     v3     v4
a   True   True   True   True
b   True   True   True   True
c  False  False  False  False
d  False  False  False  False
```

如果要给标量对比选中范围内的元素赋值并输出，可以使用以下代码：

```
data[data>8]=0
print(data)
```

输出结果如下：

```
    v1  v2  v3  v4
a  0.0 1.0 2.0 3.0
b  4.0 5.0 6.0 7.0
c  8.0 0.0 0.0 0.0
d  0.0 0.0 0.0 0.0
```

在Python中，还可以使用loc和iloc方法来选择数据。这两种方法的优点是速度更快，也更便捷。loc方法使用loc轴标签（即实际索引标签）来选择数据，而iloc方法则使用整数位置标签来选择所需的数据。

```
import pandas as pd
import numpy as np
```

```
data = pd.DataFrame(np.arange(16.).reshape((4,4)),index=['a','b','c','d'],
columns=['v1','v2','v3','v4'])
print(data)

# 对b行和v2、v3列数据进行选择
print(data.loc['b',['v2','v3']])
```

输出结果如下：

```
     v1    v2    v3    v4
a   0.0   1.0   2.0   3.0
b   4.0   5.0   6.0   7.0
c   8.0   9.0  10.0  11.0
d  12.0  13.0  14.0  15.0
v2    5.0
v3    6.0
Name: b, dtype: float64
```

同样可以使用整数标签iloc来选择数据：

```
print(data.iloc[2,[3,2,1]])             # 选择第3行和第4、3、2列
print(data.iloc[2])                     # 选择第3行所有列数据
print(data.iloc[[0,1],[3,1,0]])         # 选择第1行、第2行和第4、2、1列
```

输出结果如下：

```
v4    11.0
v3    10.0
v2     9.0
Name: c, dtype: float64
v1     8.0
v2     9.0
v3    10.0
v4    11.0
Name: c, dtype: float64
    v4   v2   v1
a  3.0  1.0  0.0
b  7.0  5.0  4.0
```

loc方法还可以使用索引切片选择，iloc方法可以通过对标数值进行比较来选择数据：

```
print(data.loc[:'c','v2'])
print(data.iloc[:,:3][data.v3>6])
```

输出结果如下：

```
a    1.0
b    5.0
```

```
c     9.0
Name: v2, dtype: float64
     v1    v2    v3
c   8.0   9.0  10.0
d  12.0  13.0  14.0
```

因此，在不同的索引选择场景中，我们可以使用不同的方法。

早期还有一种ix方法，既可以用标签，也可以用整数来选择，它融合了loc和iloc两种方式，但是为了简单好用且不容易出错，现如今不推荐使用ix索引。

3.3.4 Pandas 数据对齐和相加

对Series或DataFrame进行加、减运算时，会通过索引来进行对应。如果索引不同，Pandas会自动取并集来进行加、减运算。代码如下：

```
import pandas as pd
data1 = pd.Series([1.1,2.2,3.3], index=['a','b','c'])
data2 = pd.Series([2.0,3.0,4.0,5.0],index=['a','c','d','e'])
print(data1)
print(data2)
print(data1+data2)
```

输出结果如下：

```
a    1.1
b    2.2
c    3.3
dtype: float64
a    2.0
c    3.0
d    4.0
e    5.0
dtype: float64
a    3.1
b    NaN
c    6.3
d    NaN
e    NaN
dtype: float64
```

由输出结果可见，索引没有匹配的位置会自动使用空缺值（NaN）进行填充。

接下来，我们看一下在DataFrame的代码示例中，演示如何对齐数据并进行加法运算：

```
import pandas as pd
import numpy as np
```

```
data1 = pd.DataFrame(np.arange(9.).reshape((3,3)),index=['a','b','c'],
columns=['v1','v2','v3'])

data2 = pd.DataFrame(np.arange(16.).reshape((4,4)),index=['a','b','c','d'],
columns=['v1','v2','v3','v4'])

print(data1)
print(data2)
print(data1+data2)
```

输出结果如下：

```
    v1   v2   v3
a  0.0  1.0  2.0
b  3.0  4.0  5.0
c  6.0  7.0  8.0
     v1    v2    v3    v4
a   0.0   1.0   2.0   3.0
b   4.0   5.0   6.0   7.0
c   8.0   9.0  10.0  11.0
d  12.0  13.0  14.0  15.0
     v1    v2    v3  v4
a   0.0   2.0   4.0 NaN
b   7.0   9.0  11.0 NaN
c  14.0  16.0  18.0 NaN
d   NaN   NaN   NaN NaN
```

由输出结果可见，DataFrame中索引不匹配的行或者列都是输出缺失值（NaN）。

提示　如果索引完全不匹配，输出就会全为空。

如果将无法匹配的位置不填充缺失值，而是用0来填充，代码如下：

```
data3=data1.add(data2,fill_value=0)
print(data3)
```

输出结果如下：

```
     v1    v2    v3    v4
a   0.0   2.0   4.0   3.0
b   7.0   9.0  11.0   7.0
c  14.0  16.0  18.0  11.0
d  12.0  13.0  14.0  15.0
```

如果data1中存在缺失值，依然会出现缺失值，那么需要在进行计算前对data1的缺失值进行填充。

上面的示例是两个DataFrame进行相加，如果是DataFrame减去一个Series会如何输出呢？可以进行如下设置：

```
    import pandas as pd
    import numpy as np
    data = pd.DataFrame(np.arange(9.).reshape((3,3)),index=['a','b','c'],
columns=['v1','v2','v3'])

    data_series = data.iloc[0]

    print(data)
    print(data_series)
    print(data-data_series)
```

输出结果如下：

```
       v1   v2   v3
    a  0.0  1.0  2.0
    b  3.0  4.0  5.0
    c  6.0  7.0  8.0
    v1    0.0
    v2    1.0
    v3    2.0
    Name: a, dtype: float64
       v1   v2   v3
    a  0.0  0.0  0.0
    b  3.0  3.0  3.0
    c  6.0  6.0  6.0
```

由输出结果可以看到，默认DataFrame的列（columns）会与Series的索引（index）进行匹配，然后匹配后的这个Series会沿着DataFrame的行方向（axis=0）进行对齐，并对每一行执行减法运算。

如果Series的索引不在DataFrame的列中，会如何输出呢？可以进行如下设置：

```
    data_series2 = pd.Series(range(3.), index=['v1','v3','v5'])
    print(data-data_series2)
```

输出结果如下：

```
        v1  v2   v3  v5
    a  0.0 NaN  1.0 NaN
    b  3.0 NaN  4.0 NaN
    c  6.0 NaN  7.0 NaN
```

由输出结果可见，在数据对应的列进行减法运算时，同时没有对应的列，则按照并集进行处理。

如果需要在DataFrame上对Series进行列相加或相减，可以进行如下设置：

```
import pandas as pd
import numpy as np
data = pd.DataFrame(np.arange(9.).reshape((3,3)),index=['a','b','c'],
columns=['v1','v2','v3'])

data_series = data['v2']
print(data)
print(data_series)
print(data.sub(data_series,axis='index'))
```

输出结果如下：

```
   v1  v2  v3
a 0.0 1.0 2.0
b 3.0 4.0 5.0
c 6.0 7.0 8.0
a   1.0
b   4.0
c   7.0
Name: v2, dtype: float64
   v1  v2  v3
a -1.0 0.0 1.0
b -1.0 0.0 1.0
c -1.0 0.0 1.0
```

由输出结果可见，只要将Series索引设置为axis='index'或axis=0，即可进行列相加或相减。

3.3.5 Pandas 函数 apply 应用

在Pandas中，apply函数是一个非常强大的函数。要想使用apply函数对DataFrame进行灵活的自定义操作，首先需要创建一个DataFrame数据样例，然后使用apply方法进行实现，代码如下：

```
import pandas as pd
import numpy as np
data = pd.DataFrame(np.arange(9.).reshape((3,3)),index=['a','b','c'],
columns=['v1','v2','v3'])
print(data)
data2=data.apply(lambda x:x.max()-x.min())
print(data2)
```

输出结果如下：

```
   v1  v2  v3
a 0.0 1.0 2.0
```

```
b  3.0  4.0  5.0
c  6.0  7.0  8.0
v1    6.0
v2    6.0
v3    6.0
dtype: float64
```

由输出结果可见，默认情况下，apply方法是对列进行操作。

如果要实现行函数，可以通过添加参数axis='columns'来实现，代码如下：

```
data3=data.apply(lambda x:x.max()-x.min(),axis='columns')
print(data3)
```

输出结果如下：

```
a    2.0
b    2.0
c    2.0
dtype: float64
```

apply方法有时会返回标量值，也有可能返回一个包含多个值的Series。代码如下：

```
import pandas as pd
import numpy as np
data = pd.DataFrame(np.arange(9.).reshape((3,3)),index=['a','b','c'],
columns=['v1','v2','v3'])

def f(x):
   return pd.Series([x.min(),x.max()], index=['min','max'])
data2=data.apply(f)
print(data2)
```

输出结果如下：

```
      v1   v2   v3
min  0.0  1.0  2.0
max  6.0  7.0  8.0
```

3.3.6　Pandas 数据排序

在数据分析中，排序操作非常重要。在对数据进行分析之前，通常会按照默认索引对数据进行排序；如果分析某个数值变量，则可以根据该变量的值进行排序。无论是按索引排序还是按变量值进行排序，都可以使我们更好地了解数据的分布和特征。接下来，我们将详细探讨这两种排序方式的具体实现方法。

1. 按索引排序

在数据分析过程中，对数据进行排序是常见的操作。可以使用sort_index方法对Series的行索引或列索引进行排序，并返回排序后的结果。代码如下：

```
import pandas as pd
data = pd.Series(range(5), index=['a','d','c','e','b'])
print(data)
data2=data.sort_index()
print(data2)
```

输出结果如下：

```
a    0
d    1
c    2
e    3
b    4
dtype: int64
a    0
b    4
c    2
d    1
e    3
dtype: int64
```

在DataFrame中，也可以按照行索引或列索引进行排序：

```
    import pandas as pd
    import numpy as np
    data = pd.DataFrame(np.arange(9.).reshape((3,3)),index=['b','a','c'],
columns=['v3','v2','v1'])
    print(data)

    data1=data.sort_index()          # 按行索引排序
    data2=data.sort_index(axis=1)    # 按列索引排序

    print(data1)
    print(data2)
```

输出结果如下：

```
    v3   v2   v1
b  0.0  1.0  2.0
a  3.0  4.0  5.0
c  6.0  7.0  8.0
    v3   v2   v1
a  3.0  4.0  5.0
b  0.0  1.0  2.0
c  6.0  7.0  8.0
    v1   v2   v3
b  2.0  1.0  0.0
```

```
a  5.0  4.0  3.0
c  8.0  7.0  6.0
```

由输出结果可见，数据默认按照行索引的正向顺序进行排序。如果设置axis=1，则会按照列索引进行正向排序。

如果需要进行逆向排序，则需要添加参数ascending=False。

```
data3=data.sort_index(axis=1,ascending=False) # 按列进行逆序排序
print(data3)
```

输出结果如下：

```
    v3   v2   v1
b  0.0  1.0  2.0
a  3.0  4.0  5.0
c  6.0  7.0  8.0
```

2. 按变量值排序

如果对Series的值进行排序，可以使用sort_values方法实现，代码如下：

```
import pandas as pd

data = pd.Series([5,6,-4,1])
print(data)
data2=data.sort_values()
print(data2)
```

输出结果如下：

```
0    5
1    6
2   -4
3    1
dtype: int64
2   -4
3    1
0    5
1    6
dtype: int64
```

提示　对于包含缺失值的数据，排序后缺失值会被放置在最后。

对于DataFrame中的单列和多列值进行排序，代码如下：

```
import pandas as pd
data = pd.DataFrame({'a':[4,3,3,1],'b':[0,3,0,2]})
print(data)
print(data.sort_values(by='b'))
```

```
print(data.sort_values(by=['a','b']))
```

输出结果如下：

```
   a  b
0  4  0
1  3  3
2  3  0
3  1  2
   a  b
0  4  0
2  3  0
3  1  2
1  3  3
   a  b
3  1  2
2  3  0
1  3  3
0  4  0
```

由输出结果可见，b列的值已经按指定的排序顺序进行了排序。如果要对多列进行排序，只需要在by参数中指定列名称即可，数据将按照指定的列顺序依次排序。

3.4　动手实践：Pandas 描述性统计

在对数据进行详细分析之前，通常需要先了解数据的基本情况。因此，Pandas提供的描述性统计功能非常有用，它可以帮助我们快速了解数据的特征。这些统计方法主要应用于Series或DataFrame，常见的统计操作包含计数、求和、求平均值等，从而让我们对数据有一个基本的认识。

为了展示如何使用这些统计方法，下面构建一个DataFrame数据样例：

```
import pandas as pd
import numpy as np
data = pd.DataFrame([[2.0,np.nan],[3.5,-2.3],[np.nan,np.nan],[0.4,-3.5]],
index=['a','b','c','d'], columns=['v1','v2'])
print(data)
```

输出结果如下：

```
    v1   v2
a  2.0  NaN
b  3.5 -2.3
c  NaN  NaN
```

```
d 0.4 -3.5
```

3.4.1 列求和

列求和的示例如下：

```
print(data.sum())
```

输出结果如下：

```
v1    5.9
v2   -5.8
dtype: float64
```

由输出结果可见，sum()方法计算了data中的v1和v2列所有行的数据之和，可以看到列的所有行数据的求和结果。

如果要对行的所有列求和，需要设置axis='columns'或axis=1，代码如下：

```
print(data.sum(axis='columns'))
```

输出结果如下：

```
a    2.0
b    1.2
c    0.0
d   -3.1
dtype: float64
```

由输出结果可见，输出了所有行对应列的求和结果。

默认情况下，缺失值（NaN）会被自动排除，不会参与求和过程。如果不希望排除NaN值，可以设置skipna=False，代码如下：

```
print(data.sum(axis='columns', skipna=False))
```

输出结果如下：

```
a    NaN
b    1.2
c    NaN
d   -3.1
dtype: float64
```

由输出结果可见，设置了skipna=False之后，包含NaN值的行求和结果仍为NaN。

3.4.2 最大值和最小值索引位置

在数据分析过程中，找到最大值和最小值的位置是常见的需求。可以使用idxmax()方法来获取最大值的位置，使用idxmin()方法来获取最小值的位置，代码如下：

```
print(data.idxmax())
print(data.idxmin())
```

输出结果如下：

```
v1    b
v2    b
dtype: object
v1    d
v2    d
dtype: object
```

由输出结果可见，idxmax()返回了v1和v2列中最大值的位置，而idxmin()返回了v1和v2列中最小值的位置。

3.4.3　累计求和输出

如果需要计算每列的累计和，可以使用cumsum()方法，代码如下：

```
print(data.cumsum())
```

输出结果如下：

```
    v1   v2
a  2.0  NaN
b  5.5 -2.3
c  NaN  NaN
d  5.9 -5.8
```

由输出结果可见，每列的累计和会显示出各行的累计值。

3.4.4　描述方法 describe()

describe()方法是了解数据分布的常见方法，使用该方法可以直接查看数据各列的计数、均值、最大值、最小值、标准差和分位点等统计信息，代码如下：

```
print(data.describe())
```

输出结果如下：

```
             v1        v2
count  3.000000  2.000000
mean   1.966667 -2.900000
std    1.550269  0.848528
min    0.400000 -3.500000
25%    1.200000 -3.200000
```

```
50%    2.000000 -2.900000
75%    2.750000 -2.600000
max    3.500000 -2.300000
```

3.5　本章小结

本章主要介绍了Pandas中Series和DataFrame两种结构数据的常用方法。通过本章的内容，读者可以学习如何对数据进行简单的增、删、改、查操作，并对数据有一个基本的描述性了解。对于更复杂的分析方法，将在后续章节中详细讲解。

第 4 章

Python基础数据处理

前面章节介绍了Pandas的两种数据结构，并讲解其常用方法。本章将介绍常用的基础数据处理方法，如数据读取、合并、清洗、分组和替换等。在实际数据处理过程中，数据清洗和处理的时间往往占据较大比例，这是影响数据质量和分析效率的重要环节。

在使用Python进行数据分析时，首先需要读取数据。如果要处理多个文件，则需要先考虑如何将这些文件合理地合并。合并完成后，便可以进入数据处理阶段。

数据处理过程包括数据清洗，主要任务有去除重复值、异常值、填充缺失值、去除空格等。接下来，需要对数据进行分组分析，这时需要熟练掌握groupby方法的使用。

在完成数据分析之后，我们还需要对数据进行转换，以提取出关键特征，供制定策略或建模使用。数据处理是数据分析过程中至关重要且耗时最多的环节，通常可能占据总分析时间的60%甚至更多。因此，提高基础数据处理的效率，必然是提升整体数据分析效率的关键。

4.1 数据读取

在进行数据预处理之前，首先需要获取数据。因此，熟悉数据的读取方式至关重要。

根据笔者在2C（To Consumer，面向消费者）和2B（To Business，面向企业）行业的工作经验，无论是哪个行业（2C或2B），超过80%的数据分析都是通过直接读取Excel文件或数据库表完成的。因此，掌握Excel文件和数据库表的读取方法，能够覆盖日常大部分的数据分析需求。关于数据库表的读取和数据存储，将在第6章中详细介绍。

在深入探讨数据读取之前，首先学习如何将数据写入Excel文件，这有助于全面了解数据的读写过程，也能帮助我们更好地自学。

1. Excel数据写入

将数据写入Excel文件的代码如下：

```
import pandas as pd

data = pd.DataFrame({
    'name': ['Li', 'Wang', 'Zhao'],
    'age': ['23', '25', '28']
})
print(data)
data.to_excel('个人信息表.xlsx')
```

打开生成的Excel文件，如图4-1所示。

	name	age
0	Li	23
1	Wang	25
2	Zhao	28

图 4-1　数据写入结果图

2. Excel数据读取

将数据写入Excel文件后，可以读取生成的Excel文件数据，代码如下：

```
import pandas as pd

data = pd.read_excel('个人信息表.xlsx')
print(data)
```

输出结果如下：

```
   Unnamed: 0  name  age
0           0    Li   23
1           1  Wang   25
2           2  Zhao   28
```

由输出结果可以看出，数据已成功被读取。然而，写入时生成的索引也随之被输出，同时系统还自动创建了一个新的索引。

4.2 数据合并

在实际的数据分析过程中，我们常常需要读取多个Excel文件的数据，或者从多个数据库中提取数据，此时必须将来自不同来源的数据进行合并。

在Pandas中，数据合并主要有以下两种方式：

- merge：类似于SQL数据库，通过一个或多个键进行连接。
- concat：对数据进行横向或纵向的拼接或叠加。

4.2.1 按数据库表关联方式

我们可以通过merge函数进行连接操作，将数据合并在一起。首先创建一些示例数据：

```
import pandas as pd

df1 = pd.DataFrame({'v': ['a', 'b', 'c', 'a'],
                    'data1': range(4)})
df2 = pd.DataFrame({'v': ['b', 'a', 'c'],
                    'data2': range(3)})
print(df1)
print(df2)
```

输出结果如下：

```
   v  data1
0  a      0
1  b      1
2  c      2
3  a      3
   v  data2
0  b      0
1  a      1
2  c      2
```

接下来，我们调用merge函数进行关联：

```
df3 = pd.merge(df1, df2)
print(df3)
```

输出结果如下：

```
   v  data1  data2
0  a      0      1
1  a      3      1
2  b      1      0
3  c      2      2
```

可以看到，由于没有指定合并的关键列，df1和df2按照重叠的列v进行合并。然而，在实际的数据分析中，为了避免错误，建议明确指定要关联的列，代码如下：

```
df4 = pd.merge(df1, df2, on='v')
print(df4)
```

此时输出结果与之前相同。

如果两个文件中的关联列维度数据符合关联要求，但列名称不同，我们可以分别指定列名称进行关联合并，代码如下：

```
import pandas as pd

df1 = pd.DataFrame({'v1': ['a', 'b', 'c', 'a'],
                    'data1': range(4)})

df2 = pd.DataFrame({'v2': ['b', 'a'],
                    'data2': range(2)})


print(df1)
print(df2)

df3 = pd.merge(df1, df2, left_on='v1', right_on='v2')
print(df3)
```

输出结果如下：

```
  v1  data1
0  a      0
1  b      1
2  c      2
3  a      3
  v2  data2
0  b      0
1  a      1
  v1  data1 v2  data2
0  a      0  a      1
1  a      3  a      1
2  b      1  b      0
```

由输出结果可以明显看到，缺少了数值c。默认的合并方式类似于数据库中的内连接（INNER JOIN），即取的是交集。

关联合并方式有以下几种：

- 内连接（交集）：INNER JOIN。
- 左连接（按左关联）：LEFT JOIN。

- 右连接（按右关联）：RIGHT JOIN。
- 外连接（并集）：OUTER JOIN。

例如，我们想使用外连接进行合并，可以这样写：

```
df3 = pd.merge(df1, df2, left_on='v1', right_on='v2', how='outer')
```

输出结果如下：

```
  v1  data1  v2  data2
0  a      0   a    1.0
1  a      3   a    1.0
2  b      1   b    0.0
3  c      2 NaN    NaN
```

在输出结果中我们可以看到，数值c仍然保留，在没有对应值的其他列自动填充了NaN。如果需要按照多个列进行关联，可以传入一个列名的列表。以下是相关代码示例：

```
import pandas as pd

# 创建第一个数据
df1 = pd.DataFrame({'v': ['a', 'b', 'b', 'a'],
                    'k': ['one', 'two', 'two', 'one'],
                    'data': [1, 2, 3, 4]})

# 创建第二个数据
df2 = pd.DataFrame({'v': ['b', 'a', 'b'],
                    'k': ['one', 'two', 'one'],
                    'data': [2, 3, 1]})


print(df1)
print(df2)

# 按照多个列进行外连接合并
df3 = pd.merge(df1, df2, on=['v', 'k'], how='outer')
print(df3)
```

输出结果如下：

```
   v    k  data
0  a  one     1
1  b  two     2
2  b  two     3
3  a  one     4
   v    k  data
0  b  one     2
1  a  two     3
```

```
2  b  one    1
   v   k  data_x  data_y
0  a  one    1.0    NaN
1  a  one    4.0    NaN
2  b  two    2.0    NaN
3  b  two    3.0    NaN
4  b  one    NaN    2.0
5  b  one    NaN    1.0
6  a  two    NaN    3.0
```

由输出结果可以看到，通过多个列进行合并，产生了行的笛卡儿积，缺失值使用NaN自动填充。由于存在重复的列名，合并后自动生成了data_x和data_y作为新的列名。

为了更好地管理这些重复的列名，我们可以使用suffixes参数来为新的列名设置后缀：

```
df4 = pd.merge(df1, df2, on='v', suffixes=('_left', '_right'))
```

输出结果如下：

```
   v k_left  data_left k_right  data_right
0  a   one          1     two           3
1  a   one          4     two           3
2  b   two          2     one           2
3  b   two          2     one           1
4  b   two          3     one           2
5  b   two          3     one           1
```

在这个例子中，通过使用suffixes=('_left', '_right')参数来为data列指定新的后缀，使得合并后的数据框更加清晰易读。这样可以明确区分来自不同数据来源的值。

4.2.2　按轴方向合并

1. 按行方向合并（纵向堆叠）

在Pandas中，使用concat函数可以非常方便地按轴方向连接多个数据结构。首先，我们创建两个Series并使用concat函数进行合并，默认情况下，concat按行方向进行合并，代码如下：

```
import pandas as pd

data1 = pd.Series([0, 2], index=['a', 'c'])
data2 = pd.Series([1, 3, 5], index=['b', 'd', 'e'])

print(data1)
print(data2)

# 纵向堆叠合并
combined = pd.concat([data1, data2])
```

```
print(combined)
```

输出结果如下：

```
a    0
c    2
dtype: int64
b    1
d    3
e    5
dtype: int64
a    0
c    2
b    1
d    3
e    5
dtype: int64
```

由输出结果可以看到，concat函数将两个Series按索引合并，显示了所有索引。

2. 按列方向合并（横向合并）

如果想要横向合并（按列合并），需要将axis参数设置为1，代码如下：

```
# 横向合并
combined_columns = pd.concat([data1, data2], axis=1)
print(combined_columns)
```

输出结果如下：

```
     0    1
a  0.0  NaN
c  2.0  NaN
b  NaN  1.0
d  NaN  3.0
e  NaN  5.0
```

由输出结果可以看到，数据根据索引对齐，缺失的数据自动填充为NaN。

3. 内连接与外连接

可以使用join参数来控制连接方式：

- join='outer'（默认）：保留所有索引。
- join='inner'：仅保留两个Series中都存在的索引。

4. 使用多层索引

通过keys参数，可以创建多层索引，代码如下：

```
import pandas as pd

data1 = pd.Series([0, 2], index=['a', 'c'])
data2 = pd.Series([1, 3, 5], index=['b', 'd', 'e'])
new_data = pd.concat([data1, data1, data2], keys=['v1', 'v2', 'v3'])
print(new_data)
```

输出结果如下：

```
v1  a    0
    c    2
v2  a    0
    c    2
v3  b    1
    d    3
    e    5
dtype: int64
```

5. 转换索引为列名

使用unstack方法可以将多层索引转换为列名：

```
print(new_data.unstack())
```

输出结果如下：

```
      a    b    c    d    e
v1  0.0  NaN  2.0  NaN  NaN
v2  0.0  NaN  2.0  NaN  NaN
v3  NaN  1.0  NaN  3.0  5.0
```

由输出结果可见，通过unstack()方法生成了一个新的DataFrame。

6. 使用列头

当按列方向合并时，keys将成为DataFrame的列名，代码如下：

```
import pandas as pd

data1 = pd.Series([0,2], index=['a','c'])
data2 = pd.Series([1,3,5], index=['b','d','e'])
new_data_columns = pd.concat([data1, data1, data2], axis=1, keys=['v1', 'v2',
'v3'])
print(new_data_columns)
```

输出结果如下：

```
     v1   v2   v3
```

```
a  0.0  0.0  NaN
c  2.0  2.0  NaN
b  NaN   1.0
d  NaN  NaN  3.0
e  NaN  NaN  5.0
```

7. 小结

concat函数可以方便地对多个数据结构进行纵向或横向拼接。通过keys参数，我们可以创建多层索引，从而便于对数据进行分层管理。unstack()方法可以将多层索引转换为DataFrame的列名，方便数据分析与呈现。通过这几种方式，Pandas提供了灵活而强大的数据合并和整理能力，使得数据处理更加高效。

对于DataFrame的关联（合并）操作，默认情况下，连接是按行堆叠的；如果将参数修改为axis=1，则可以按列进行合并。以下是一个常用的按列合并的代码示例：

```
import pandas as pd
import numpy as np


df1 = pd.DataFrame(np.arange(9).reshape(3, 3), index=['a', 'b', 'c'])
df2 = pd.DataFrame(np.arange(4).reshape(2, 2), index=['a', 'b'])


print(df1)
print(df2)
print(pd.concat([df1, df2], axis=1))
```

输出结果如下：

```
   0  1  2
a  0  1  2
b  3  4  5
c  6  7  8
   0  1
a  0  1
b  2  3
   0  1  2    0    1
a  0  1  2  0.0  1.0
b  3  4  5  2.0  3.0
c  6  7  8  NaN  NaN
```

在这个例子中，df1和df2按列进行合并，输出结果显示了索引对齐的情况，未对齐的索引会自动填充为NaN。

4.3 数据清洗

在获取数据后，数据清洗是一个必不可少的环节。常见的数据清洗操作包括缺失值处理、重复值处理、数据截取和特殊处理等。高质量且高效的数据清洗可以显著提高后续分析的效果。

4.3.1 缺失值处理

在使用Python进行数据挖掘的预处理中，缺失值是一个常见问题。处理缺失值的方法主要有两种：一种是删除包含缺失值的记录；另一种是对缺失值进行自动填补。在Pandas中，缺失值通常用浮点值NaN来表示。

下面通过一个Series创建一个数据组，其中包含一个缺失值，并使用isnull()方法判断哪些值是缺失的：

```
import pandas as pd
import numpy as np

data = pd.Series(['3.4', np.nan, '4.3', '5.2', '9.3'])
print(data)
print(data.isnull())
```

输出结果如下：

```
0    3.4
1    NaN
2    4.3
3    5.2
4    9.3
dtype: object
0    False
1     True
2    False
3    False
4    False
dtype: bool
```

由输出结果可以看到，NaN表示缺失的值。

在统计学中，空值通常被视为不存在或不需要观察的数据。然而，在数据挖掘中，空值的比例反映了数据的质量，进而影响模型的构建。因此，缺失值的处理在分析中是一个重要考虑因素。

在Python中，None也常被用作空值。以下代码验证了这一点：

```
import pandas as pd
import numpy as np
```

```
data = pd.Series(['3.4', np.nan, '4.3', '5.2', '9.3'])
data[0] = None
print(data)
print(data.isnull())
```

输出结果如下：

```
0    None
1     NaN
2     4.3
3     5.2
4     9.3
dtype: object
0     True
1     True
2    False
3    False
4    False
dtype: bool
```

由输出结果可以看到，None也表示空值。

1. 过滤缺失值

在数据处理时，过滤缺失值是一个重要的步骤。虽然可以使用isnull()方法结合布尔索引来删除缺失值，但建议使用dropna()方法，它能够直接过滤掉空值并输出非空数据及其对应的索引。

```
import pandas as pd
import numpy as np

data = pd.Series(['3.4', np.nan, '4.3', '5.2', '9.3'])
print(data)
print(data.dropna())
```

输出结果如下：

```
0    3.4
1    NaN
2    4.3
3    5.2
4    9.3
dtype: object
0    3.4
2    4.3
3    5.2
```

```
4    9.3
dtype: object
```

由输出结果可以看到，空值被一次性过滤掉了。此外，还有另一种等效的方法可以直接过滤空值，代码如下：

```
print(data[data.notnull()])
```

输出结果如下：

```
0    3.4
2    4.3
3    5.2
4    9.3
dtype: object
```

当处理DataFrame对象时，dropna()默认只会删除包含缺失值的行，而不会删除包含缺失值的列。代码如下：

```
import pandas as pd
import numpy as np

data = pd.DataFrame([['3.4', np.nan, '4.3'], [1, 2, np.nan], [3, 4, 5]])
print(data)
print(data.dropna())
```

输出结果如下：

```
     0    1    2
0  3.4  NaN  4.3
1  1.0  2.0  NaN
2  3.0  4.0  5.0
     0    1    2
2  3.0  4.0  5.0
```

由输出结果可以看到，包含缺失值的行已被删除，缺失值的列未被删除，只保留了最后一行。

如果希望删除所有包含缺失值的行，可以在dropna()中添加参数how='all'，代码如下：

```
import pandas as pd
import numpy as np

data = pd.DataFrame([['3.4', np.nan, '4.3'], [np.nan, np.nan, np.nan], [3, np.nan,
5]])
print(data)
print(data.dropna(how='all'))
```

输出结果如下：

```
     0    1    2
0  3.4  NaN  4.3
1  NaN  NaN  NaN
2    3  NaN    5
     0    1    2
0  3.4  NaN  4.3
2    3  NaN    5
```

由输出结果可以看到，索引为1的行因为全是NaN值而被删除。

如果要删除包含缺失值的列，只需将参数axis设置为1：

```
import pandas as pd
import numpy as np

data = pd.DataFrame([['3.4', np.nan, '4.3'], [4, np.nan, np.nan], [3, np.nan, 5]])
print(data)
print(data.dropna(axis=1))
print(data.dropna(axis=1, how='all'))
```

输出结果如下：

```
     0    1    2
0  3.4  NaN  4.3
1    4  NaN  NaN
2    3  NaN    5
     0
0  3.4
1    4
2    3
     0    2
0  3.4  4.3
1    4  NaN
2    3    5
```

由输出结果可以看到，包含缺失值列的处理方式类似于行缺失值的处理方式，将包含NaN值的列删除，仅保留非空的列。

2. 填充缺失值

在处理数据时，简单地过滤或删除包含缺失值的行可能会导致丢失其他重要数据，从而影响数据分析的质量。因此，在一般情况下，我们应优先考虑对少量缺失值进行填充，以提高数据的完整性，从而提高分析的价值。

填充缺失值可以使用fillna()方法，通常我们可以用常数0来填充缺失值。当然，根据不同情况，也可以选择其他常数进行填充，代码如下：

```
import pandas as pd
import numpy as np

data = pd.DataFrame([['3.4', np.nan, '4.3'], [4, np.nan, np.nan], [3, np.nan, 5]])
print(data)
print(data.fillna(0))
```

输出结果如下：

```
     0   1    2
0  3.4 NaN  4.3
1    4 NaN  NaN
2    3 NaN    5
     0    1    2
0  3.4  0.0  4.3
1    4  0.0    0
2    3  0.0    5
```

由输出结果可以看到，所有NaN值都被填充为0。

我们还可以使用字典为不同列设置不同的填充值，代码如下：

```
import pandas as pd
import numpy as np

data = pd.DataFrame([['3.4', np.nan, '4.3'], [4, np.nan, np.nan], [3, np.nan, 5]])
print(data)
print(data.fillna({1: 5, 2: 10}))
```

输出结果如下：

```
     0   1    2
0  3.4 NaN  4.3
1    4 NaN  NaN
2    3 NaN    5
     0    1    2
0  3.4  5.0  4.3
1    4  5.0   10
2    3  5.0    5
```

需要特别提醒的是，fillna()方法返回一个新的对象，并不会修改原始数据。如果希望直接在原始数据上进行修改，需要在fillna()方法中添加参数inplace=True，代码如下：

```
import pandas as pd
```

```
import numpy as np

data = pd.DataFrame([['3.4', np.nan, '4.3'], [4, np.nan, np.nan], [3, np.nan, 5]])
print(data)
data.fillna(0, inplace=True)
print(data)
```

输出结果如下：

```
     0    1    2
0  3.4  NaN  4.3
1    4  NaN  NaN
2    3  NaN    5
     0    1    2
0  3.4  0.0  4.3
1    4  0.0    0
2    3  0.0    5
```

由输出结果可以看到，data数据已被填充为0，且内容已被修改。

在进行数据特征挖掘时，通常会使用平均值或中位数进行填充，代码如下：

```
import pandas as pd
import numpy as np

data = pd.DataFrame([[3, np.nan, 4], [4, 8, np.nan], [3, np.nan, 5]])
print(data)
print(data.mean())
print(data.fillna(data.mean()))
```

输出结果如下：

```
   0    1    2
0  3  NaN  4.0
1  4  8.0  NaN
2  3  NaN  5.0
0    3.333333
1    8.000000
2    4.500000
dtype: float64
   0    1    2
0  3  8.0  4.0
1  4  8.0  4.5
2  3  8.0  5.0
```

由输出结果可以看到，我们用每一列的平均值填充了缺失值。

4.3.2　重复值处理

在DataFrame中，重复行的出现是不可避免的，因此我们需要识别并剔除这些重复行。

1. 识别重复值

使用DataFrame中的duplicated方法可以返回一个布尔值的Series，若返回值为True，则表示该行与之前出现过的行是重复的，代码如下：

```
import pandas as pd

data = pd.DataFrame({'a': [2, 2, 3], 'b': [2, 2, 4], 'c': [2, 2, 5]})
print(data)
print(data.duplicated())
```

输出结果如下：

```
   a  b  c
0  2  2  2
1  2  2  2
2  3  4  5
0    False
1     True
2    False
dtype: bool
```

由输出结果可以看到，第2行与第1行重复，因此其对应的布尔值为True。

2. 删除重复值

使用drop_duplicates()方法可以返回一个新的DataFrame，其中包含非重复的行数据。因此，我们可以利用此方法来删除重复行，代码如下：

```
import pandas as pd

data = pd.DataFrame({'a': [2, 2, 3], 'b': [2, 2, 4], 'c': [2, 2, 5]})
print(data)
print(data.drop_duplicates())
```

输出结果如下：

```
   a  b  c
0  2  2  2
1  2  2  2
2  3  4  5
   a  b  c
0  2  2  2
2  3  4  5
```

由输出结果可以看到，索引为1的重复行已被删除，留下了非重复的行数据。

如果需要针对某一特定列进行重复值删除，可以在drop_duplicates()方法中指定该列，代码如下：

```
import pandas as pd

data = pd.DataFrame({'a': [2, 1, 3], 'b': [2, 2, 4], 'c': [3, 2, 5]})
print(data)
print(data.drop_duplicates(['a']))
```

输出结果如下：

```
   a  b  c
0  2  2  3
1  1  2  2
2  3  4  5
   a  b  c
0  2  2  3
2  3  4  5
```

由输出结果可以看到，仅针对a列的重复值进行了行删除。

duplicated()和drop_duplicates()方法默认保留第一次出现的值，而将后续出现的视为重复值。如果希望保留最后出现的重复值，只需在方法中添加参数keep='last'即可。

4.3.3　特殊处理

在数据清洗过程中，除了处理常见的缺失值和重复值外，脏数据还可能包含各种特殊情况，需要进行相应的处理。例如：

- 截取有效字符部分：如提取金额的数字部分，去除单位。
- 去除字符前后的特殊符号：如去除空格和换行符等。
- 按照指定符号分列，提取所需部分，如提取时间的年份。

1. 字符截取

在数据分析中，常常需要从包含单位的字符串中提取数字部分，例如单价、重量、身高和时间等。可以使用slice()方法对数据进行截取，以便于后续分析，代码如下：

```
import pandas as pd

data = pd.DataFrame([['2023-01-01', '23岁', '100元'],
                     ['2023-01-02', '24岁', '500元'],
                     ['2023-01-03', '25岁', '1000元']],
                    columns=['时间', '年龄', '金额'])
```

```
print(data)
print(data['年龄'].str.slice(0, 2))      # 从前往后截取字符
print(data['年龄'].str.slice(0, -1))     # 从后往前截取字符
```

输出结果如下：

```
         时间     年龄    金额
0  2023-01-01  23岁   100元
1  2023-01-02  24岁   500元
2  2023-01-03  25岁   1000元
0    23
1    24
2    25
Name: 年龄, dtype: object
0    23
1    24
2    25
Name: 年龄, dtype: object
```

由输出结果可以看出，slice()方法可根据需求从前往后或从后往前截取字符。

2. 去除字符前后空格和特殊符号

在处理脏数据时，常常会遇到数据中前后存在看不见的空白字符或换行符的情况。因此，清理这些空白字符和换行符是非常必要的，否则会影响后续对字符数据的处理。

使用strip()方法可以去除空白字符和换行符，代码如下：

```
import pandas as pd

data = pd.DataFrame([['小李 ', 2, 3],
                     [' 小张', 4, 5],
                     [' 小赵 ', 5, 6]],
                    columns=['name', 'b', 'c'])


print(data)
print(data['name'].str.strip())
```

输出结果如下：

```
    name  b  c
0   小李   2  3
1    小张  4  5
2   小赵   5  6
0    小李
1    小张
2    小赵
```

```
Name: name, dtype: object
```

由输出结果可以看出，name列数据前后的空格已被去掉。

除了空格字符，字符串中还可能存在其他不可见字符，例如制表符和换行符，这些字符在数据分析时可能会导致错误。strip()方法可以从字符串中删除这些不可见字符，代码如下：

```
import pandas as pd

data = pd.DataFrame([['小李\t', 2, 3],
                     ['\n小张', 4, 5],
                     ['小\n赵', 5, 6]],
                    columns=['name', 'b', 'c'])

print(data)
print(data['name'].str.strip())
```

输出结果如下：

```
    name  b  c
0  小李\t  2  3
1  \n小张  4  5
2  小\n赵  5  6
0      小李
1      小张
2    小\n赵
Name: name, dtype: object
```

由输出结果可以看出，字符前后的制表符和换行符已被删除，但字符中间的换行符仍然存在。

3. 列数据分割

在数据分析过程中，我们经常需要根据指定的分隔符对字符串进行分割，以返回一个子字符串列表。为此，可以使用str.split()函数来实现这一功能。代码如下：

```
import pandas as pd

# 创建数据框
data = pd.DataFrame([
    ['2023-01-01', '23岁', '100元'],
    ['2023-01-02', '24岁', '500元'],
    ['2023-01-03', '25岁', '1000元']
], columns=['时间', '年龄', '金额'])

# 打印原始数据
print(data)
```

```
# 分割时间列
print(data['时间'].str.split('-'))
```

输出结果如下：

```
            时间    年龄      金额
0  2023-01-01  23岁   100元
1  2023-01-02  24岁   500元
2  2023-01-03  25岁  1000元
0    [2023, 01, 01]
1    [2023, 01, 02]
2    [2023, 01, 03]
Name: 时间, dtype: object
```

由输出结果所示，时间列以'-'进行拆分。如果我们想提取年份，可以使用以下代码：

```
data['年'] = data['时间'].str.split('-').str[0]
print(data['年'])
```

输出结果如下：

```
0    2023
1    2023
2    2023
Name: 年, dtype: object
```

通过这种方式，我们可以轻松提取时间列中的年份数据。如果需要提取月份，可以使用str[1]，提取日则使用str[2]。

4.4　数据分组

在数据导入和清洗之后，我们通常需要根据不同的维度进行分组查询，以分析每一组的数据信息。因此，使用Pandas进行数据分析时，groupby方法是非常常用的工具。

首先，我们创建一个DataFrame的样例数据，代码如下：

```
import pandas as pd
import numpy as np

df = pd.DataFrame({
    "v1": ['a', 'b', 'a', 'b', 'b', 'a'],
    "v2": ['one', 'two', 'one', 'two', 'one', 'one'],
    "data1": np.random.randn(6),
    "data2": np.random.randn(6)
})
```

```
print(df)
```

输出结果如下：

```
  v1  v2     data1     data2
0  a  one -0.488053  1.426911
1  b  two  0.499793 -1.551013
2  a  one  1.446804 -0.241588
3  b  two -0.704192 -0.315249
4  b  one  1.031609 -0.526625
5  a  one  2.309195 -0.347796
```

接下来，假设我们需要根据v1列进行分组，并计算data1列的均值，可以使用以下代码：

```
group_v1_mean = df['data1'].groupby(df['v1']).mean()
print(group_v1_mean)
```

输出结果如下：

```
v1
a    1.089315
b    0.275737
Name: data1, dtype: float64
```

以上输出结果展示了根据v1列进行分组后data1列的平均值。

如果需要对多个列进行分组计算，可以使用以下代码：

```
group_v1_v2_mean = df['data1'].groupby([df['v1'], df['v2']]).mean()
print(group_v1_v2_mean)
```

输出结果如下：

```
v1  v2
a   one    1.089315
b   one    1.031609
    two   -0.102200
Name: data1, dtype: float64
```

以上输出结果是对v1列和v2列进行分组计算的平均值。

由于v1列和v2列的对应关系是唯一的，我们可以利用unstack()方法将其中一个维度转换为列头，代码如下：

```
print(group_v1_v2_mean.unstack())
```

输出结果如下：

```
v2       one     two
v1
```

```
a   1.089315     NaN
b   1.031609 -0.1022
```

需要注意的是，如果对v1列之外的所有列进行分组统计平均值，则非数值类型的v2列不会被包含在结果中，而会被自动排除。

```
group_v1_df_mean = df.groupby('v1').mean()
print(group_v1_df_mean)
```

输出结果如下：

```
       data1     data2
v1
a  -0.525966  0.308248
b   0.657089 -0.196678
```

由输出结果可以看到，v2列没有相关的分组信息。

如果需要对v1列和v2列之外的数值数据进行分组计算，可以使用如下代码：

```
group_v1_v2_df_mean = df.groupby(['v1', 'v2']).mean()
print(group_v1_v2_df_mean)
```

输出结果如下：

```
           data1     data2
v1 v2
a  one  0.279966  0.925791
b  one  0.760951 -1.307312
   two -0.227440  0.682660
```

如果在v1列和v2列两个分组上对数据data1进行分组，使用以下代码会导致报错：

```
group_v1_v2_df_data1_mean = df['data1'].groupby(['v1', 'v2']).mean()
print(group_v1_v2_df_data1_mean)
```

这是因为df['data1']生成的是一个Series对象，而Series对象的groupby方法要求传入的分组键必须是与Series长度一致的数组或索引，不能直接传入DataFrame的列名。当使用df['data1'].groupby(['v1', 'v2'])时，['v1', 'v2']被视为一个列表，而不是df中的列。这会导致groupby方法无法识别正确的分组键，从而报错。

可以将代码修改为：

```
group_v1_v2_df_data1_mean = df.groupby(['v1', 'v2'])['data1'].mean()
print(group_v1_v2_df_data1_mean)
```

输出结果如下：

```
v1  v2
a   one   -0.097310
```

```
b   one   -0.697003
    two    0.947960
Name: data1, dtype: float64
```

另外，以下代码也会产生相同的输出结果：

```
group_v1_v2_mean = df['data1'].groupby([df['v1'], df['v2']]).mean()
```

请务必记住，如果要在多维基础上对某一列进行分组，以下两种方法是等效且正确的：

```
df['data1'].groupby([df['v1'], df['v2']]).mean()
df.groupby(['v1', 'v2'])['data1'].mean()
```

4.5 数据替换

除了前面提到的填充缺失值的方法外，有时我们可能希望直接用特定的数值替换缺失值，这时可以使用replace()方法来实现。

首先，看看通过单一维度的Series进行替换，代码如下：

```
import pandas as pd
import numpy as np

data = pd.Series([1, np.nan, 3, 5])
print(data)
print(data.replace(np.nan, -999))
```

输出结果如下：

```
0    1.0
1    NaN
2    3.0
3    5.0
dtype: float64
0      1.0
1   -999.0
2      3.0
3      5.0
dtype: float64
```

同样，如果希望替换多个不同的值，其实现代码如下：

```
import pandas as pd
import numpy as np

data = pd.Series([1, np.nan, 3, 5])
print(data)
```

```
print(data.replace([1, 3], -999))
```

输出结果如下：

```
0    1.0
1    NaN
2    3.0
3    5.0
dtype: float64
0   -999.0
1      NaN
2   -999.0
3      5.0
dtype: float64
```

如果需要将多个值替换为多个新值，可以提供对应的列表：

```
import pandas as pd
import numpy as np

data = pd.Series([1, np.nan, 3, 3, 5])
print(data)
print(data.replace([1, 3], [np.nan, -999]))
...
```

输出结果如下：

```
0    1.0
1    NaN
2    3.0
3    3.0
4    5.0
dtype: float64
0      NaN
1      NaN
2   -999.0
3   -999.0
4      5.0
dtype: float64
```

由输出结果可以看到，1被替换为NaN，而3被替换为-999。

如果需要替换的数值较多，也可以通过字典的方式来传递：

```
import pandas as pd
import numpy as np

data = pd.Series([1, np.nan, 3, 3, 5])
```

```
print(data)
print(data.replace({1: np.nan, 3: -999}))
```

输出结果如下：

```
0    1.0
1    NaN
2    3.0
3    3.0
4    5.0
dtype: float64
0      NaN
1      NaN
2   -999.0
3   -999.0
4      5.0
dtype: float64
```

4.6 本章小结

本章介绍了在获取数据后常用的基础数据处理方法，特别是在数据读取、合并、清洗和分组等方面。当然，还有许多特殊的数据处理情况，需要根据实际场景进行针对性的处理，这里并未深入探讨。本文旨在为读者提供基础了解和常用操作，使读者对数据的常规处理有一个初步认识。

第 5 章

SQL基础

本章将介绍数据分析中必备的SQL基础，掌握最基础的增、删、改、查操作，可以满足大部分基础的数据提取任务要求。

SQL（Structured Query Language，结构化查询语言）是一种用于操作关系数据库的语言，适用于所有主流关系数据库，如MySQL、Oracle和SQL Server等。尽管SQL在多种数据库中通用，但不同数据库之间的语法仍然存在一些差异，通常被称为“方言”。例如，MySQL的LIMIT语句是其独特的语法，其他数据库通常不支持该功能。

在实际工作中，大多数SQL语法是通用的，因此数据分析师无须过于担心学习特定数据库的差异。SQL在数据分析中的主要应用是通过查询数据库来提取数据，因此掌握数据查询技能至关重要。此外，表的增、删、改操作也能满足大部分数据分析需求。分析师的核心价值在于分析数据，而不仅仅是作为数据提取工具，这一点务必牢记。

本章将重点介绍如何独立安装数据库，学习最常用的表查询操作，以及数据库的增、删、改操作。最后，我们将通过案例实践来巩固这些常用技能。

5.1 MySQL 数据库安装

本节将介绍在macOS系统上安装数据库的方法及步骤，包含MySQL的安装和Navicat（数据库管理工具）的安装。

5.1.1 MySQL 下载与安装

1. MySQL的下载与安装

MySQL的下载与安装的步骤如下：

01 访问 MySQL 官网，网址为：https://dev.mysql.com/downloads/mysql/，下载界面如图 5-1 所示。

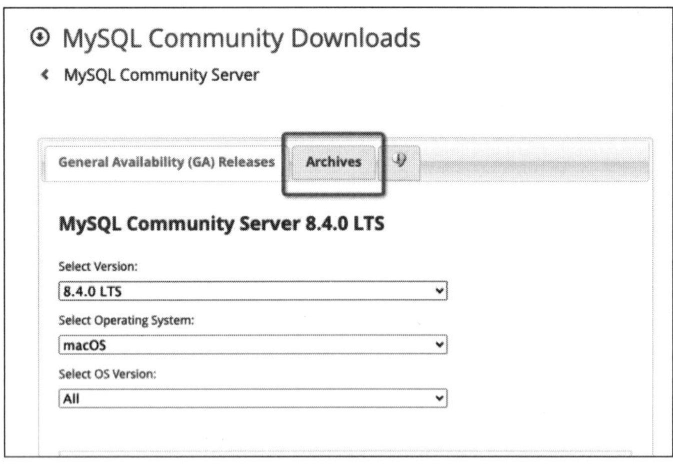

图 5-1　MySQL 下载界面

02 单击 Archives 选项可以选择不同的 MySQL 版本。建议选择相对较低的版本，这样可以更好地兼容计算机系统。笔者选择了 5.7.24 版本，如图 5-2 所示，并选择对应的 macOS 10.14（x86, 64-bit），单击 Download 按钮开始下载。

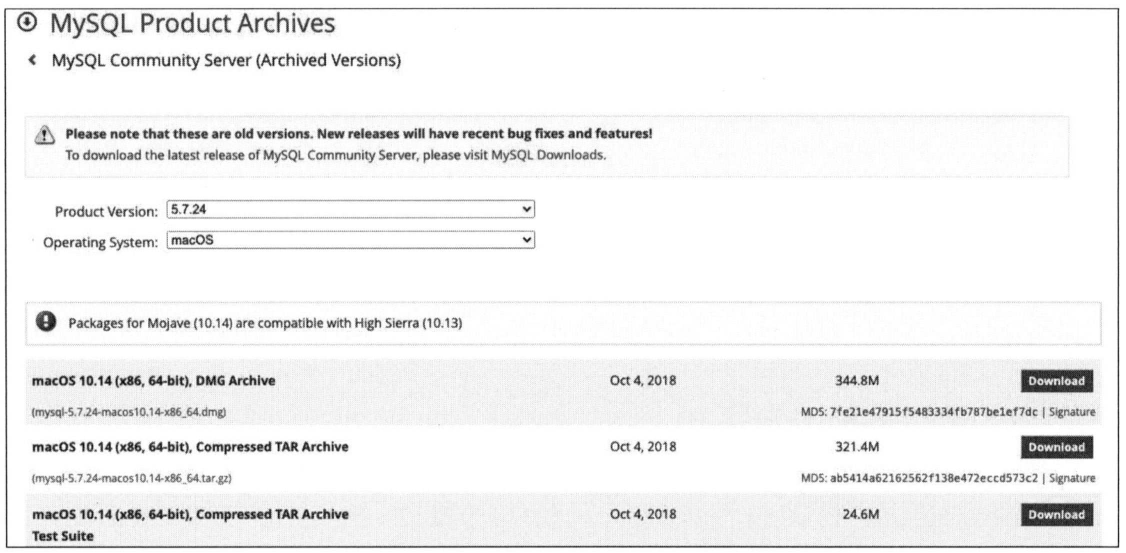

图 5-2　MySQL 版本选择界面

03 下载完成后，可以看到如图 5-3 所示的安装包。

图 5-3　MySQL 的安装包

04 双击安装包，开始安装，界面如图 5-4 所示。

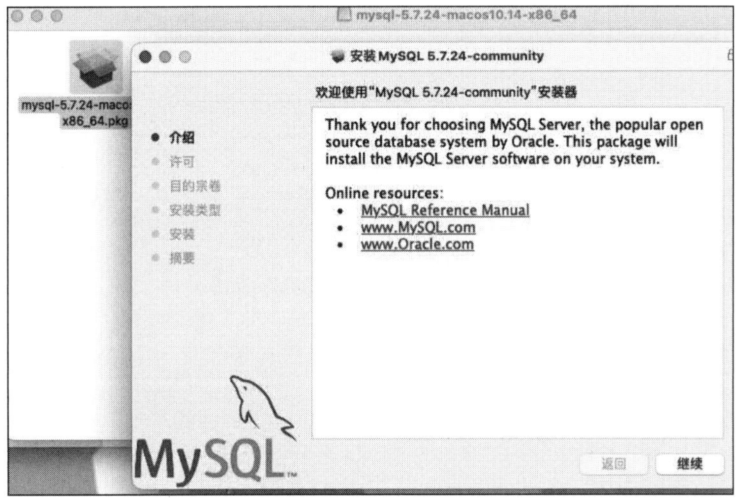

图 5-4　MySQL 安装界面

05 安装完成后，打开“系统偏好设置”界面，如图 5-5 所示。

图 5-5　“系统偏好设置”界面

06 在"系统偏好设置"界面可以看到已安装的 MySQL。单击"启动"按钮，启动后的界面如图 5-6 所示。

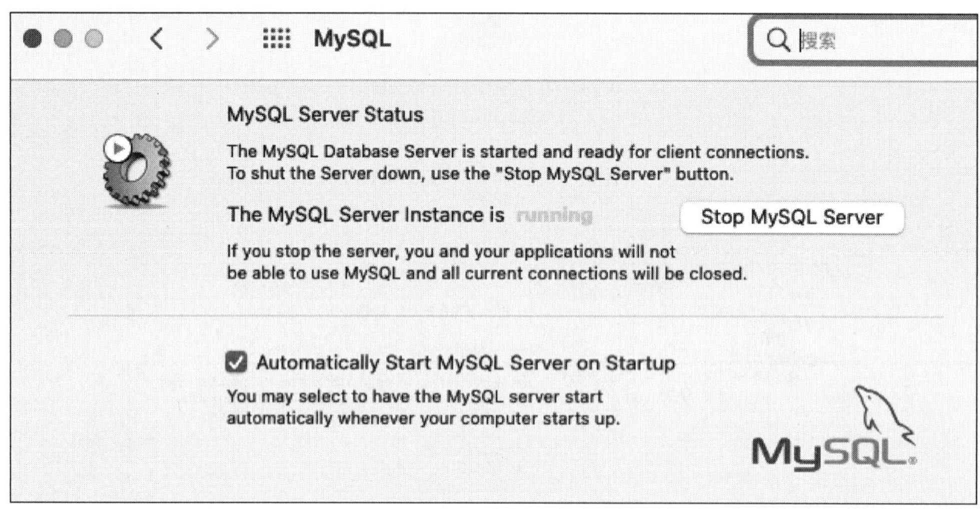

图 5-6　启动 MySQL 界面

2. 修改数据库密码以确认安装成功

修改数据库密码以确认安装成功的步骤如下：

01 关闭 MySQL 服务器。

02 在终端中输入：cd /usr/local/mysql/bin，然后按回车键。

03 当获取权限后，在终端中输入命令：sudo su，然后按回车键。

04 重启服务器：输入命令：./mysqld_safe --skip-grant-tables &，并按回车键。

05 打开另一个终端，输入命令：/usr/local/mysql/bin/mysql -u root -p，按回车键后输入更新后的密码，再按回车键。如果能够看到如图 5-7 所示的提示信息，说明密码修改成功，安装也已成功完成。

```
Welcome to the MySQL monitor.  Commands end with ; or \g.
Your MySQL connection id is 17
Server version: 5.7.24 MySQL Community Server (GPL)
```

图 5-7　终端安装成功

5.1.2　数据库管理工具安装

Navicat是一款功能强大的数据库管理工具，提供直观且用户友好的界面，用于管理和操作各种类型的数据库。它支持多种流行的数据库系统，包括MySQL、PostgreSQL、Oracle和SQL Server等，能够轻松进行数据库设计、查询和数据导入导出、备份和恢复等操作。

互联网上提供了许多免费版的Navicat macOS下载资源。用户可以根据需要选择一个安装包下载即可，例如navicat110_mysql_en.dmg。

接下来，打开安装包进行安装，界面如图5-8所示。

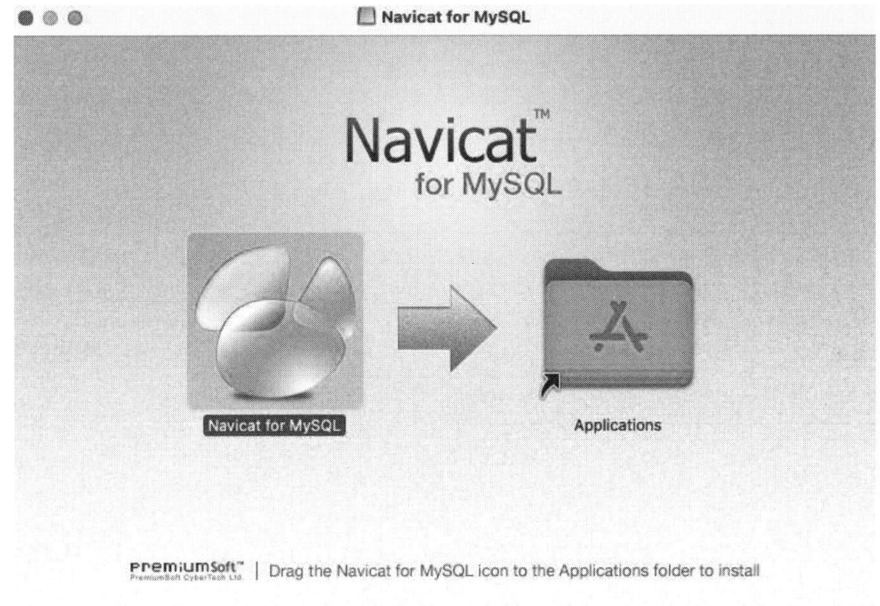

图 5-8　安装 Navicat

在如图5-8所示的界面中，将Navicat for MySQL拖到应用程序（Applications）文件夹中进行安装。安装成功后，我们可以在Mac的桌面或应用程序中看到如图5-9所示的界面。

双击该图标打开软件，会弹出如图5-10所示的对话框。

图 5-9　Navicat 安装成功后的桌面图标

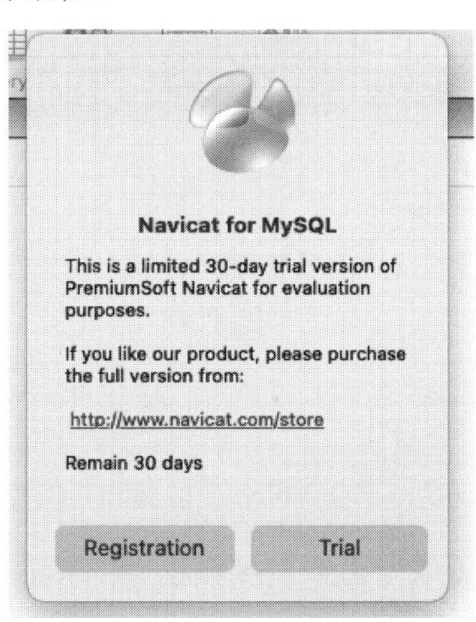

图 5-10　软件有效使用期限

从图中可以看到，软件暂时只能试用30天。在这30天内，学习如何使用Navicat是足够满足基本需求的。

对于大多数数据分析师而言，通常会有技术人员负责创建和管理数据库，因此不需要自己处理。如果是独立学习，除了选择付费外，用户还可以花些时间寻找历史免费版本进行学习。

5.1.3　数据库的连接

数据库的连接方法如下：

01 打开 Navicat 软件，单击左上角的 Conncction（连接）按钮，如图 5-11 所示。

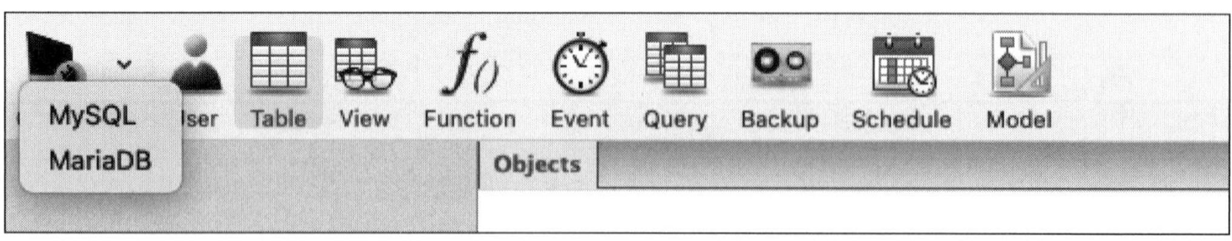

图 5-11　Navicat 导航

02 选择 MySQL 数据库，如图 5-12 所示。

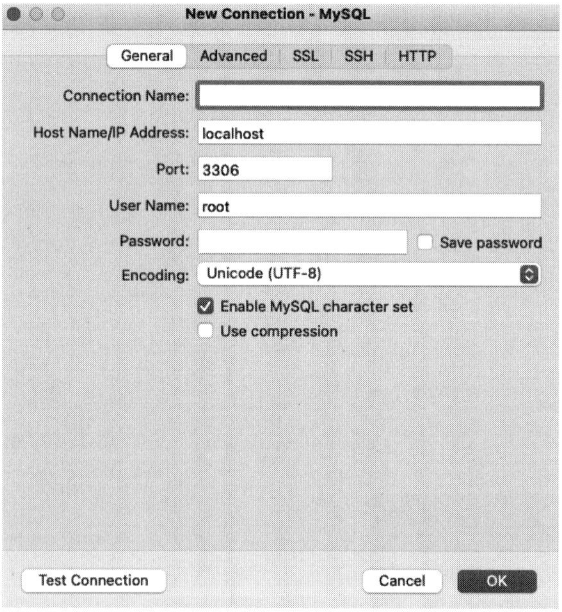

图 5-12　数据库连接

图5-12所示为用于连接数据库的界面，需要进行如下设置：

- Connection Name：设置连接名称为“MySQL”。

- Password：输入数据库密码，设置为“12345678”。

设置完成后，如图5-13所示。

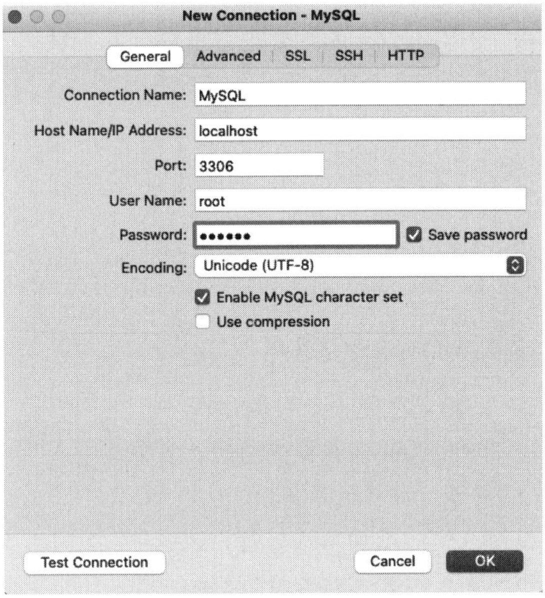

图 5-13 数据库连接设置

03 单击 Test Connection 按钮进行连接测试。如果测试成功，将显示如图 5-14 所示的对话框。

图 5-14 数据库连接成功

04 单击 OK 按钮即可完成本地数据库的连接。

5.2 MySQL 数据查询

在MySQL中，数据查询是最常用且核心的操作之一，主要用于从数据库中提取、筛选和分析数据。通过SQL语句，用户可以高效地完成各种复杂的数据查询任务。以下是关于MySQL

数据查询的一些关键内容和操作方法。

5.2.1 基础数据查询

对于数据分析师而言，使用MySQL的主要场景是进行基础数据查询，包括单表查询、查询所有列、查询指定列和条件查询。基础的SQL语法结构如下：

```
SELECT *
FROM tablename
WHERE *
GROUP BY *
ORDER BY *
LIMIT *
```

以上参数为SQL查询语句中最常用的部分：

- SELECT（列名称）：指定要查询的列名称。
- FROM（表名称）：tablename代表要查询的表名称。
- WHERE（条件）：用于行过滤的条件。
- GROUP BY（分组列）：对查询结果进行分组统计。
- ORDER BY（排序列）：对查询结果进行排序。
- LIMIT（限制行）：限制输出结果的行数。

1. 单表查询

假设有一张数据库表，名称为class_info_table，其对应的数据如表5-1所示。

表 5-1 样例表数据

id	name	age	gender	score	score2
1001	li	14	male	10	20
1002	zhang	20	female	30	40
1003	wang	13	male	50	30
1004	zhao	12	female	20	50
1005	qian	18	male	50	20
1006	sun	22	male	90	40
1007	wei	11	female	80	90

2. 查询所有列

要查询所有列的信息，可以使用通配符星号（*），表示查询所有列：

```
SELECT * FROM class_info_table
```

3. 查询指定列

要查询特定的列，可以指定列名，例如：

```
SELECT id, name, score FROM class_info_table
```

4. 条件查询

条件查询通过WHERE进行条件过滤，常用的关系运算符如下：

- =、!=、<>、<、<=、>、>=
- between... and;
- in（范围）
- is null
- and
- or
- not

不同的数据库其逻辑基本相同，但是可能会有少许差异。
举例如下：

（1）查询性别为女性，并且年龄小于或等于18岁的信息记录：

```
SELECT * FROM class_info_table
WHERE gender = 'female' AND age <= 18
```

（2）查询学号为1003，或姓名为zhao的信息记录：

```
SELECT * FROM class_info_table
WHERE id = '1003' OR name = 'zhao'
```

（3）查询学号为1002、1003、1004的信息记录：

```
SELECT * FROM class_info_table
WHERE id IN ('1002', '1003', '1004')
```

（4）查询学号不是1002、1003、1004的信息记录：

```
SELECT * FROM class_info_table
WHERE id NOT IN ('1002', '1003', '1004')
```

（5）查询年龄为NULL的记录：

```
SELECT * FROM class_info_table
WHERE age IS NULL
```

（6）查询年龄在12~20岁的信息记录：

```
SELECT * FROM class_info_table
WHERE age >= 12 AND age <= 20
```

或者使用BETWEEN：

```
SELECT * FROM class_info_table
WHERE age BETWEEN 12 AND 20
```

（7）查询性别非女性的学生记录：

```
SELECT * FROM class_info_table
WHERE gender <> 'female'
```

或者使用“!=”：

```
SELECT * FROM class_info_table
WHERE gender != 'female'
```

（8）查询分数不为空的信息记录：

```
SELECT * FROM class_info_table
WHERE score IS NOT NULL
```

5.2.2 模糊数据查询

除了对单表进行固定的条件查询外，有时还需要通过模糊匹配查询来获取更广泛的数据。基础语法框架如下：

```
SELECT 字段 FROM 表名称 WHERE 过滤条件 LIKE 模糊条件
```

在模糊查询中，常用的通配符有：

- %：放在模糊匹配内容后面表示以该内容开头的数据，放在内容前面表示以该内容结尾的数据。
- %内容%：模糊匹配包含该内容的数据。

举例如下：

（1）查询姓名以“w”开头的信息记录：

```
SELECT * FROM class_info_table
WHERE name LIKE 'w%'
```

（2）查询姓名以“g”结尾的信息记录：

```
SELECT * FROM class_info_table
WHERE name LIKE '%g'
```

（3）查询姓名中包含“a”字母的信息记录：

```
SELECT * FROM class_info_table
WHERE name LIKE '%a%'
```

5.2.3　字段处理查询

除了对数据进行筛选查询外，有时需要对查询的字段进行处理，以得到新的数据字段。常见的字段处理包括去重、求和、添加别名等。以下逐一举例说明。

1. 去重

当查询某一列数据时，例如查询score列，可能会有相同的分数。如果想查看该列中有多少种不同的分数，可以使用DISTINCT函数来实现去重：

```
SELECT DISTINCT score FROM class_info_table
```

2. 求和

如果对两个分数列进行求和，并直接输出总分，可以使用加法运算符：

```
SELECT score + score1 FROM class_info_table
```

3. 添加别名

对于经过加工处理的字段（如求和），可以使用AS关键字来添加一个别名，以使查询结果更加美观和易读：

```
SELECT score + score1 AS total_score FROM class_info_table
```

通过上述方法处理，可以更灵活地获取和展示数据。

5.2.4　排序

在查询输出中，如果不进行排序，可能会影响数据的洞察效率。因此，可以使用ORDER BY语句实现排序功能。

1. 按照年龄排序

按照年龄进行升序排序，可以使用如下语句：

```
SELECT * FROM class_info_table
ORDER BY age ASC
```

注意，ASC代表按照年龄升序排序。

2. 按照年龄降序排序

按照年龄进行降序排序，可以使用如下语句：

```
SELECT * FROM class_info_table
ORDER BY age DESC
```

注意，DESC代表按照年龄降序排序。

3. 按照多个字段排序

如果需要按照多个字段进行排序，可以在ORDER BY语句中指定多个字段，代码如下：

```
SELECT * FROM class_info_table
ORDER BY score DESC, age ASC
```

以上语句表示：按照score进行降序排序，如果score相同，则再按照age进行升序排序。

5.2.5 函数运算查询

在进行数据统计查询时，可以使用多种统计运算函数。这些函数可以帮助我们快速获取数据的汇总信息。常用的运算函数如下：

- COUNT()：统计指定列中非空的数据记录行数。
- SUM()：对指定列进行数值求和并输出。
- AVG()：对指定列求平均值并输出。
- MAX()：输出指定列的最大值。
- MIN()：输出指定列的最小值。

1. COUNT()函数

当需要对某列数据进行计数时，可以使用COUNT()函数。
举例如下：

（1）统计id列的行数：

```
SELECT COUNT(id) AS id_num FROM class_info_table
```

（2）统计年龄大于或等于18岁的行数：

```
SELECT COUNT(age) AS age_num FROM class_info_table WHERE age >= 18
```

2. SUM()函数

使用SUM()函数计算score列的总和：

```
SELECT SUM(score) FROM class_info_table
```

3. AVG()函数

使用AVG()函数计算score列的平均分：

```
SELECT AVG(score) FROM class_info_table
```

4. MAX()函数和MIN()函数

使用MAX()函数计算score列的最高分，使用MIN()函数计算score列的最低分：

```
SELECT MAX(score) AS highest_score, MIN(score) AS lowest_score FROM
```

```
class_info_table
```

通过使用这些统计函数，可以快速得到所需的数据汇总信息，从而更有效地分析数据。

5.2.6　分组查询

在需要对某些列进行分组查询时，可以使用GROUP BY语句。这种查询方式可以帮助我们分析不同组别的数据聚合情况。

1. 查询不同性别的总分

查询不同性别的总分，使用如下语句：

```
SELECT gender, SUM(score) FROM class_info_table
GROUP BY gender
```

如果需要对分组查询后的结果进一步过滤，必须使用HAVING语句。需要注意的是，WHERE语句用于对分组前的数据进行过滤，而HAVING语句则用于对分组后的数据进行过滤。

2. 查询总分大于100的性别组

查询总分大于100的性别组，使用如下语句：

```
SELECT gender, SUM(score) FROM class_info_table
GROUP BY gender
HAVING SUM(score) > 100
```

在上述示例中，HAVING语句确保只有那些总分“SUM(score)”大于100的性别组会被返回。这使得我们能够灵活地分析数据并对结果进行更精细的控制。

5.2.7　限制查询

在实际数据分析中，有时我们希望快速了解表的字段和部分数据。此时，可以通过限制查询行数来实现。使用LIMIT语句可以有效限制返回的记录数量。

```
SELECT * FROM class_info_table LIMIT 10
```

以上查询将只返回10行记录。

5.3　多表查询

在数据分析中，除了对单一表的查询外，还经常需要进行多表连接查询。多表连接查询主要分为内连接（INNER JOIN）、左连接（LEFT JOIN）、右连接（RIGHT JOIN）和全连接（FULL JOIN）。未匹配的记录将显示为NULL。

1. 示例表数据

下面我们建立两个样例表：

数据库表 1：sample_table_1

id	name
1	zhao
2	qian
3	sun
4	li
5	wang

数据库表 2：sample_table_2

name	age
zhao	30
wei	20
sun	40
cui	15

2. 内连接

内连接（INNER JOIN）仅返回两个表中匹配的记录。

```
SELECT sample_table_1.id, sample_table_1.name, sample_table_2.age
FROM sample_table_1
INNER JOIN sample_table_2
ON sample_table_1.name = sample_table_2.name
```

输出结果如下：

id	name	age
1	zhao	30
3	sun	40

3. 左连接

左连接（LEFT JOIN）返回左表中的所有记录，以及右表中匹配的记录；未匹配的记录显示为NULL。

```
SELECT sample_table_1.id, sample_table_1.name, sample_table_2.age
FROM sample_table_1
LEFT JOIN sample_table_2
ON sample_table_1.name = sample_table_2.name
```

输出结果如下：

id	name	age
1	zhao	30
2	qian	NULL
3	sun	40
4	li	NULL
5	wang	NULL

4. 右连接

右连接（RIGHT JOIN）返回右表中的所有记录以及左表中匹配的记录；未匹配的记录显示为NULL。

```
SELECT sample_table_1.id, sample_table_2.name, sample_table_2.age
FROM sample_table_1
RIGHT JOIN sample_table_2
ON sample_table_1.name = sample_table_2.name
```

输出结果如下：

id	name	age
1	zhao	30
NULL	wei	20
3	sun	40
NULL	cui	15

5. 全连接

全连接（FULL JOIN）返回两个表中的所有记录，包括匹配和未匹配的记录；未匹配的记录显示为NULL。

```
SELECT sample_table_1.id, sample_table_1.name, sample_table_2.age
FROM sample_table_1
FULL JOIN sample_table_2
ON sample_table_1.name = sample_table_2.name
```

输出结果如下：

id	name	age
1	zhao	30
2	qian	NULL
3	sun	40
4	li	NULL
5	wang	NULL
NULL	wei	20
NULL	cui	15

以上示例展示了多表之间的关联方式：内连接取交集，左连接以左表为主进行匹配，右连接以右表为主进行匹配，而全连接则返回两个表的并集。通过这些不同的连接方式，我们可以灵活地查询和分析数据。

5.4　增、删、改方法

在日常的数据分析工作中，大约80%的时间可能都用于查询和分析数据。然而，当公司条件有限或资源不足时，分析师往往还需要执行数据的增、删和改操作。以下将详细介绍如何在SQL中高效地执行这些操作。

1. 创建表

在进行数据操作之前，首先需要了解如何创建一个表。创建表的基本语法如下：

```
CREATE TABLE 表名(
    列名 列类型,
    列名 列类型,
    ...
);
```

示例：创建一个名为sample表：

```
CREATE TABLE sample(
    id CHAR(6),
    name VARCHAR(20),
    age INT,
    gender VARCHAR(10)
);
```

如果需要删除表，可以使用以下命令：

```
DROP TABLE 表名;
```

2. 增加数据

数据插入操作用于向数据库中添加新数据。基本语法如下：

```
INSERT INTO 表名(列名1,列名2,...)
VALUES (值1, 值2, ...);
```

示例：向sample表中插入一条新记录：

```
INSERT INTO sample(id, name, age, gender) VALUES('1001', 'zhang', 23, 'male');
```

3. 删除数据

删除数据的基本语法如下：

```
DELETE FROM 表名 WHERE 条件;
```

示例1：删除特定记录：

```
DELETE FROM sample WHERE id='1001';
```

示例2：根据条件删除记录：

```
DELETE FROM sample WHERE name='zhang' OR age > 10;
```

示例3：删除整张表的数据（注意：将删除表中所有记录，但保留表结构）：

```
DELETE FROM sample;
```

4. 更新数据

修改数据的基本语法如下：

```
UPDATE 表名 SET 列名1=值1, 列名2=值2, ... WHERE 条件;
```

示例1：更新特定记录：

```
UPDATE sample SET name = 'zhang', age = 20, gender = 'female' WHERE id='1001';
```

示例2：根据条件更新记录：

```
UPDATE sample SET name = 'li', age = 30 WHERE age > 20 AND gender = 'male';
```

示例3：更新符合其他条件的记录：

```
UPDATE sample SET name = 'li', age = 30 WHERE age > 20 OR gender = 'male';
UPDATE sample SET name = 'li', age = 30 WHERE age IS NULL;
```

示例4：对某个字段进行递增操作：

```
UPDATE sample SET age = age + 1 WHERE name='zhang';
```

通过上述的操作方法，数据分析师可以有效地管理数据库中的数据。创建表用于定义数据结构，插入操作用于添加数据，删除操作用于清理数据，而更新操作则用于修改数据。这些操作的灵活运用能够满足日常数据处理的需求。

5.5　本章小结

在本章中，我们深入探讨了SQL作为数据分析师进行数据查询和管理的重要工具。以下是本章的关键要点。

1. SQL基础知识

SQL是与数据库交互的主要工具，能够执行数据的增、删、改、查操作。

2. 数据查询的核心

熟练掌握数据查询语句的编写是数据分析的基础，尤其是多表关联查询和复杂的过滤条件。学会使用SELECT语句、JOIN语句以及各种条件过滤语句（如WHERE、GROUP BY、HAVING等）以满足复杂的数据分析需求。

3. 数据操作的增、删、改

学习了如何使用INSERT、DELETE和UPDATE语句来对数据库中的数据进行增、删、改操作。了解在执行这些操作时如何使用条件来精确控制数据的变更，确保数据的准确性和完整性。

4. 创建和管理表

掌握了创建表的基本语法，了解表的结构设计与数据类型选择的重要性。学习了如何删除不再使用的表，确保数据库的整洁和高效。

5. 进一步学习的方向

对于数据库的更深层次使用（如性能优化、事务管理等），建议结合实际工作中的需求进行学习。

探索不同类型的数据库管理系统（如MySQL、PostgreSQL、Oracle等），以及它们在数据处理中的特性和优势。

总之，SQL是数据分析师不可或缺的工具，掌握其基本操作和应用能极大地提升工作效率和数据分析能力。通过持续的实践和学习，可以不断提高对SQL的理解与应用，进而为数据驱动的决策提供更强有力的支持。

第 6 章

Python爬虫基础

在数据分析的过程中，首要任务是获取数据，否则无法进行分析。因此，学习Python爬虫的原理，以获取公开数据用于数据分析，是自我学习和成长中一项重要的技能。需要特别强调的是，所有数据的爬取必须符合公开数据和合规要求，仅限于学习用途。

本章将详细介绍一些基础的爬虫知识和技能，以满足学习和成长的需求。对于更深入的爬虫技能，读者可以根据自己的兴趣进行专门的学习和研究。

本章主要涵盖基础的爬虫原理、常用的爬取用到的数据库及其对应的数据存储方法，以及常见的异步加载等特殊爬取原理，并通过爬取当当网图书好评榜TOP500案例进行实践说明。

6.1 爬虫原理和网页构造

在现代数据获取技术中，网络爬虫扮演着至关重要的角色。理解爬虫的工作原理以及网页的基本构造，是进行高效数据采集的基础。

6.1.1 网络连接

学习爬虫的原理其实并不复杂，关键在于理解网络连接的方式，以及我们日常与网络的互动。

- 网络连接是指计算机与服务器之间的信息交流。
- 爬虫则是伪装成计算机与服务器进行交流，以获取信息。

网络连接可以类比我们平时搜索信息的过程。例如，在百度搜索“数据分析”，实际上是计算机向服务器发起了一条搜索请求，服务器随后返回相关的搜索结果页面。

如果我们想要爬取这些搜索结果信息，就通过代码（即爬虫）模拟正常上网的行为，向服务器发起请求，接收并存储服务器返回的内容，这样就完成了爬虫的过程，如图6-1所示。

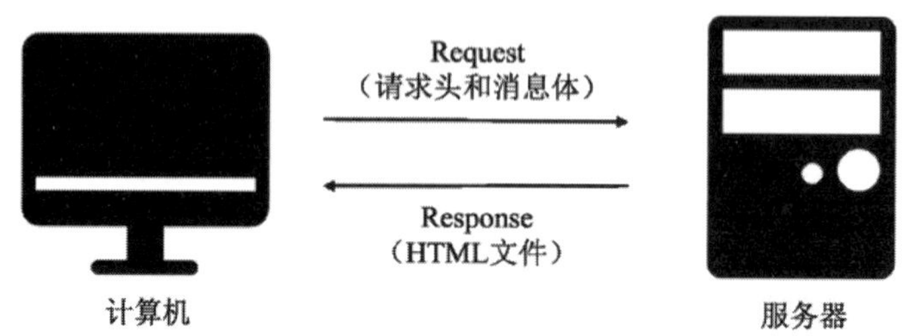

图6-1　爬虫爬取信息原理图

简单来说，这就是一个请求（Request）和响应（Response）服务器的过程。在请求过程中，需要携带请求头和消息体，伪装成一个正常用户。服务器响应后会返回一个HTML文件，其中包含所需的数据内容，只需按照一定的规则进行解析，就能提取出所需的信息。

对于一些专业术语，如请求头和消息体的具体含义，以及更底层的网络原理，本文不作详细介绍。作为数据分析师，入门时只需掌握基础的技巧和方法，以获取符合分析要求的公开数据即可。

6.1.2　爬虫原理

在了解网络连接的基本原理后，爬虫原理就更容易理解了。网络连接需要请求和响应，爬虫同样执行这两项工作：

（1）模仿用户在计算机上的行为，向服务器发起请求。

（2）接收服务器的响应，并解析以及提取所需的信息。

在实际网页中，所需的信息可能不在一个页面上，需要跨多页或多个页面进行获取。这是互联网网页数据中非常普遍的现象。因此，我们需要掌握这两种页面的爬取流程。

1. 多页面爬取流程

在爬取多页面数据时（见图6-2），每页的网页结构都是相同或相似的。针对这种网页的爬取流程如下：

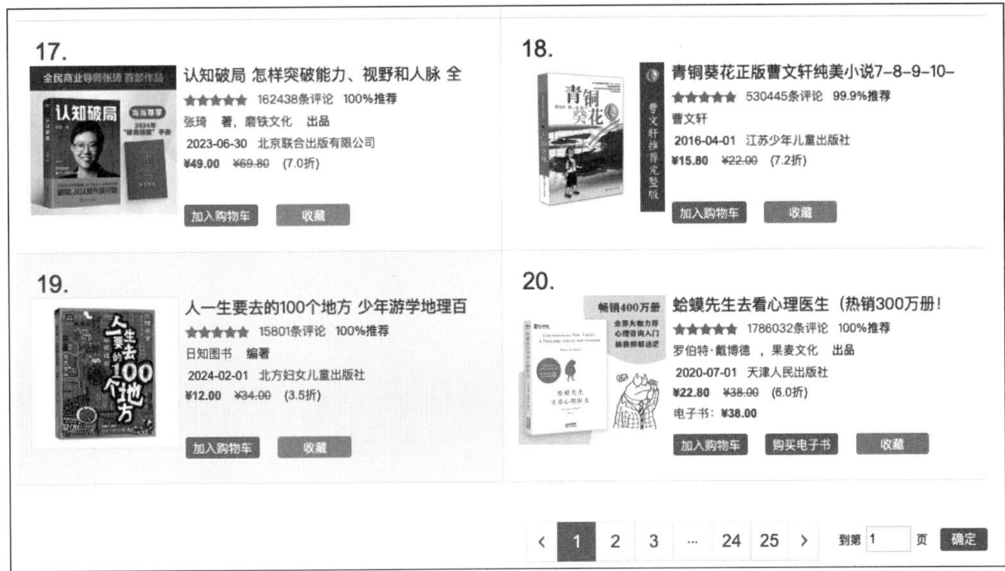

图 6-2　多页面信息

（1）手动翻页：观察每个网页的URL链接特点，归纳出所有页面的URL规律。例如，第1页的URL为：http://bang.dangdang.com/books/bestsellers。

第2页：http://bang.dangdang.com/books/bestsellers/1-2。

第3页：http://bang.dangdang.com/books/bestsellers/1-3。

……

第25页：http://bang.dangdang.com/books/bestsellers/1-25。

可以看出，URL中只有最后一个数字不同，且有明显的规律。因此构建第1页链接：http://bang.dangdang.com/books/bestsellers/1-1。可以发现其与链接：http://bang.dangdang.com/books/bestsellers是完全一致的。因此，URL的格式为：http://bang.dangdang.com/books/bestsellers/1-页数，可以将其存入列表中。

（2）根据URL列表依次循环取出，用于信息获取。

（3）定义爬虫函数。

（4）循环调用爬虫函数，获取信息并存储到数据库。

（5）循环结束后，完成爬虫程序。

如图6-3所示是多页面网页爬取流程图。

2. 跨页面爬取流程

跨页面爬取流程是指如果第一个页面的信息不全，则需要跳转到详情页面以获取更多信息，如图6-4和图6-5所示。

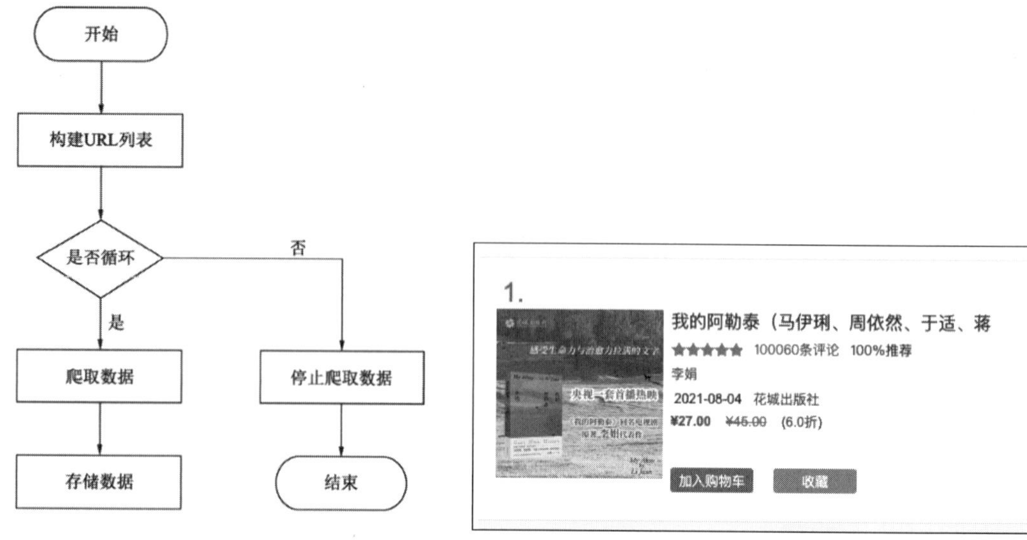

图 6-3　多页面网页爬取流程图　　　　图 6-4　第一页内容信息

图 6-5　第二页内容详情页信息

跨页面的爬取流程如下：

（1）首先获取第一页的所有URL链接，并将其存入列表中。

（2）确定需要爬取的详情页的URL链接。

（3）进入详情页，爬取相应的数据。

（4）存储数据，循环结束后，完成爬虫程序。

跨页面网页爬取流程如图6-6所示。

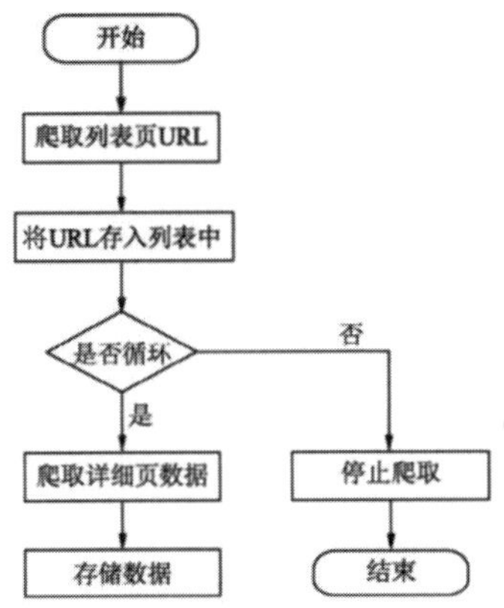

图 6-6　跨页面网页爬取流程图

6.1.3　网页构造

在了解爬虫原理后，还需要简单了解网页的构成，以便准确定位要爬取的具体内容。我们以常用的Chrome浏览器为例，介绍网页构造。

请打开任意一个网页（例如http://www.baidu.com），然后在空白处右击，选择快捷菜单中的“检查”命令，就可以看到网页的代码，如图6-7所示。

图 6-7　网页构造

在图中，右击打开网页代码，右上部分显示的是HTML文件，右下部分为CSS样式，而HTML文件内部则包含JavaScript代码。用户在浏览器中看到的网页即为浏览器渲染后的结果。通常我们将网页中的HTML比作房子的结构，CSS则是房子的样式，而JavaScript相当于房子中的家具。

本文仅对网页的构造进行简单介绍，对于前端语法不做更深入的解释。实际上，如果只是为了更好地获取简单公开的基础数据进行分析，那么只需了解HTML的基本格式即可；如果想深入研究爬虫技术，则需进一步学习前端相关语法。

为了更好地确认网页中文字内容与源代码的对应位置，可以按照如图6-8所示的标识进行操作：首先单击“标识1”的位置，然后单击“标识2”，便可找到“百度一下”对应的源代码位置“标识3”。

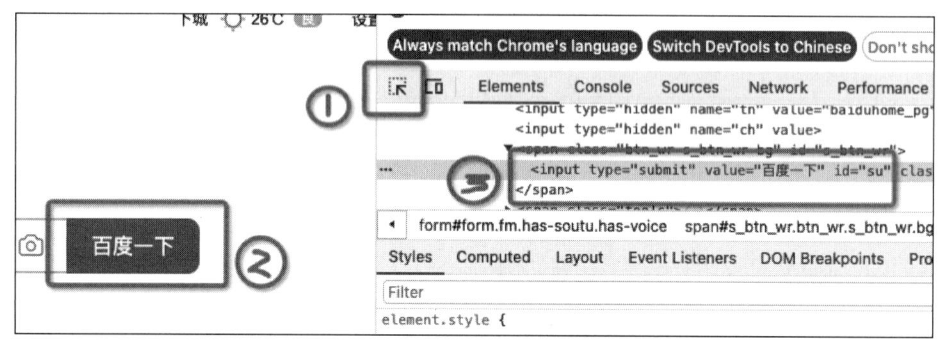

图6-8　网页信息页面位置说明

一旦找到网页内容所在的位置，接下来只需通过爬虫函数提取该位置的信息即可。

6.2　请求和解析库

在了解了爬虫原理和网页构造后，我们对爬虫过程有了初步的认识。这个过程实际上就是请求网页以获取信息，然后对这些信息进行解析和提取。

本节将从这两个环节入手，通过介绍两个Python第三方库，尝试编写一个简单的爬虫程序。

6.2.1　Requests库

Requests库是Python的一个第三方库，提供了现成的封装，使我们能够更简单高效地学习爬虫技术并进行爬虫实践。因此，作为数据分析师，我们应该灵活使用各种工具，以高效挖掘数据的价值，而不仅仅将其视为取数的工具。

Requests库的主要作用是请求网站以获取网页数据。下面通过一段最简单的代码来了解它的使用：

```
import requests
r = requests.get('http://www.baidu.com')
```

```
print(r.status_code)
r.encoding='utf-8'
print(r.text)
```

输出结果如下：

```
200
<!DOCTYPE html>
<!--STATUS OK--><html> <head><meta http-equiv=content-type
content=text/html;charset=utf-8><meta http-equiv=X-UA-Compatible
content=IE=Edge><meta content=always name=referrer><link rel=stylesheet
type=text/css href=http://s1.bdstatic.com/r/www/cache/bdorz/baidu.min.css><title>
百度一下，你就知道</title></head> <body link=#0000cc> <div id=wrapper> <div id=head> <div
class=head_wrapper> <div class=s_form> <div class=s_form_wrapper> <div id=lg> <img
hidefocus=true src=//www.baidu.com/img/bd_logo1.png width=270 height=129> </div>
<form id=form name=f action=//www.baidu.com/s class=fm> <input type=hidden
name=bdorz_come value=1> <input type=hidden name=ie value=utf-8> <input type=hidden
name=f value=8> <input type=hidden name=rsv_bp value=1> <input type=hidden
name=rsv_idx value=1> <input type=hidden name=tn value=baidu><span class="bg
s_ipt_wr"><input id=kw name=wd class=s_ipt value maxlength=255 autocomplete=off
autofocus></span><span class="bg s_btn_wr"><input type=submit id=su value=百度一下
class="bg s_btn"></span> </form> </div> </div> <div id=u1> <a
href=http://news.baidu.com name=tj_trnews class=mnav>新闻</a> <a
href=http://www.hao123.com name=tj_trhao123 class=mnav>hao123</a> <a
href=http://map.baidu.com name=tj_trmap class=mnav>地图</a> <a
href=http://v.baidu.com name=tj_trvideo class=mnav>视频</a> <a
href=http://tieba.baidu.com name=tj_trtieba class=mnav>贴吧</a> <noscript> <a
href=http://www.baidu.com/bdorz/login.gif?login&amp;tpl=mn&amp;u=http%3A%2F%2Fwww
.baidu.com%2f%3fbdorz_come%3d1 name=tj_login class=lb>登录</a> </noscript>
<script>document.write('<a
href="http://www.baidu.com/bdorz/login.gif?login&tpl=mn&u='+
encodeURIComponent(window.location.href+ (window.location.search === "" ? "?" : "&")+
"bdorz_come=1")+ '" name="tj_login" class="lb">登录</a>');</script> <a
href=//www.baidu.com/more/ name=tj_briicon class=bri style="display: block;">更多
产品</a> </div> </div> </div> <div id=ftCon> <div id=ftConw> <p id=lh> <a
href=http://home.baidu.com>关于百度</a> <a href=http://ir.baidu.com>About Baidu</a>
</p> <p id=cp>&copy;2017 Baidu <a href=http://www.baidu.com/duty/>使用百
度前必读</a>  <a href=http://jianyi.baidu.com/ class=cp-feedback>意见反馈
</a> 京ICP证030173号  <img src=//www.baidu.com/img/gs.gif> </p> </div>
</div> </div> </body> </html>
```

输出结果为200表示请求网址成功；如果返回404或400则表示请求失败。网页信息已成功获取，其中r.encoding='utf-8'用于确保输出能够正常显示中文。

有时需要添加请求头以伪装成浏览器，更真实地模拟用户进行数据爬取。请求头的位置如图6-9所示。

图 6-9　请求头位置

使用请求头的方法可以参考如下代码：

```
import requests
headers = {'User-Agent':'Mozilla/5.0 (Macintosh; Intel Mac OS X 10_15_7)
AppleWebKit/537.36 (KHTML, like Gecko) Chrome/124.0.0.0 Safari/537.36'}
r = requests.get('http://www.baidu.com',headers=headers)
print(r.text)
```

在找到请求头后，Requests库通过get()方法获取网页信息。此外，Requests库还可以使用post()方法获取网页信息，主要是通过提交表单的方式爬取数据，这部分将在后续章节进行介绍。通常，使用get()方法就足以满足数据分析师获取公开数据的需求。

当然，爬虫爬取信息的过程并不总是一帆风顺，也可能会遇到异常报错，Requests库常见的异常如下：

- ConnectionError：网络问题。
- HTTPError：返回不成功的状态码，如404。
- Timeout：请求超时。
- TooManyRedirects：请求超过设定的最大重定向次数。

为了避免因异常导致程序中断，可以使用try语句来处理异常。具体方法如下：

```
import requests
headers = {'User-Agent':'Mozilla/5.0 (Macintosh; Intel Mac OS X 10_15_7)
AppleWebKit/537.36 (KHTML, like Gecko) Chrome/124.0.0.0 Safari/537.36'}
r = requests.get('http://www.baidu.com',headers=headers)
```

```
try:
    print(r.text)
except ConnectionError:
    print('连接异常')
```

当请求成功时，将执行print(r.text)代码。如果出现ConnectionError异常，则会输出“连接异常”。这样，程序不会报错，而是给出提示，确保后续代码的运行不会受到影响。

6.2.2　Lxml 库与 Xpath 语法

1. Lxml库

Lxml库用于解析网页，并通过Xpath语法定位网页中的数据。虽然使用BeautifulSoup库也可以解析数据，但与Lxml库相比，它的速度较慢。本小节将介绍一种简单且高效的爬虫方法，本小节不逐一讲解各种爬虫相关的库，而是重点介绍在数据分析过程中最实用的库，以满足日常使用需求。因此，我们将重点讨论Lxml库及其相关的Xpath语法知识。

下面将展示如何使用Lxml库解析HTML文件，代码如下：

```
from lxml import etree
text = '''
<div>
    <ul>
        <li class="red"><h1>red</h1></li>
        <li class="yellow"><h2>yellow</h2></li>
        <li class="white"><h3>white</h3></li>
        <li class="black"><h4>black</h4></li>
        <li class="blue"><h5>blue</h5>
    </ul>
</div>
'''
html=etree.HTML(text)
result=etree.tostring(html)
print(result)
```

输出结果如下：

```
b'<html><body><div>\n\t<ul>\n\t\t<li class="red"><h1>red</h1>\n\t\t</li><li
class="yellow"><h2>yellow</h2></li>\n\t\t<li class="white"><h3>white</h3></li>
\n\t\t<li class="black"><h4>black</h4></li>\n\t\t<li
class="blue"><h5>blue</h5>\n\t</li></ul>\n</div>\n</body></html>'
```

由输出结果可以明显看出，代码自动补全了HTML文件，其中：

- 添加了html和body标签。
- 补全了第5行li标签的尾部。

理解了Lxml库的基本用法后，接下来可以使用Lxml库解析实际的HTML文件。例如，从网页获取的内容如下：

```
    import requests
    from lxml import etree
    headers = {'User-Agent':'Mozilla/5.0 (Macintosh; Intel Mac OS X 10_15_7)
AppleWebKit/537.36 (KHTML, like Gecko) Chrome/124.0.0.0 Safari/537.36'}
    r = requests.get('https://www.kugou.com/yy/rank/home/1-8888.html?from=rank',
headers=headers)
    html=etree.HTML(r.text)
    result=etree.tostring(html)
    print(result)
```

输出结果如图6-10所示。

```
爬虫代码
/Library/Frameworks/Python.framework/Versions/3.7/bin/python3.7 /Users/        /PycharmProjects/pythonProject/0
b'<html xmlns="http://www.w3.org/1999/xhtml" xmlns="http://www.w3.org/1999/xhtml">\n<head><meta http-equiv="Cont

Process finished with exit code 0
```

图 6-10　输出结果

图6-10中的输出信息即为网页内容，接下来可以使用Xpath语法来提取所需的具体信息。

2. Xpath语法

在网络爬虫中，Xpath语法用于从HTML中定位想要爬取的具体信息。HTML结构中的每个元素及其属性之间都有父子节点、同胞节点、先辈和后代节点的关系。了解这些节点的关系后，我们就可以选择特定的节点，从而提取所需的内容。

3. 节点关系

1）父子节点和同胞节点

父子节点和同胞节点的代码如下：

```
<user>
   <name>li qiang</name>
   <sex>female</sex>
   <id>10001</id>
   <score>89</score>
</user>
```

根据结构可以看出：

- user元素是name、sex、id和score等元素的父节点。

- name、sex、id和score是user元素的子节点。
- name、sex、id和score是同胞节点。

2）先辈节点和后代节点

先辈节点和后代节点的代码如下：

```
<user_data>

<user>
   <name>li qiang</name>
   <sex>female</sex>
   <id>10001</id>
   <score>89</score>
</user>

</user_data>
```

先辈节点是指某个节点的上一个节点或上上个节点，即称为父节点及父节点的父节点。在上述代码中，name、sex、id和score元素的先辈节点是user元素和user_data元素。后代节点则是指某个节点的下一个节点或下下个节点，即称为子节点及子节点的子节点。在上述代码中，user_data的后代节点包括user元素及其子元素name、sex、id和score。

4. 节点选择

在Xpath语法中，常用的节点选择方法如表6-1所示。

表 6-1　节点选择方法和示例

名　称	示　例	说　明
node_name	user_data 或者 user	选择特定节点
/	/user_data/user[1]	从根节点开始选择，也就是从最上层的节点开始匹配选取，选取属于 user_data 子元素的第一个 user 元素
//	//user	模糊匹配相同当前节点，选择所有 user 子元素
@	//li[@attribute='white']	选取所有 li 元素，且这些元素拥有值为 white 的属性

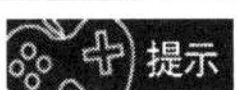

在Xpath语法中，也可以使用通配符（如*）来选取任意元素节点。

5. 节点使用实践

在实际的数据获取过程中，需要找到循环获取数据的具体位置。下面以近24小时畅销书的网页为例，展示节点的具体使用方法，如图6-11所示。

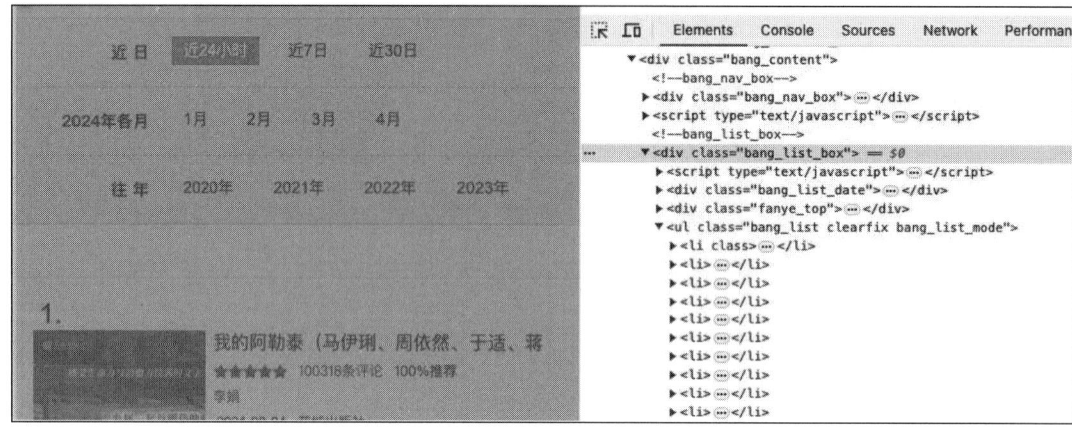

图 6-11　爬取信息位置

由图6-11可以看见，整个板块的图书数据内容都包含在div[@class="bang_list_box"]中。我们可以通过逐级查找节点（如ul、li等）定位到具体的目标信息，例如书名。当鼠标指针悬停在目标图书标题上时，右侧的节点位置会自动高亮显示相关信息。此时，右击目标元素，选择Copy命令，然后单击Copy XPath命令，即可复制该数据对应的路径。

```
/html/body/div[3]/div[3]/div[2]/ul/li[1]/div[3]/a
```

因此，组合路径结果的就是：

```
//div[@class="bang_list_box"]/ul/li[1]/div[3]/a/text()
```

完整的爬取代码如下：

```
import requests
from lxml import etree
headers = {'User-Agent':'Mozilla/5.0 (Macintosh; Intel Mac OS X 10_15_7)
AppleWebKit/537.36 (KHTML, like Gecko) Chrome/124.0.0.0 Safari/537.36'}
r=requests.get('http://bang.dangdang.com/books/bestsellers/01.00.00.00.00.00
-24hours-0-0-1-1',headers=headers)
selector = etree.HTML(r.text)
book_title = selector.xpath('//div[@class=
"bang_list_box"]/ul/li[1]/div[3]/a/text()')
print(book_title)
```

输出结果如下：

```
['阿勒泰的角落（《我的阿泰勒》姊妹篇，毛不易、于适推荐。李娟成名']
```

以上结果为列表形式输出，如果只需要字符串数据，可以通过如下方式提取：

```
selector.xpath('//div[@class="bang_list_box"]/ul/li[1]/div[3]/a/text()')[0]
```

提示　通过/text()可以获取标签中的文字信息。

从图6-11中我们可以明显看到，li节点有很多同胞节点，因此，只需建立li节点的循环即可爬取所有图书标题信息。

具体代码如下：

```
import requests
from lxml import etree
headers = {'User-Agent':'Mozilla/5.0 (Macintosh; Intel Mac OS X 10_15_7) AppleWebKit/537.36 (KHTML, like Gecko) Chrome/124.0.0.0 Safari/537.36'}
r=requests.get('http://bang.dangdang.com/books/bestsellers/01.00.00.00.00.00-24hours-0-0-1-1',headers=headers)
selector = etree.HTML(r.text)
book_titles = selector.xpath('//div[@class="bang_list_box"]')
for book_title in book_titles:
    titles = book_title.xpath('ul/li/div[3]/a/text()')
    for title in zip(titles):
        print(title)
```

输出结果如图6-12所示。

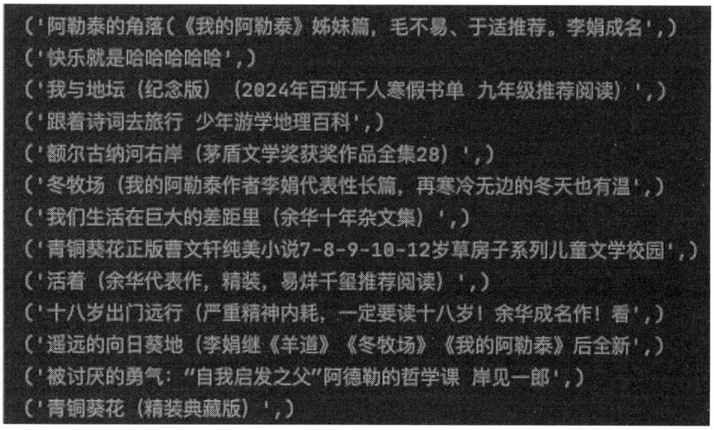

```
('阿勒泰的角落(《我的阿勒泰》姊妹篇，毛不易、于适推荐。李娟成名',)
('快乐就是哈哈哈哈哈',)
('我与地坛（纪念版）（2024年百班千人寒假书单 九年级推荐阅读）',)
('跟着诗词去旅行 少年游学地理百科',)
('额尔古纳河右岸（茅盾文学奖获奖作品全集28）',)
('冬牧场（我的阿勒泰作者李娟代表性长篇，再寒冷无边的冬天也有温',)
('我们生活在巨大的差距里（余华十年杂文集）',)
('青铜葵花正版曹文轩纯美小说7-8-9-10-12岁草房子系列儿童文学校园',)
('活着（余华代表作，精装，易烊千玺推荐阅读）',)
('十八岁出门远行（严重精神内耗，一定要读十八岁！余华成名作！看',)
('遥远的向日葵地（李娟继《羊道》《冬牧场》《我的阿勒泰》后全新',)
('被讨厌的勇气："自我启发之父"阿德勒的哲学课 岸见一郎',)
('青铜葵花（精装典藏版）',)
```

图 6-12　输出结果

以上代码中，将//div[@class="bang_list_box"]/ul/li[1]/div[3]/a/text()进行了截取，先定位查询所有li节点，然后循环提取每个li节点中的数据。这就是一个简单的爬虫程序。

6.3　数据库存储

当获取的数据量较少时，可以直接存储到Excel文件中。然而，当获取的数据量较大时，应该考虑使用数据库作为存储工具。掌握通过MySQL进行数据存储，可以更好地管理获取的公开数据，便于后续的数据分析。

关于MySQL数据库的安装和连接，前文已有详细介绍。本节将使用已安装的数据库管理工具Navicat，演示如何通过MySQL将爬取的数据存储到数据库中。

6.3.1 新建 MySQL 数据库

首先，单击桌面上的数据库App，然后双击打开MySQL。找到数据库，右击mysql，选择New Database（新建数据库）命令，如图6-13所示。

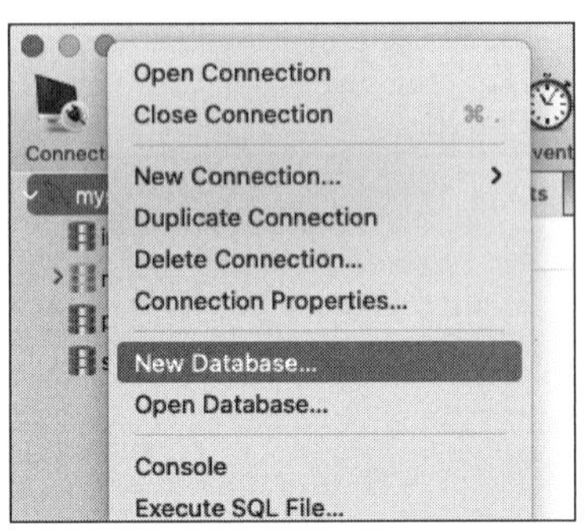

图 6-13　新建 mysql 数据库

接着，设置数据库名称为python_data，如图6-14所示。

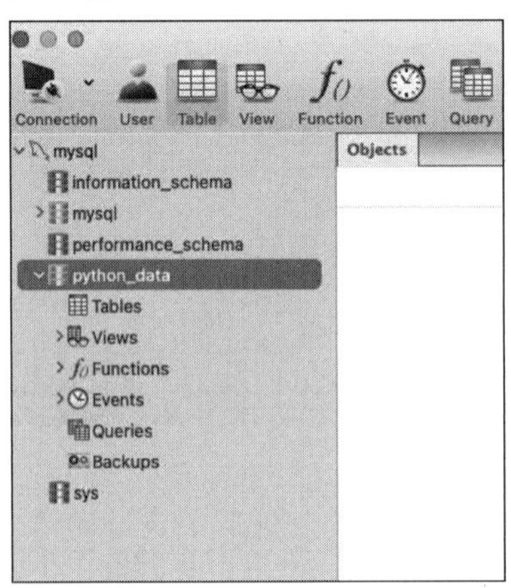

图 6-14　设置数据库名称

数据库新建完成后，接下来需要新建一个数据表，如图6-15所示。

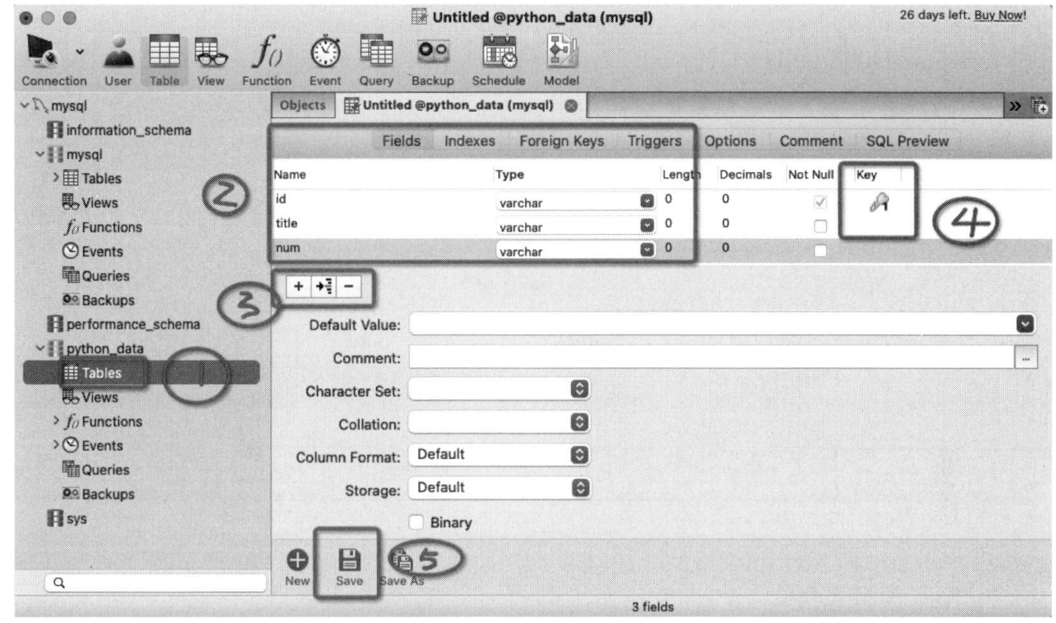

图 6-15　MySQL 数据库界面

通过管理工具新建数据表的步骤如下：

01 右击 Tables，在弹出的快捷菜单中选择“新建”命令。

02 命名表字段名称和类型，例如 id、title、num 等。

03 新增字段：如有其他字段，可以持续新增。

04 确认主键：id。

05 将表保存为 python_data，完成表的新建。

新建的数据表如图6-16所示。

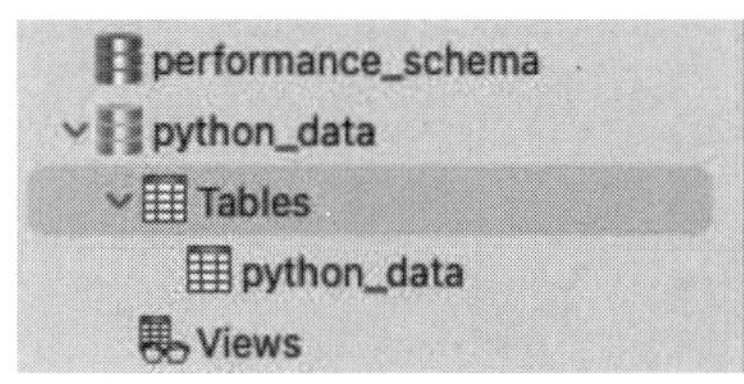

图 6-16　新建数据表

也可以通过代码新建数据表，代码如下：

```
CREATE TABLE python_data_20240517.table_test (
    id int auto_increment primary key,
    title CHAR(100),
    num CHAR (100)
```

```
)
DEFAULT CHARSET=utf8
```

在新建数据表中插入数据的SQL语句如下：

```
insert into python_data(id,title,num) VALUES ("1",'2','3')
```

运行查询语句后，结果如图6-17所示。

id	title	num
1	2	3

图 6-17 插入表数据

6.3.2 Python 数据存储

在实际的数据爬取过程中，可以通过Python和数据库进行连接，并实现数据的自动化存储，代码如下：

```
import pandas as pd
import pymysql

headers={
"User-Agent": "Mozilla/5.0 (Macintosh; Intel Mac OS X 10_14_1) AppleWebKit/537.36 (KHTML, like Gecko) Chrome/85.0.4183.121 Safari/537.36"
}

db = pymysql.connect(host='localhost', user='root', passwd='12345678', db='python_data', port=3306, charset='utf8')
print("数据库连接")
cursor = db.cursor()
cursor.execute("insert into python_data.table_test (id,titles,num)values(%s,%s,%s)",('2','3','4'))

cursor.execute("select * from python_data.table_test")
data=cursor.fetchall()
df=pd.DataFrame(data)
print(df)
```

输出结果如图6-18所示。

```
/Library/Frameworks/Python.framework/
数据库连接
   0  1  2
0  1  2  3
1  2  3  4

Process finished with exit code 0
```

图 6-18　输出结果

由此可见，通过Python成功与数据库连接，并插入了新的数据。输出结果显示数据已插入成功。

6.4　案例实践：爬取当当网图书好评榜 TOP500

对于喜欢阅读的人来说，查找当当网排行榜中的好书是一项常见的需求。然而，逐页翻找TOP500的图书并不方便。通过简单的爬虫技术，我们可以将书名、评论量等相关信息爬取到Excel文件中，从而根据自己的需求快速筛选，轻松找到心怡的图书。

本节将详细介绍爬取过程和方法（以下内容仅供学习爬取技巧使用）。

6.4.1　爬取思路

1. 找到当当网好评榜页面

通过访问网址https://www.dangdang.com/，打开当当网首页，然后单击首页的“图书”选项，如图6-19所示。

图 6-19　当当网页位置

进入“图书”页面后，可以看到左下角的“图书排行榜”，如图6-20所示。

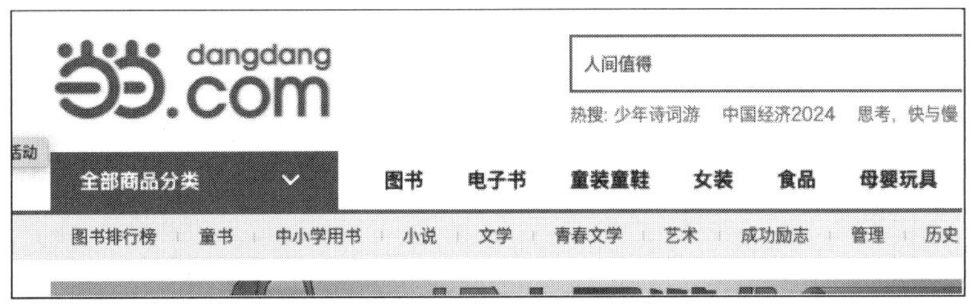

图 6-20　“图书排行榜”页面

单击“图书排行榜”后，会出现“图书畅销榜”选项，如图6-21所示。

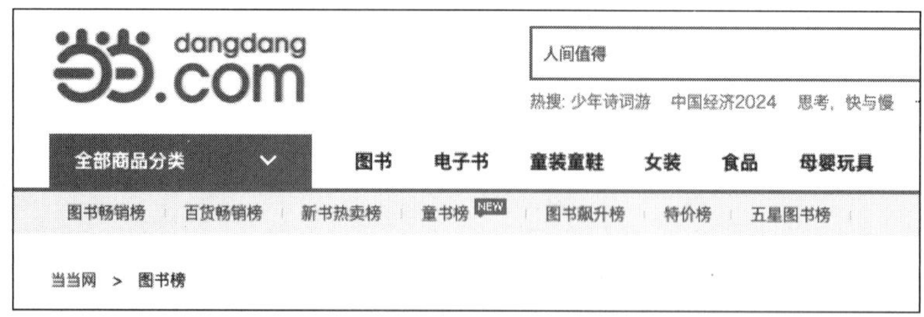

图 6-21　“图书畅销榜”页面

单击“图书畅销榜”页面，可以看到如图6-22所示的页面信息。

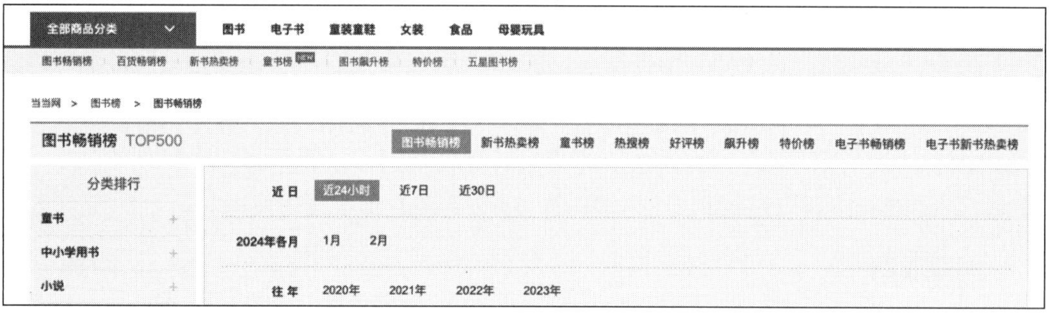

图 6-22　“图书畅销榜”页面信息

由于我们的目标是根据“好评榜”选择图书，因此，单击“好评榜”选项。页面默认显示近30日的排行榜TOP500的图书信息，如图6-23所示。

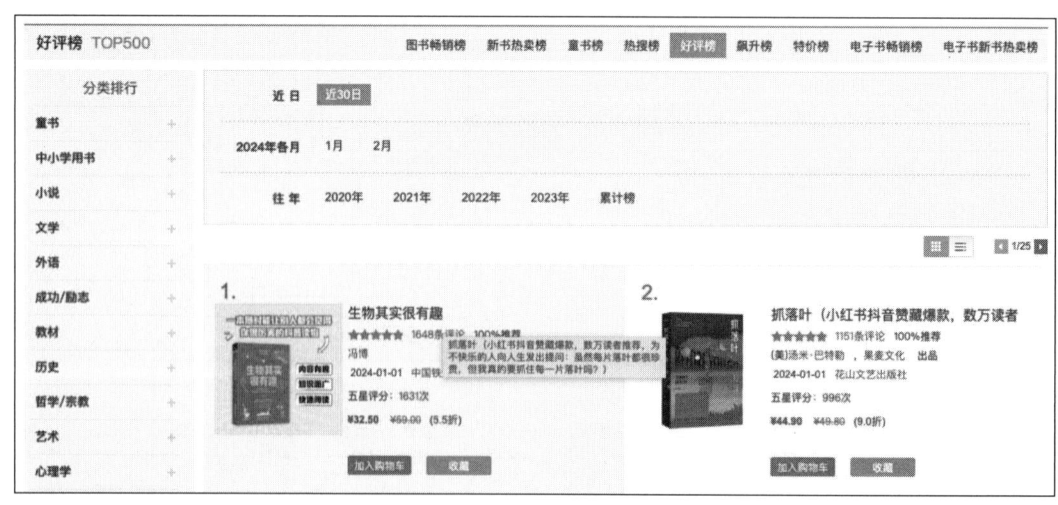

图 6-23　“好评榜”页面信息

2. 确认翻页的链接

对应的URL链接为：http://bang.dangdang.com/books/fivestars/01.00.00.00.00.00-recent30-0-0-1-1。

拉取到网页底部，翻页后，第2页和第3页的网页URL链接分别如下：

- 第2页链接为http://bang.dangdang.com/books/fivestars/01.00.00.00.00.00-recent30-0-0-1-2。
- 第3页链接为http://bang.dangdang.com/books/fivestars/01.00.00.00.00.00-recent30-0-0-1-3。

由此可见，URL的最后一位数字对应了页面的页码。

3. 确认要爬取的内容

对于排行榜中的TOP1图书，页面上直观地显示了图书的相关信息，包括图书名、评论数、作者名称、出版社、出版时间，五星评分次数、价格、折扣等，如图6-24所示。

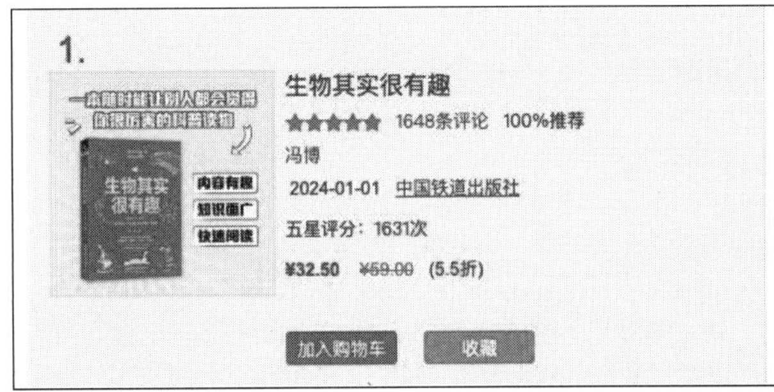

图 6-24　图书相关信息

4. 爬取的具体路径

为了确定要爬取内容的具体位置，需要右击页面元素并选择“检查”选项，进入开发者工具中查看对应的路径信息，如图6-25所示。

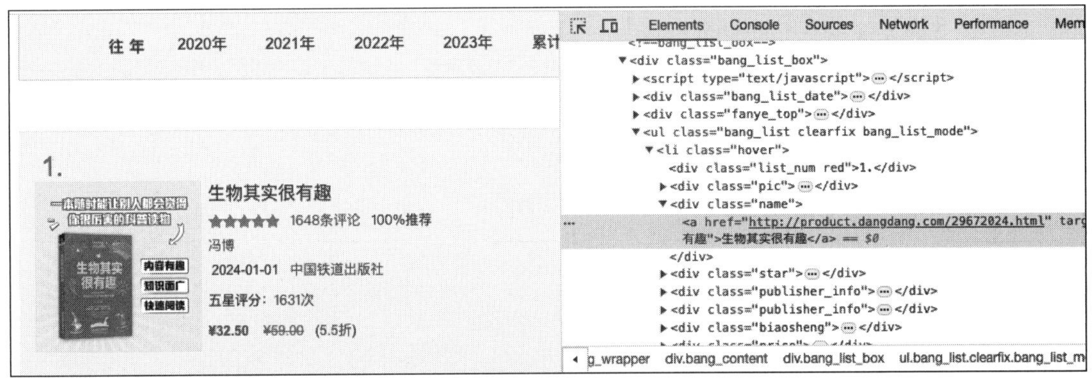

图 6-25　图书信息源码位置

在图6-25的右侧，已经找到了相对路径，例如图书名《生物其实很有趣》。

6.4.2　爬取代码

1. 第一个页面爬取

针对页面中的重点信息，可以直接通过链接：http://bang.dangdang.com/books/fivestars/01.00.00.00.00.00-recent30-0-0-1-1进行爬取，详细代码如下：

```
import requests
from lxml import etree

headers={
"User-Agent": "xxx"
}

def get_dangdang_info(url):
    html=requests.get(url,headers=headers)
    html.encoding = html.apparent_encoding        # 解决乱码问题
    selector=etree.HTML(html.text)
    datas=selector.xpath('//div[@class="bang_list_box"]')
    for data in datas:
        Ranks = data.xpath('ul/li/div[1]/text()')
        names = data.xpath('ul/li/div[3]/a/text()')
        pingluns = data.xpath('ul/li/div[4]/a/text()')
        authors = data.xpath('ul/li/div[5]/a/text()')
        publish_times = data.xpath('ul/li/div[6]/span/text()')
        publish_shes = data.xpath('ul/li/div[6]/a/text()')
        fivestar_scores = data.xpath('ul/li/div[7]/span/text()')
        prices = data.xpath('ul/li/div[8]/p[1]/span[1]/text()')
        yuanjias = data.xpath('ul/li/div[8]/p[1]/span[2]/text()')
        discounts = data.xpath('ul/li/div[8]/p[1]/span[3]/text()')
        urls = data.xpath('ul/li/div[3]/a/@href')
        for Rank,url,name,pinglun,author,publish_time,publish_she,
fivestar_score,prices,yuanjia,discount in \
                zip(Ranks,urls,names,pingluns,authors,publish_times,
publish_shes,fivestar_scores,prices,yuanjias,discounts):
            print(Rank,url,name,pinglun,author,publish_time,publish_she,
fivestar_score,prices,yuanjia,discount)

if __name__=='__main__':

    urls =
['http://bang.dangdang.com/books/fivestars/01.00.00.00.00.00-recent30-0-0-1-{}'.f
ormat(i) for i in range(1,2)]
```

```
    for url in urls:
        print(url)
        get_dangdang_info(url)
    print("程序运行结束")
```

输出结果如图6-26所示。

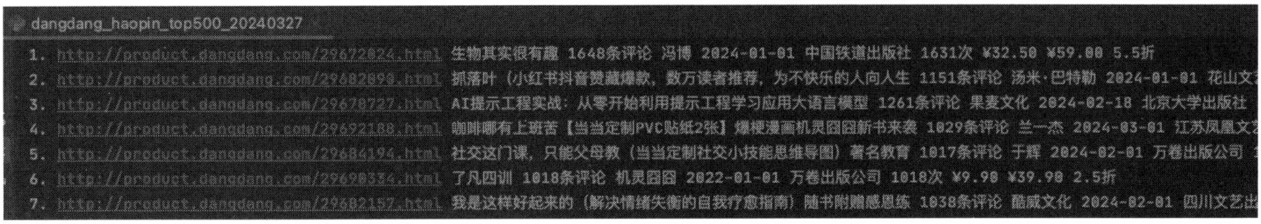

图 6-26　输出结果

2. 保存到Excel文件

爬取结果可以保存到Excel文件中，方便筛选和查找需要的图书。以下是保存结果的代码：

```
import xlwt
def list_save():
    head = ['Rank','name', 'pinglun','author','publish_time','publish_she','fivestar_score','prices','yuanjia','discount']  # 定义表头
    book = xlwt.Workbook(encoding='utf-8')  # 创建工作簿
    sheet_name = book.add_sheet('当当网好评榜TOP500书籍信息')  # 创建工作表
    # 写入表头数据
    for h in range(len(head)):
        sheet_name.write(0, h, head[h])
    row = 1
    data_len = len(data_total)
    for i in range(data_len):
        for j in range(len(head)):
            sheet_name.write(row, j, data_total[i][j])
        row += 1
    book.save('当当网好评榜TOP500书籍信息.xls')
```

6.4.3　整体代码和输出

将数据采集和存储的代码整合起来，确保计算机中配置了正确的user-agent并运行程序即可实现爬取功能。以下是整合后的完整代码：

```
import requests
from lxml import etree
import xlwt
headers={
```

```
"User-Agent": "xxx"
}
data_total=[]
def get_dangdang_info(url):
    html=requests.get(url,headers=headers)
    html.encoding = html.apparent_encoding   # 解决乱码问题
    selector=etree.HTML(html.text)
    datas=selector.xpath('//div[@class="bang_list_box"]')
    for data in datas:
        Ranks = data.xpath('ul/li/div[1]/text()')
        names = data.xpath('ul/li/div[3]/a/text()')
        pingluns = data.xpath('ul/li/div[4]/a/text()')
        authors = data.xpath('ul/li/div[5]/a/text()')
        publish_times = data.xpath('ul/li/div[6]/span/text()')
        publish_shes = data.xpath('ul/li/div[6]/a/text()')
        fivestar_scores = data.xpath('ul/li/div[7]/span/text()')
        prices = data.xpath('ul/li/div[8]/p[1]/span[1]/text()')
        yuanjias = data.xpath('ul/li/div[8]/p[1]/span[2]/text()')
        discounts = data.xpath('ul/li/div[8]/p[1]/span[3]/text()')
        # urls = data.xpath('ul/li/div[3]/a/@href')
        for Rank,name,pinglun,author,publish_time,publish_she,
fivestar_score,prices,yuanjia,discount in zip(Ranks,names,pingluns,authors,
publish_times,publish_shes,fivestar_scores,prices,yuanjias,discounts):
       # print(Rank,name,pinglun,author,publish_time,publish_she,
fivestar_score,prices,yuanjia,discount)
            dflist = []
            dflist.append(Rank)
            dflist.append(name)
            dflist.append(pinglun)
            dflist.append(author)
            dflist.append(publish_time)
            dflist.append(publish_she)
            dflist.append(fivestar_score)
            dflist.append(prices)
            dflist.append(yuanjia)
            dflist.append(discount)
            data_total.append(dflist)

def list_save():
    head = ['Rank','name', 'pinglun','author','publish_time','publish_she',
'fivestar_score','prices','yuanjia','discount']      # 定义表头
    book = xlwt.Workbook(encoding='utf-8')           # 创建工作簿
```

```
    sheet_name = book.add_sheet('当当网好评榜TOP500书籍信息')      # 创建工作表
    # 写入表头数据
    for h in range(len(head)):
       sheet_name.write(0, h, head[h])
    row = 1
    data_len = len(data_total)
    for i in range(data_len):
       for j in range(len(head)):
          sheet_name.write(row, j, data_total[i][j])
       row += 1
    book.save('当当网好评榜TOP500书籍信息.xls')


if __name__=='__main__':

    urls =
['http://bang.dangdang.com/books/fivestars/01.00.00.00.00.00-recent30-0-0-1-{}'.f
ormat(i) for i in range(1,26)]
    for url in urls:
       get_dangdang_info(url)
    list_save()
    print("程序运行结束")
```

输出结果如图6-27所示。

[illegible]	[illegible]	[illegible]	[illegible]	[illegible]	[illegible]	[illegible]	[illegible]	[illegible]	[illegible]
473	486.	梅格时空大	318385条i	彭懿	2017-07-0	文汇出版社	3167次	¥216.80	¥216.80	10.0折
474	487.	阿勒泰的角	4502条评i	东野圭吾	2023-12-0	新星出版社	20次	¥40.70	¥59.00	6.9折
475	488.	四大名著（	46612条评	新经典	2015-10-0	光明日报出	260次	¥49.80	¥218.00	2.3折
476	489.	永远年轻，	286条评论	刘祖国	2023-09-0	光明日报出	38次	¥47.80	¥49.80	9.6折
477	490.	春和景明，	450条评论	马德琳·英	2023-04-0	华中科技大	82次	¥38.20	¥39.80	9.6折
478	491.	【董宇辉推	7条评论	读客文化	2024-03-0	新星出版社	7次	¥40.80	¥68.00	6.0折
479	492.	快乐读书吧	26018条评	李娟	2020-03-0	商务印书馆	207次	¥94.80	¥110.20	8.6折
480	493.	心灵教科书	6568条评i	新经典	2023-06-0	花山文艺出	44次	¥59.80	¥59.80	10.0折
481	494.	艾青诗选（	243839条i	罗贯中	2018-04-0	人民文学出	2636次	¥26.00	¥26.00	10.0折
482	495.	一粒种子的	41731条评	施耐庵	2017-05-0	南海出版公	224次	¥35.00	¥70.00	5.0折
483	496.	将进酒（共	62775条评	吴承恩	2020-04-0	江苏凤凰文	1176次	¥46.80	¥68.00	6.9折
484	497.	中国文化1(	10条评论	曹雪芹	2021-09-0	江西美术出	9次	¥18.50	¥39.80	4.6折
485	498.	爱上数理化	7条评论	包利民	2023-01-0	青岛出版社	7次	¥31.80	¥224.42	1.4折
486	499.	中国古代寓	342013条i	文通天下	2020-07-0	商务印书馆	38次	¥13.60	¥16.80	8.1折
487	500.	长城之外：	372条评论	包利民	2024-03-0	天地出版社	13次	¥170.30	¥198.00	8.6折
488										

图 6-27　输出结果

以上就是当当网好评榜图书的信息结果，希望读者通过学习这些方法，能够快速找到自己喜欢的图书。

6.5　本章小结

本章重点介绍了最基本的爬虫原理，并讲解了基础的请求和解析库，以实现公开网页数据的获取。获取的数据可以存储到数据库中，最后通过爬取当当网图书好评榜TOP500实践案例展示了如何实现数据的爬取和存储。

实际上，爬虫涉及许多复杂的场景，爬取过程中可能会遇到各种挑战，值得深入学习。然而，本章主要面向数据分析师在数据分析学习中的公开数据获取需求。因此，本章内容完全能够满足这一需求。

第 7 章

数据分析方法

本章将介绍数据分析中常用的数据分析方法。在遇到不同的问题时，往往需要选择不同的分析方法，甚至将多种分析方法组合使用，才能更快地找到问题的关键点。

对于数据分析师来说，除了掌握基本的硬技能（如SQL和Python），理解并应用各种分析模型和方法同样至关重要。不同的行业需要采用不同的分析策略。

常用的分析方法包括5W2H分析法、漏斗分析法、行业分析法、对比分析法、逻辑树分析法、相关分析法、2A3R分析法和多维拆解分析法等。接下来，我们将逐一探讨这些分析方法的思路和应用。

7.1 5W2H 分析法

1. 定义

5W2H分析法中的5W和2H分别是7个英文单词的缩写。它通过追问这7个问题来分析所遇到的问题。这7个问题是：

- What：这是什么？
- When：何时？
- Where：何地？
- Why：为什么？
- Who：是谁？
- How：怎么做？
- How Much：多少钱？

在实际业务中遇到问题时，我们可以从这7个问题出发，帮助我们开阔思路，寻找解决方案。

2. 案例介绍

当我们需要重新设计一款产品时，可以尝试使用5W2H分析法，提出以下7个问题：

- What：这是什么产品？
- When：什么时候需要上线？
- Where：在哪里发布产品？
- Why：用户为什么需要它？
- Who：产品是给谁设计的？
- How：这个产品要怎样运作？
- How Much：这个产品是否有付费功能？价格是多少？

3. 应用场景

5W2H分析法非常简单，适用于多种业务和产品分析，能够有效开拓思路：

（1）产品设计：可以通过上述7个问题明确产品设计的主要问题，帮助保持设计方向，避免偏离主线。

（2）问卷设计：可以清晰地了解问卷设计所需的关键信息，包括目标受众、设计方法等。

尽管5W2H分析法有助于理清思路，但在面对复杂的商业问题时，它可能无法提供全面的解决方案。每个复杂的商业问题都需要更深入的分析与探讨。因此，往往需要结合其他分析方法一起来分析问题，才能更好地发现和解决问题。

7.2 漏斗分析法

1. 定义

漏斗分析法是一种常见的数据分析方法，主要用于评估用户在转化过程中各个阶段的转化情况和流失情况，涵盖从开始流程到最终目标的全过程。这种方法通常通过转换率和流失率来作为评估指标。

2. 案例介绍

漏斗分析法在互联网平台的购物环节中应用较为广泛。用户从进入网站首页开始，接着浏览商品页面，选择心仪的商品并将其加入购物车，最终下单并完成付款，这构成了一个简单的购物流程。

在这个过程中，用户的每一步都形成了一个转化环节，同时，每个环节也可能存在一定的流失情况。

用户可以通过示例数据来观察，如表7-1所示。

表 7-1　商品转化数据表

购物阶段	用户数量	阶段转化率	整体转化率	阶段流失数量
进入首页	10000	—	—	—
商品页	6000	60%	60%	4000
加入购物车	2000	33%	20%	4000
下单	200	10%	2%	1800
支付完成	100	50%	1%	100

通过以上数据，我们可以观察到用户在不同购物阶段的整体表现，以及不同用户在各个阶段的转化率和流失数量。

阶段转化率=本阶段用户数/上一阶段用户数，这一指标主要用于衡量相邻阶段之间的转化情况。例如，表7-1中从首页到商品页的阶段转化率为60%。

整体转化率=某一阶段用户数/第一阶段用户数，这一指标主要用于衡量从第一阶段到某一阶段的总体转化情况。例如，表7-1中从首页到支付完成的整体转化率为1%。

流失数量用于更好地了解各个阶段的用户流失情况。此外，也可以计算阶段流失率和整体流失率，具体指标应根据业务分析目标来确定。

3. 应用场景

漏斗分析法在实际业务中有多种应用场景：

（1）产品优化：在用户使用产品的过程中，可以通过漏斗分析法跟踪用户体验，识别潜在问题。例如，用户在平台购买商品时的流程为：注册、登录、购买、下单、付款。每个环节的转化率不同，分析用户在各个环节的流失原因并进行针对性优化，可以进一步提升用户对产品的满意度，从而实现产品的优化升级。

（2）流程监控：在业务流程中，使用漏斗分析法可以监控各个环节的转化率，帮助识别低效环节并解决相关问题，从而提高整体转化率，促进业务流程。例如，在房产销售中，从潜在客户沟通到下单再到成交的过程中，若某个环节出现问题，可以利用漏斗分析法进行深入分析。

（3）营销活动评估：对于每次市场营销活动，可以通过漏斗分析法评估各流程是否达到预期的效果。通过对比活动前后的转化率，可以了解用户参与和转化效果，从而优化活动策略、调整活动流程，提高活动转化率，最终提升活动营收。

总之，漏斗分析法的最大作用在于可以直观地了解各阶段的转化率，帮助分析和优化每个阶段，以提高转化率并减少用户流失。

4. 常用的漏斗模型

1）用户行为漏斗模型

一般的用户行为漏斗模型主要用于电商网站上的购物行为，经历以下几个环节：

首页→查看商品页→加入购物车→创建订单→支付→复购

通过分析各环节的转化率，可以发现问题并了解用户流失情况。

2）AARRR模型

AARRR模型是另一种常见的漏斗模型，通常应用于App的用户获取、转化和留存环节。其主要包括以下环节：

Acquisition（获取用户）→Activation（激活用户）→Retention（提高留存）→Revenue（增加收入）→Referral（传播推荐）

通过计算各阶段的用户数量和转化率，可以分析产品在哪个阶段需要改进和提升。

3）RARRA模型

RARRA模型是在AARRR模型基础上提出的，旨在通过运营核心用户实现用户留存。该模型强调先获取用户本身的价值，再通过用户传播来提高新用户获取和营收。其主要环节如下：

Retention（用户留存）→Activation（用户激活）→Referral（用户推荐）→Revenue（商业变现）→Acquisition（用户拉新）

该模型的关键在于首先实现用户留存，然后通过核心用户传播来进行新用户获取和商业变现。

以上是一些常见的漏斗模型。在不同的业务阶段和时期，应根据实际情况选择合适的模型。例如，在早期没有用户时，应侧重于获取用户；而在用户基础建立后，则应重点关注留存。

7.3 行业分析法

无论是个人选择职业方向、公司开展行业调研，还是了解所在行业的竞争对手，都需要对行业进行深入分析。那么，具体该如何进行行业分析呢？

目前，一种广泛应用于行业分析的有效方法是PEST分析模型。这种模型通过从宏观角度审视影响行业的关键因素，帮助我们全面理解行业现状及未来趋势。

1. 定义

PEST分析模型通常关注4大类主要外部环境因素：政治（Political）、经济（Economic）、社会（Social）和技术（Technological），如图7-1所示。此模型是指对影响行业和企业的宏观因素进行分析，主要针对宏观环境。不同的行业和企业根据自身特点和经营需求，分析的具体内容可能有所不同。

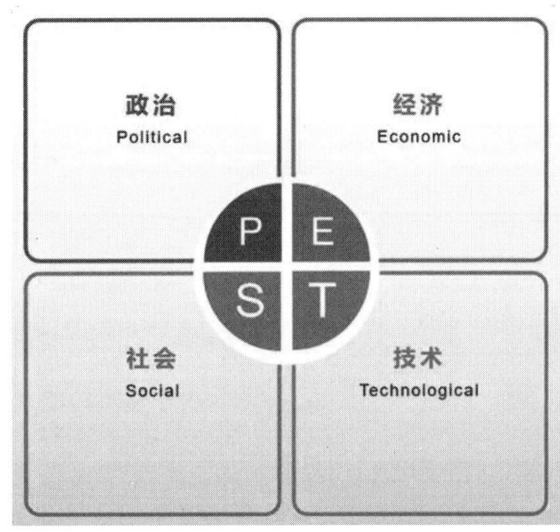

图 7-1 PEST 结构图

2. 分析维度

（1）政治：指一个国家/地区的社会制度、执政党的性质以及政府的方针、政策和法令等因素。不同国家/地区的社会性质和制度对组织活动有着不同的限制和要求，促使各行各业顺应政策发展，推动生产和销售的转型，从而优化资源配置，实现更大的发展。

（2）经济：经济环境主要分为宏观经济环境和微观经济环境两个方面：

- 宏观经济环境：主要指一个国家/地区的人口数量及其增长趋势、国民收入、国民生产总值及其变化情况，以及这些指标反映的国民经济发展水平和速度。
- 微观经济环境：关注企业所在地区或服务地区的消费者水平、消费偏好、储蓄情况和就业程度等因素，这些因素直接影响企业当前及未来的市场规模。

（3）社会：社会文化环境包括一个国家/地区居民的教育程度、文化水平、宗教信仰、风俗习惯、审美观点和价值观念等。文化水平会影响用户需求的变化；宗教信仰和风俗习惯可能会禁止或抵制某些活动；价值观念则会影响居民对组织目标、活动及其存在的认可程度；审美观点则影响人们对组织活动内容、方式和成果的态度。

（4）技术：技术环境主要考察与企业所处领域相关的技术手段的发展变化，包括与市场相关的新技术、新工艺和新材料的出现及其发展趋势。先进技术正在改变世界和人类的生活方式，采用这些技术的企业将在竞争中占据优势。

总体而言，通过PEST分析模型，从宏观角度探讨行业所处的政治、经济、文化和科技等环境因素如何影响行业，并预测未来这些因素是否会影响行业内企业的进出门槛、利润率，以及研发、生产和后续营销等方面。

7.4　对比分析法

1. 定义

对比分析，顾名思义是指将两个或多个数据进行比较，以分析它们之间的差异，从而洞察事物的发展变化和规律。

通过对比分析，可以直观地观察到事物在某一维度上的变化和差距，并且能够准确量化这些差距。

2. 应用场景

不同的对比分析方法适用于不同的应用场景，如下所示：

- 活动效果对比：在市场营销活动中，自然需要运用对比分析来评估效果。
- 不同时期对比：不同时间段的对比可以采用同比和环比分析。例如，比较今年同月与去年同月的表现，以及与上个月的环比，寻找差异点。
- 竞争对手对比：在相同的对比标准下，分析与竞争对手的具体指标将更具意义。
- 目标与结果对比：通过将设定的目标与实际结果进行对比，可以评估目标达成的情况。

3. 使用对比分析法

使用对比分析法主要取决于比较对象和比较方式。在进行比较之前，首先需要确定比较对象。一般而言，比较对象有三种：一是与自身比较，二是与行业比较，三是与竞争对手比较。

1）与自身比较

在与自身比较的过程中，可以采用同比和环比的方法，观察近期的波动情况，了解与同期相比是否存在明显的变化。

2）与行业比较

当业务出现波动，特别是业绩大幅上涨或下跌时，不能仅凭个人业绩感到自满或沮丧。此时，应将业绩与整个行业进行横向比较，以判断变动是否受到行业趋势的影响。例如，雷军曾公开表示小米硬件的综合净利润率永远不会超过5%。这个数据是基于行业整体情况的分析，而非凭空得出的。因此，若你的净利润率为4%，并不意味着异常，而是行业水平的正常表现。

3）与竞争对手比较

在与行业比较后，若发现自身已超出平均水平，但仍不清楚与行业领先竞争对手的差距，此时可以通过与竞争对手对比，直接发现自身的不足与优势，从而更好地了解企业的发展状况。

在确定比较对象后，具体的比较方式一般聚焦于以下3个方面：

- 整体比较：企业整体的均值、中位数或具体业务考核指标。
- 整体波动：一般通过使用标准差与均值的比值（变异系数）来衡量业务波动情况。
- 趋势变化：主要从时间维度分析同比和环比数据。

在进行各种对比时，务必确保在同一维度进行比较。例如，比较某品牌手机在各区域的销售量时，不能直接对比一线城市某门店与三线城市某门店的销售情况。即使想要了解与一线城市门店的差距，也应与一线城市的平均销售量进行比较。

7.5　逻辑树分析法

1. 定义

逻辑树分析法是在面对复杂问题时，将其视作一个树干，并将复杂问题拆解为多个子问题，这些子问题则形成了树的树枝，如图7-2所示。

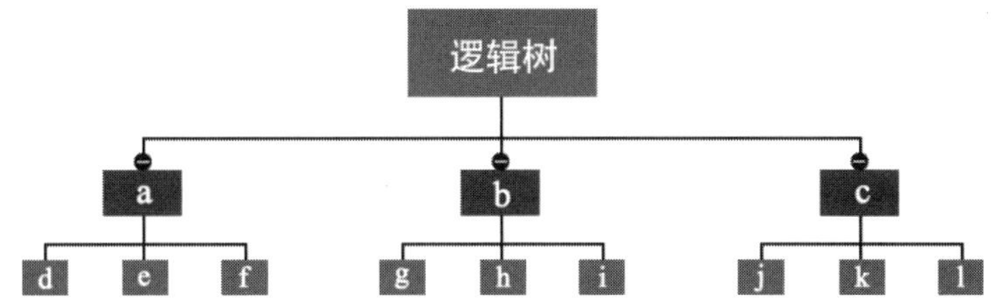

图 7-2　逻辑树分析法

最终，这个逻辑树变成了问题树或分解树。詹姆斯·麦肯锡（James O.McKinsey）在分析问题时最常使用的工具就是“逻辑树”。通过树干找到树枝，也就是识别相关的子问题。这一过程有助于理清思路，减少不必要或无效的思考。

2. 应用场景

我们先来看一个常见的领导提问：“小李，为什么公司收入最近下降了？”

面对这个问题，需要通过逻辑树的方法先找到“树干”，即几个主要的营收业务，然后逐一拆解每个业务，形成小的树枝，也就是各个具体的营收板块。首先确认收入下降的具体原因，找出问题所在，才能有针对性地分析并找到收入下降的根本原因。

因此，对于业务中具体数量指标的波动，可以采用逻辑树进行分析。通过将问题按照业务结构进行罗列和拆解，从第一层或最高层逐步向下深入，就像剥洋葱一样，层层递进，最终找到问题的根源。

3. 案例介绍

为了更好地介绍逻辑树分析法，我们可以看一个经典的“费米问题”。这个案例源自美国科学家恩利克·费米，费米问题通常是一个数字估算问题，主要用来检验一个人是否具备理科思维。

文科思维的人往往更擅长想象，依赖感受和直觉来表达。而理科思维的人则更擅长通过逻辑推理和多维分析来解决问题。作为数据分析师，理科思维对解决问题至关重要，而逻辑树分析法能够有效检验和提升拆解问题的能力。

让我们详细看一下这个经典的费米问题案例：

费米曾被问到一个问题：“芝加哥有多少钢琴调音师？”

许多人在面对这个问题时的第一反应是：“我怎么可能知道芝加哥有多少钢琴调音师？”但如果运用逻辑树分析方法拆解问题，就能进行有效的推理和估算。

在了解芝加哥有多少钢琴调音师之前，我们首先需要确定芝加哥一年调音的需求时长，然后除以单个调音师一年的工作时长，便可得出所需调音师的数量。

通过逻辑树分析法，该问题可以拆解为两个主要问题：

（1）芝加哥一年调音的需求时长是多少？

（2）单个调音师一年的工作时长是多少？

接下来，我们将问题1进一步拆解为以下4个子问题：

（1）芝加哥的人口数量。

（2）芝加哥的居民中拥有钢琴的比例。

（3）每台钢琴每年调音的次数。

（4）调音一次所需的时间。

根据以上问题，我们可以计算出调音需求时长：

芝加哥一年调音需求时长=芝加哥人数×钢琴比例×每台钢琴每年调音次数×调音一次所需时间

然后结合当地情况找到各个子问题的答案：

（1）芝加哥大约有250万人。

（2）芝加哥居民中拥有钢琴的比例，估算每100个孩子中有2到3个家庭拥有钢琴。假设每个家庭有3口人，100个家庭大约有300人，最多4台钢琴，因此估算比例为1.3%，取整后约为2%。

（3）每台钢琴每年至少调音1次。

（4）每次调音至少需要1小时，加上路程等其他时间，假设每次调音需要约2小时。

对问题2进行分析时，可以拆解为以下几个子问题：

（1）一年有多少个星期？

（2）每周工作几天？

（3）每天工作多长时间？

单个调音师一年的工作时长可以通过以下公式计算：

单个调音师一年的工作时长=一年多少个星期×每周工作几天×每天工作时长

具体考虑如下：

（1）由于美国每年有4个星期是假期，因此一年52个星期中，实际工作星期数为50个。

（2）每周工作5天。

（3）每天工作8小时。

通过以上子问题结果可以计算出：

单个调音师一年的工作时长=50×5×8=2000小时

最后，芝加哥的调音师数量可以通过以下公式计算：

芝加哥有多少钢琴调音师=芝加哥1年调音需求时长/单个调音师一年的工作时长=100000/2000=100

这个结果准确吗？根据历史信息反馈，费米后来找到了一份包含83位钢琴调音师的名单。因此，按照逻辑树分析法得到的结果已经相当接近实际情况。

当然，为了进一步提高准确性，我们还需考虑调音师在路上花费的时间，实际工作时间可以减去20%。因此，单个调音师的实际工作时长为1600小时，最终计算得出调音师人数为63人。结合具体子问题及特殊情况进行细化和调整，可以使预估结果更加精准，但所有因素必须符合实际情况。

逻辑树分析法并非孤立使用，通常需要结合其他分析方法（如对比分析法等）共同解决问题。

7.6 相关分析法

1. 定义

相关分析法是用于确认两种数据之间是否存在某种关系的方法。如果两者之间存在关系，则称为有相关关系；如果没有关系，则称为没有相关关系。

在现实生活中，一个常见的问题是：一个人的身高是否与体重有关。如果有关系，说明二者存在相关性；如果没有关系，则表示二者之间没有相关性。

类似的例子还有很多，比如跳高是否与身高增长有关、喝牛奶是否与身高增长相关等，这些都可以通过相关分析进行评估。

2. 相关分析法的作用

相关分析法在生活或工作中有哪些作用呢？

- 了解多维度之间的关联关系

例如，可以评估篮球队获得冠军与个人表现之间的关系大，还是团队配合的影响更大；又如，子产品对整体产品的影响程度等，都可以通过相关分析法来探讨。

- 拓展解决问题的思维

在分析销售量下降时，不仅要考虑产品价格和推广，还可以关注气候、节日等其他因素，以拓展有价值的相关因素。

- 促进沟通与理解事物的关联

相较于其他分析方法，相关分析法对于大多数人而言更加易于理解，通俗易懂。

3. 相关分析法的使用

在进行长跑训练时，可以运用相关分析法来探讨训练时长与跑步表现之间的关系。例如，在研究“训练时间越长是否平均速度越快”这一问题时，可将每次训练的训练时长和平均速度进行记录，并通过计算相关系数来量化两者之间的相关程度。这有助于判断训练时间对跑步速度是否存在显著影响。

常用的相关系数是皮尔逊相关系数，这是最常见的相关系数之一，计算公式如下:

$$r = \frac{\sum((X_i - \bar{X})(Y_i - \bar{Y}))}{\sqrt{\sum(X_i - \bar{X})^2 \sum(Y_i - \bar{Y})^2}}$$

其中，r是皮尔逊相关系数，X_i和Y_i分别是第i个数据点的两个变量的取值，$\bar{X}$ 和 $\bar{Y}$ 分别是变量X和Y的均值。

对于相关系数计算得出的范围是-1~1，值的不同代表不同的含义：

- (0,1]：代表数据是正相关的。例如，长跑训练，训练越久，速度越快。
- [-1,0)：代表数据是负相关的。例如，长跑训练，训练越久，速度越慢。
- 0：代表无关。例如，长跑训练，训练越久和速度没有关系。

一般来说，当数据大于0.6或小于-0.6，代表两种数据之间高度相关。

4. 相关分析法如何解决问题

在实际业务拓展过程中，如果销售额突然下降，往往会发现影响因素并非单一。例如，某公司最近的退货量明显上升，这时可能会想到多种原因：

- 服务态度差？
- 商品质量有问题？
- 物流速度太慢？

……

此时，需要对这些原因进行相关数据的收集和分析，通过计算相关系数来确定影响最大的因素。最终，可能发现服务跟不上，从而可以重点提升客服的服务质量。

在现实中，影响因素通常较多，通过相关系数可以快速识别关键因素，并结合其他分析方法进行深入分析，可以大大节约公司资源，聚焦于解决核心问题。

在实际运用相关分析法时，请勿将相关关系误认为因果关系。因果关系往往需要进一步研究以找出真正的原因，才能确定是否存在因果关系。

7.7　2A3R 分析法

2A3R是漏斗模型中的一种分析方法，广泛应用于互联网电商平台。具体的两个A和3个R的解释如下：

（1）A（获取用户，Acquisition）：用户如何找到我们？
（2）A（激活用户，Activation）：用户首次体验如何？
（3）R（提高留存，Retention）：用户会回来吗？
（4）R（增加收入，Revenue）：如何增加收入？
（5）R（推荐，Referral）：用户会告诉其他人吗？

以上每一个环节都是逐步递进的，涵盖了用户使用产品的整个流程。通过观察产品在各个环节中的表现，可以识别出问题并提供针对性的解决方案。

例如，某公司开发了一个App后，需要考虑以下问题：

（1）获取用户：要想办法吸引更多新用户，以形成规模。

（2）激活用户：促使用户在App上进行互动。

（3）提高用户留存率：当用户体验感降低时，可能会流失，因此需要采取措施减少用户流失。

（4）增加收入：App必须盈利才能存活，因此要考虑如何提升收入。

（5）推荐：鼓励老用户向新用户推荐App，以吸引更多用户。

这个分析模型从获取用户、减少流失到实现盈利，再到扩大用户基数，形成一个产品持续服务的闭环。无论哪个环节出现问题，都可能影响整体运作，因此需要为每个环节制定最佳解决方案，以促进模型的良性运转。

1. 获取用户

在初期获取用户时，需要重点关注以下事项，以形成有效的监控指标：

- 产品推广：尽可能进行产品推广，监控曝光量。
- 下载量：推广后有多少用户下载产品，监控下载量。
- 注册数量：下载后有多少用户注册，成为新增用户，监控日新增用户数。
- 转化率：最终推广后转化为新用户的比例，监控曝光转化率。
- 获客成本：结合转化用户数和广告投放花费，监控每个客户的获客成本。

通过监控以上指标，可以了解获客的实际动态和质量，逐步调整策略，实现最优的获客方案。

2. 激活用户

在推广后，许多用户抱着尝试的心态下载了App，但并不一定会注册；即使注册了，也不一定会经常使用，这样就无法实现让用户真正使用产品的目标。

此时，需要采取措施激活用户，使他们能够真正使用产品。用户首次使用时通常经历的环节包括：下载、注册、浏览商品、加入购物车、下单和付款等。为了提升用户体验，需要时刻监控各个环节的用户行为，了解用户在哪个环节停留时间较长，代表体验较好；又在哪个环节停留时间较短，表明产品需要优化。

例如，在电商购物平台，可以考虑以下策略来提高用户留存率和购买率：

- 减少寻找时间：将最佳商品第一时间放在首页显著位置。
- 减少犹豫时间：简化购物车环节，让用户更快进入支付流程。
- 减少咨询时间：清晰告知用户7天无理由退换和包邮政策，减少沟通时间。

总之，通过减少客户的疑惑和思考时间，可以更好地提升用户体验和支付转化率。

3. 提高用户留存率

在商业中，让用户养成使用产品的习惯是提高用户留存率和实现长期收益的关键。这种策略不仅能够降低获取用户成本，还能通过用户的持续参与和复购带来稳定的收入流。

培养用户习惯的方式多种多样，例如：

- 定期活动：类似线下门店的每周二促销活动。
- 充值活动：提供各种充值优惠，增加用户购买频率。
- 拼团活动：通过拼团形式，提升用户之间的交流频次。
- 文化输出直播：利用直播的方式，提高用户黏性。

当前各种活动都能提升用户对产品的使用，但持续培养用户的积极习惯则是一个值得长期思考的问题。

4. 增加收入

产品最终目标需要盈利，因此要时刻关注不同板块的收入情况。一般来说，知识付费类应用会有知识付费服务收入和广告收入。针对不同收入来源，应监控相关指标，以了解收入波动，并及时调整营销策略和产品。

常见的监控指标包括：

- 成交额和成交数量：衡量产品的总体收入情况。
- 客单价：评估单个用户的平均收入。
- 复购率：反映用户的复购情况。
- 付费率：衡量付费用户在总用户中的占比。

对于收入的监控，尽可能细化，了解收入增加或减少的具体原因，从而有针对性地调整营销策略或优化产品。

5. 推荐

通过老用户推荐新用户，可以实现用户的裂变，从而降低获取用户成本，同时这种方式也能为新用户带来更好的初始印象。

因此，需思考如何激发用户的推荐行为，例如：

- 推荐能学到知识：如某篇文章包含实用信息。
- 推荐能带来快乐：如某个有趣的视频能让人开怀大笑。
- 推荐能带来便利：如某个厨房用具性能优越。
- 推荐能带来奖励：如分享后可获得优惠券。

无论采用何种方式，关键在于提供真正能给用户带来价值的内容，以促使他们积极分享和推荐，最终实现裂变传播。

6. 小结

2A3R模型分析方法旨在帮助产品运营过程中分析用户行为，以便在不同阶段制定相应的运营策略，从而实现用户增长。

7.8 多维拆解分析方法

多维拆解方法是数据分析中常用的方法之一。要理解这一方法，关键在于把握两个词：维度和拆解。

举个例子，当我们评判一个人是否成功时，不同的人可能会有不同的标准：有些人认为赚钱是成功的标志，有些人觉得名气才是成功的关键，还有人将生活的自由自在视为成功的体现。从不同的视角来看，这些都可以被看作衡量成功的特征。

在这个例子中，“赚钱”“名气”和“生活的自由自在”就是不同的维度。而将“成功”这一抽象概念分解为多个具体的维度，这个过程就是拆解，也可以理解为一种思维的细化和分解。通过这种方式，我们能够更清晰地分析复杂问题的本质。

1. 多维拆解分析方法的应用

以两个同类型的App平台为例，假设我们想了解哪个平台表现得更好。假设A平台的下载量为3000万，而B平台为1000万，这是否意味着A平台一定比B平台好呢？如果此时我们得知两个平台的活跃用户量分别为：

- A平台活跃用户量：300万。
- B平台活跃用户量：500万。

由此可得，A平台的活跃用户占比为10%，而B平台为50%。显然，B平台受到更多用户的青睐，选择B平台可能意味着更好的用户体验。

这个例子表明，从不同的、更细的维度来看问题，可能会得出完全不同的结论。在实际业务中，单凭一个维度进行判断往往是不够的，综合多个维度进行评估能够得出更准确的结论。

2. 拆解维度

找到合理的维度进行拆解分析，可以更真实地揭示问题的根源。通过以下几种方式拆解维度：

1）按照指标拆解

每个指标都有其计算方式。当某个指标出现明显波动时，可以从其计算维度进行初步分析，寻找波动的原因。如果需要深入查找，可以进一步拆解该指标。

例如，营收=新客户营收+老客户营收。如果营收下降，首先判断是新客户还是老客户导致的。如果是老客户的问题，可以进一步拆解老客户营收：老客户营收=老客户数量×复购率×老客户单价。这样可以明确是否复购率下降导致的，如果是，就可以针对老客户调整营销策略，提高复购率，从而提升营收。

2）按照业务流程拆解

有时在新业务部门尚未形成成熟的运营指标体系时，无法进行指标拆解分析。这时可以尝试直接对业务流程进行拆解分析。

例如，某手机品牌在线上进行推广，希望了解推广后新增用户的情况。在推广过程中，可以选择不同的城市、渠道、性别和年龄段分别进行推广。在数据收集完后，可以进一步分析：

- 哪座城市的用户增长最显著？
- 哪个推广渠道效果最佳？
- 哪个性别或年龄段的用户新增数量最多？

通过这些问题的答案，能够明确推广策略中的优势与不足，从而为后续优化提供依据。这便是基于实际业务推广流程进行多维拆解分析的一个典型例子。

如果需要进一步研究新增用户的购买情况，可以梳理用户从注册到购买的流程，重点关注注册、登录、浏览、下单、支付这几个环节。

不同业务可能有不同的流程，读者可以根据分析需求添加，直至找到问题的根源为止。

3. 小结

多维拆解分析方法的关键在于找到合适的维度进行拆解。可以通过指标逐步拆解，也可以根据业务流程逐步分析，最终在更细粒度的维度下找到问题的真正原因。

7.9　本章小结

在数据分析中，有许多分析方法未能一一介绍。本章介绍的方法在大多数业务中都可以经常使用。针对不同的问题，可以采用不同的分析方法进行思考，迅速发现和识别问题的关键，从而更快地解决这些问题。

第 8 章

Python可视化

本章将重点介绍数据分析中不可或缺的可视化内容。通过Python实现数据可视化，可以更直观、清晰地展现日常数据分析中的成果，尤其是在数据分析报告中，可视化已成为一种常见且高效的表达方式。这不仅有助于提升数据的可读性，还能更有效地传递洞察和结论，为决策提供支持。

在数据分析过程中，利用可视化图表探索和分析数据是不可或缺的一环。在过去，人们习惯使用Excel图表进行可视化，尽管这种方式非常方便，但在处理大数据量或进行数据挖掘时，频繁导出数据并通过Excel进行可视化显然不够高效。因此，我们可以借助Python中的多个可视化相关库来实现静态和动态的可视化图表。本章将重点介绍最常用且基础的可视化库——Matplotlib。

Matplotlib主要用于创建二维可视化图表。在基础数据分析中，可以根据实际需求，灵活掌握相应的可视化技巧，例如：

- 学习常用的折线图和柱状图，进行基本分析。
- 如果需要在同一图表中展示多个子图，学习如何添加子图。
- 如果需要在图表中添加注释，学习注释的添加方法。

这种基于常见分析场景的学习方式，无疑是最为高效的。

本章我们将总结一些在工作中常用的可视化技巧，重点介绍图表的标记功能，并展示常用图形的代码实现，帮助读者快速入门并高效使用这些工具。

8.1　Matplotlib 基础

Matplotlib是Python中一个非常流行的可视化库，它提供了基于状态的绘图API，能够非常方便地制作各种图形。使用Matplotlib时，通常按照如下方式导入库：

```
import matplotlib.pyplot as plt
```

首先，绘制一个空白的画布，方法如下：

```
import matplotlib.pyplot as plt
fig = plt.figure()
plt.show()
```

输出结果如图8-1所示。

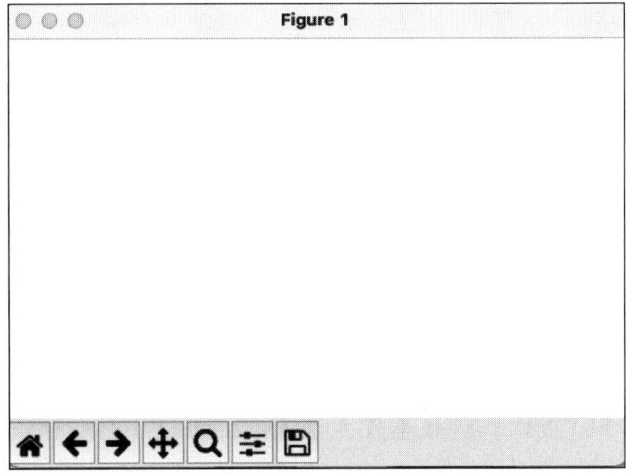

图 8-1　创建一个空白的画布

在IPython或终端中运行代码时，会显示上述画布，但在PyCharm中运行代码时，则不会直接显示图形。此时需要配合其他命令来实现，具体细节在此不进行过多介绍，仅供参考。

接下来，我们将从实现一个最简单的Matplotlib可视化图形开始，逐步学习相关的标记代码语法。

```
import matplotlib.pyplot as plt
fig = plt.figure()
x = [1,2,3]
y = [2,4,6]
plt.plot(x,y)   # 折线图
plt.show()
```

输出结果如图8-2所示。

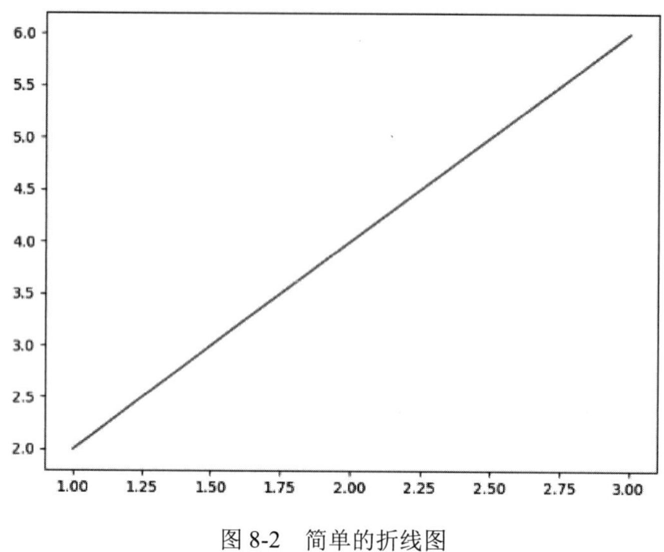

图 8-2　简单的折线图

如果要全面深入了解Matplotlib的所有功能，可能需要大量的篇幅。而在实际的数据分析中，我们通常不会用到如此多的功能。因此，有针对性地学习以下几个关键功能，足以帮助我们入门并满足日常使用需求。

8.1.1　可视化：多个子图

如果要实现多个子图，可以在画布基础上使用add_subplot方法逐个创建子图，代码如下：

```
import matplotlib.pyplot as plt
fig = plt.figure()
ax1 = fig.add_subplot(2,2,1)
plt.show()
```

以上代码表示使用add_subplot方法在画布上添加一个两行两列的4个子图，并且按照从左往右，从上往下的顺序，以左上方作为位置1绘制子图，代码如下：

```
import matplotlib.pyplot as plt
fig = plt.figure()
ax1 = fig.add_subplot(2,2,1)
ax2 = fig.add_subplot(2,2,2)     # 代表右上方第2个图
ax3 = fig.add_subplot(2,2,3)     # 代表左下方第3个图
plt.show()
```

输出结果如图8-3所示。

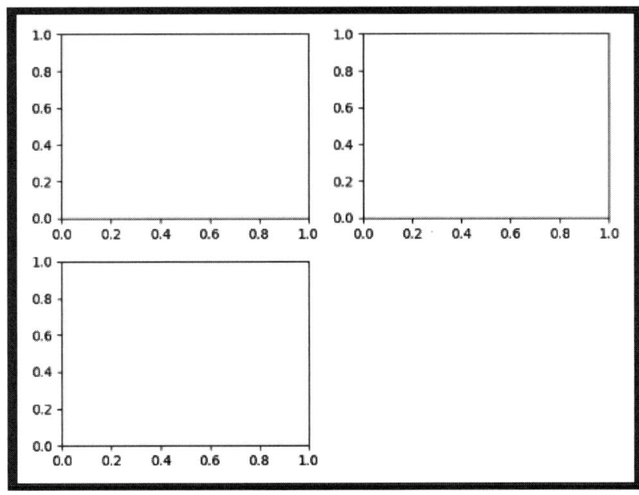

图 8-3　包含 3 个子图的可视化画布

如果要给每一个子图添加数据，则需要逐一添加；如果只是在最后添加一个数据，则默认会添加到最后一个子图上，代码如下：

```
import matplotlib.pyplot as plt
fig = plt.figure()
ax1 = fig.add_subplot(2,2,1)
ax2 = fig.add_subplot(2,2,2)     # 代表右上方第2个图
ax3 = fig.add_subplot(2,2,3)     # 代表左下方第3个图
plt.plot([1,2,3],[2,4,6])
plt.show()
```

输出结果如图8-4所示。

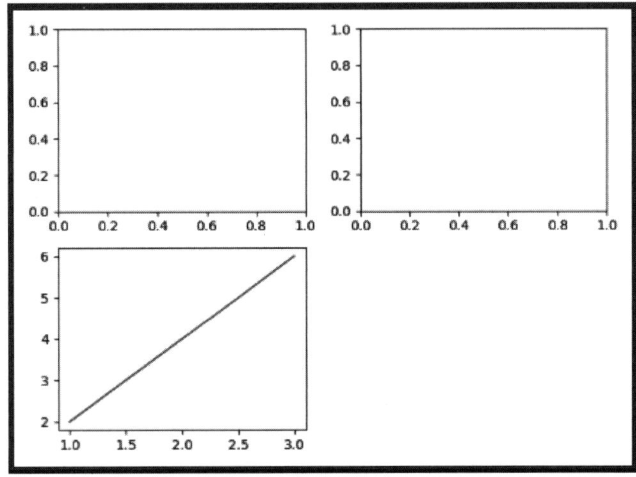

图 8-4　单个子图数据可视化结果

如果要给每个子图都添加数据，那么逐一添加即可，代码如下：

```
import matplotlib.pyplot as plt
fig = plt.figure()
ax1 = fig.add_subplot(2,2,1)      # 代表左上方第2个图
ax1.plot([1,2,3],[3,6,9])
ax2 = fig.add_subplot(2,2,2)      # 代表右上方第2个图
ax2.plot([1,2,3],[4,8,12])
ax3 = fig.add_subplot(2,2,3)      # 代表左下方第3个图
ax3.plot([1,2,3],[2,4,6])
plt.show()
```

输出结果如图8-5所示。

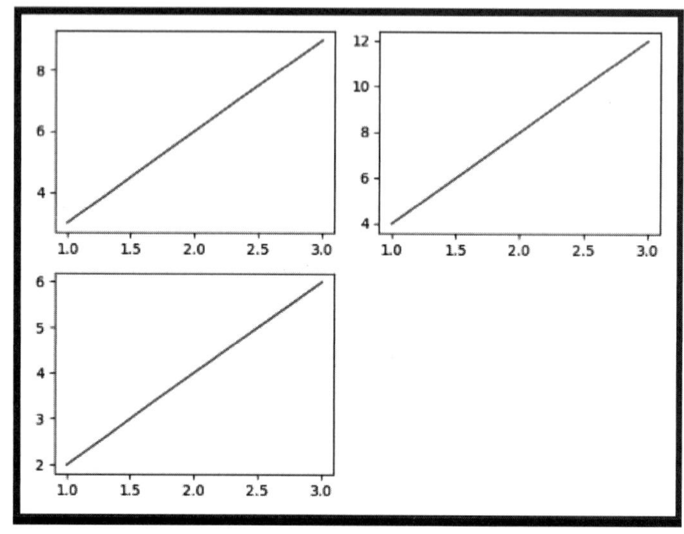

图 8-5 多个子图数据可视化的结果

8.1.2 标题、刻度、标签、图例设置

在8.1.1节中创建的子图明显缺少标题，并且每个轴的刻度也有差异：有的y轴是从0开始，有的则是从1开始。因此，标题、刻度等需要重新设置。

为了更好地了解图形必备的相关设置，先创建一个最简要的子图，代码如下：

```
import matplotlib.pyplot as plt

fig = plt.figure()
ax = fig.add_subplot(1,1,1)
x = [10,20,30,40,50,60]
y = [20,60,40,60,80,50]
ax.plot(x,y)
plt.show()
```

输出结果如图8-6所示。

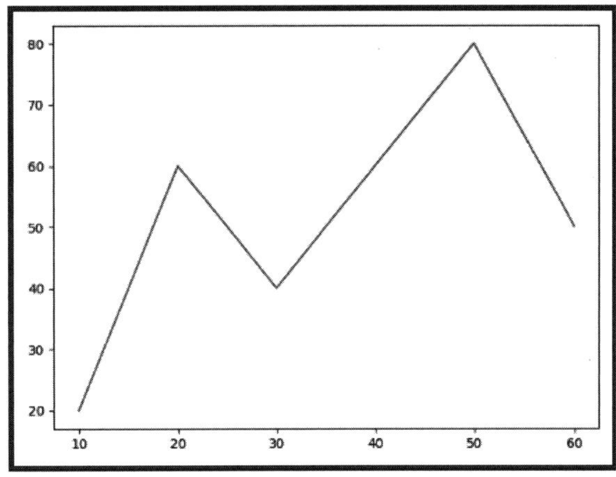

图 8-6　单个简要子图可视化图形

在此图基础上，可以进行如下修改：

（1）添加标题，代码如下：

```
ax.set_title(" Title Name ")
```

（2）添加刻度，代码如下：

```
ax.set_xticks([5,15,25,35,45,55])
```

如果要修改y轴刻度，可将set_sticks中的x修改成y。

- 将刻度设置成标签，代码如下：

```
ax.set_xticklabels(['one','two','three','four','five','six','seven'])
```

- 添加x轴的标签名称，代码如下：

```
ax.set_xlabel('x轴名称')
```

如果要添加y轴名称，只需将set_xlabel中的x修改为y。

如果标题或者轴名称中有中文，直接运行中文将无法正常显示，需在可视化代码最开始处添加如下代码：

```
plt.rcParams["font.family"] = 'Arial Unicode MS' #可视化中文显示
```

- 添加图例。图例主要用于区分图中元素，帮助我们更好地阅读理解图表，代码如下：

```
import matplotlib.pyplot as plt

fig = plt.figure()
ax = fig.add_subplot(1,1,1)
x = [10, 20, 30, 40, 50, 60]
```

```
y1 = [20, 60, 40, 60, 80, 50]
y2 = [30, 70, 70, 70, 90, 60
ax.plot(x,y1,label='one')
ax.plot(x,y2,label='two')
plt.show()
```

上述步骤可通过以下汇总代码来查看：

```
import matplotlib.pyplot as plt
plt.rcParams["font.family"] = 'Arial Unicode MS' # 可视化中文显示

fig = plt.figure()
ax = fig.add_subplot(1,1,1)
x = [10, 20, 30, 40, 50, 60]
y1 = [20, 60, 40, 60, 80, 50]
y2 = [30, 70, 70, 70, 90, 60]
ax.plot(x,y1,label='one')   # 添加图例
ax.plot(x,y2,label='two')   # 添加图例

ax.set_title(" 可视化图表标题 ")         # 添加标题
ax.set_xticks([5,15,25,35,45,55])   # 修改刻度

ax.set_xlabel('x轴名称')      # 添加轴标签
ax.set_ylabel('y轴名称')      # 添加轴标签
plt.show()
```

输出结果如图8-7所示。

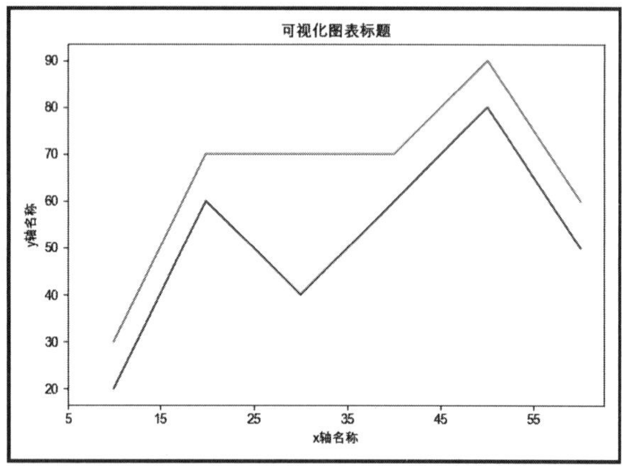

图 8-7　常用折线图的示例

8.1.3 注释

在数据分析中，除了生成标准的可视化图形外，针对图表中数据波动的关键位置进行注释也是至关重要的。注释的内容包括文字、箭头或其他图形，这些都可以通过text和annotate方法来实现。

1. 使用text方法添加文本

使用text方法添加文本的基础语法如下：

```
ax.text(x,y,'测试添加文本注释', fontsize=10)
```

添加详细数据和注释：

```
import matplotlib.pyplot as plt
plt.rcParams["font.family"] = 'Arial Unicode MS'     # 可视化中文显示

fig = plt.figure()
ax = fig.add_subplot(1,1,1)
x = [10, 20, 30, 40, 50, 60]
y1 = [20, 60, 40, 60, 80, 50]
y2 = [30, 70, 70, 70, 90, 60]
ax.plot(x,y1,label='one')  # 添加图例
ax.plot(x,y2,label='two')  # 添加图例

ax.set_title(" 可视化图表标题 ")        # 添加标题
ax.set_xticks([5,15,25,35,45,55])    # 修改刻度

ax.set_xlabel('x轴名称')      # 添加轴标签
ax.set_ylabel('y轴名称')      # 添加轴标签

ax.text(25,65,'测试添加文本注释', fontsize=10)

plt.show()
```

输出结果如图8-8所示。

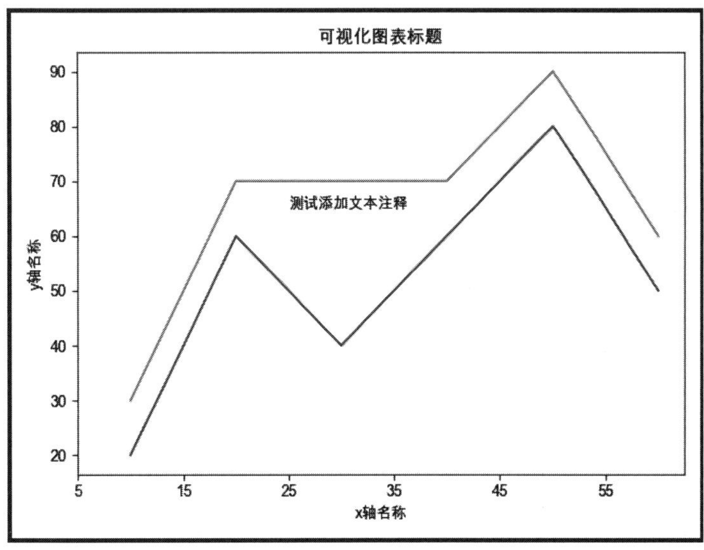

图 8-8　可视化注释

由图中可见，在对应的坐标位置上已经成功添加了文本注释。

2. 使用annotate方法添加箭头

除了添加文本注释外，还可以通过图形注释（如箭头、形状等）来辅助说明，使注释更加直观、清晰且富有表现力。

下面我们通过annotate方法来实现这一功能，该方法的主要语法及参数如下：

```
plt.annotate(str, xy, xytext, arrowprops)
```

参数解析如下：

- str：注释文本。
- xy：被注释的坐标点。
- xytext：注释文本的位置。
- arrowprops：字典，用于设置箭头的属性。

一些常用的箭头参数如下：

- width：箭头的宽度。
- headwidth：箭头头部的宽度。
- headlength：箭头头部的长度。
- facecolor：箭头的颜色。
- shrink：箭头两端的收缩百分比（例如：0.1表示缩短10%，0.9表示缩短90%）。

下面通过添加实际数据来测试如何添加箭头注释，代码如下：

```
import matplotlib.pyplot as plt

plt.rcParams["font.family"] = 'Arial Unicode MS'     # 可视化中文显示
fig = plt.figure()
ax = fig.add_subplot(1,1,1)
x = [10, 20, 30, 40, 50, 60]
y1 = [20, 60, 40, 60, 80, 50]

ax.set_title(" 可视化图表标题 ")   # 添加标题
ax.plot(x,y1,label='one')         # 添加图例
plt.annotate(
        '文本注释位置',
        (20,60),
        (30,70),
          arrowprops=dict(shrink=0.1, facecolor='red')
)
```

```
ax.set_xlabel('x轴名称')        # 添加轴标签
ax.set_ylabel('y轴名称')        # 添加轴标签

plt.show()
```

输出结果如图8-9所示。

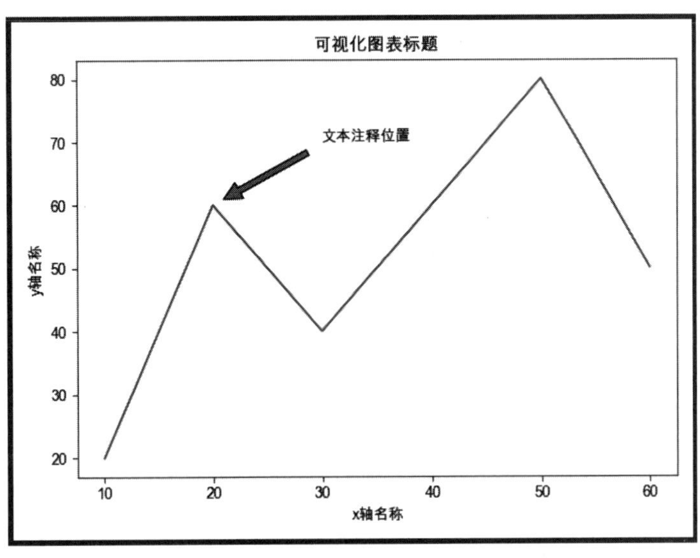

图 8-9　可视化箭头

由上图可见，箭头按照指定位置成功添加到图表中。

8.1.4　图片保存

在数据分析图表可视化完成后，通常需要将可视化图表保存到指定路径，并保存为.jpg格式的图片。

可以通过plt.savefig方法将图片保存为文件，并指定保存为.jpg格式，代码如下：

```
import matplotlib.pyplot as plt

plt.rcParams["font.family"] = 'Arial Unicode MS'     # 可视化中文显示
fig = plt.figure()
ax = fig.add_subplot(1,1,1)
x = [10, 20, 30, 40, 50, 60]
y1 = [20, 60, 40, 60, 80, 50]

ax.set_title(" 可视化图表标题 ")  # 添加标题
ax.plot(x,y1,label='one')        # 添加图例
plt.annotate(
        '文本注释位置',
        (20,60),
```

```
        (30,70),
           arrowprops=dict(shrink=0.1, facecolor='red')
)

ax.set_xlabel('x轴名称')              # 添加轴标签
ax.set_ylabel('y轴名称')              # 添加轴标签

plt.savefig('保存图片文件名称.jpg')
```

输出结果如图8-10所示。

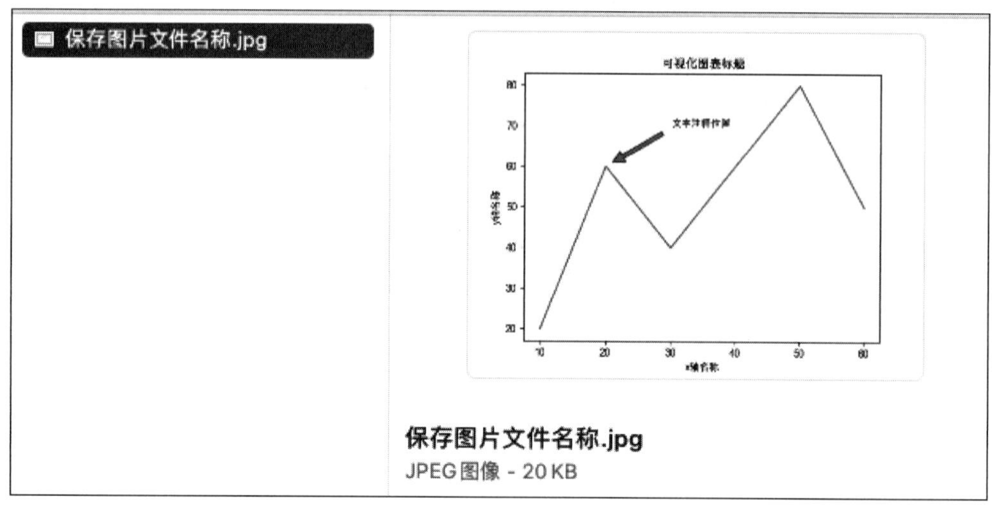

图 8-10 保存为图片

8.2 Matplotlib 各种可视化图形

Matplotlib提供了多种可视化图形，但在大多数分析场景中，我们主要使用折线图、柱状图、饼图和散点图等进行数据展示和分析。

本节我们将逐一介绍这些常用图形的实现方法。

8.2.1 折线图

折线图常用于通过横轴坐标来观察数据的变化趋势。生成折线图的代码如下：

```
import matplotlib.pyplot as plt

x = [10, 20, 30, 40, 50, 60]
y = [20, 60, 40, 60, 80, 50]
plt.plot(x,y)
plt.show()
```

输出结果如图8-11所示。

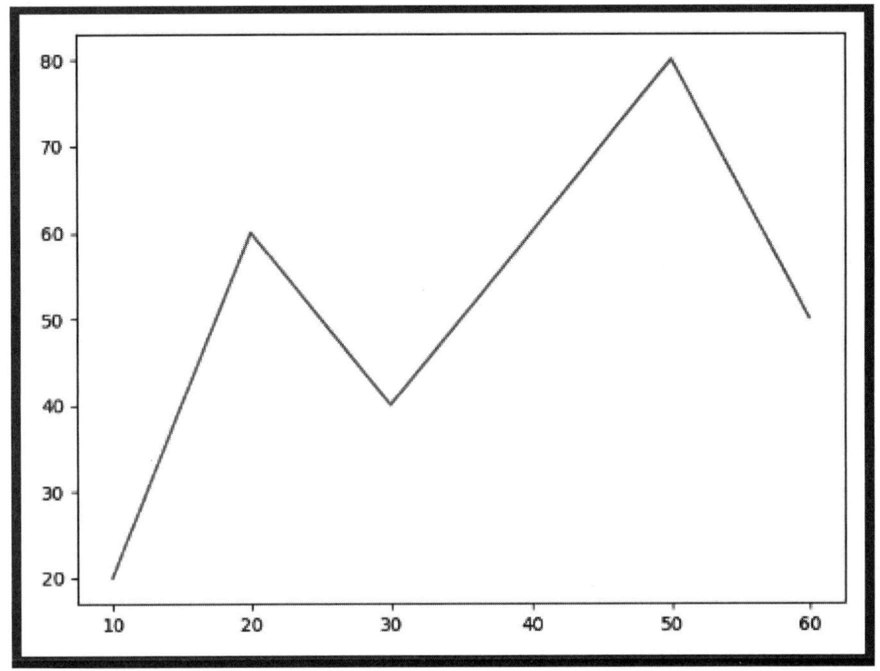

图 8-11　生成折线图

8.2.2　柱状图

柱状图通常有两种输出方式：垂直柱状图和水平柱状图。

1. 垂直柱状图

垂直柱状图通常用于展示在不同横坐标（如时间）下的值，可以对比不同坐标的柱状差异。生成垂直柱状图的代码如下：

```
import matplotlib.pyplot as plt

x = [10, 20, 30, 40, 50, 60]
y = [20, 60, 40, 60, 80, 50]
plt.bar(x,y)
plt.show()
```

输出结果如图8-12所示。

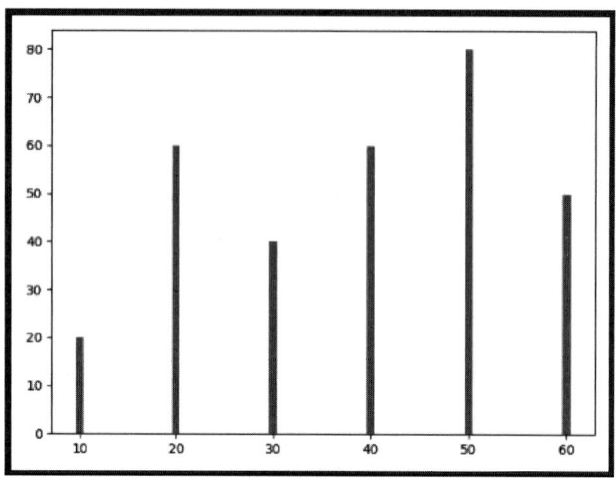

图 8-12　生成垂直柱状图

2. 水平柱状图

水平柱状图通常用于展示排序情况，例如展示不同客户群集中的Top客户的营收值分布。生成水平柱状图的代码如下：

```
import matplotlib.pyplot as plt

x = [10, 20, 30, 40, 50, 60]
y = [20, 60, 40, 60, 80, 50]
plt.barh(x,y)
plt.show()
```

输出结果如图8-13所示。

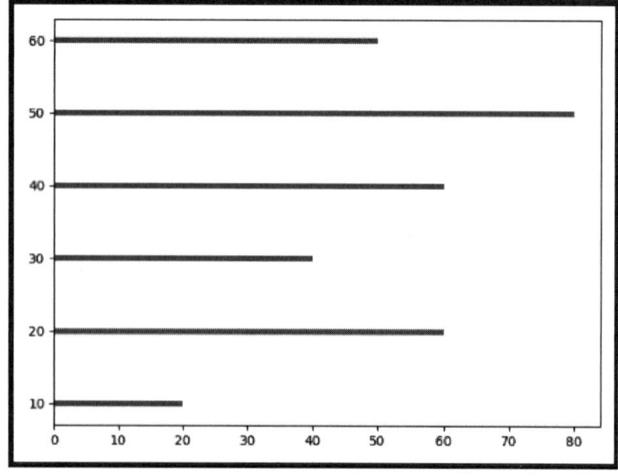

图 8-13　生成水平柱状图

8.2.3　饼图

饼图通常用于展示同一整体中各组成部分的占比分布情况。生成饼图的代码如下：

```
import matplotlib.pyplot as plt

y = [10,20,50,20]
plt.pie(y)
plt.show()
```

输出结果如图8-14所示。

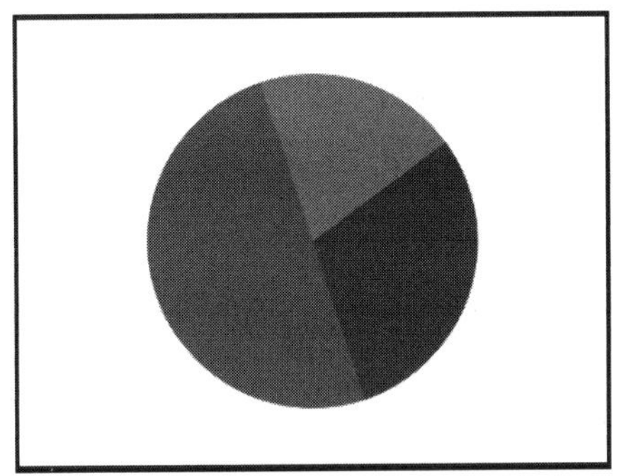

图 8-14　生成饼图

8.2.4　散点图

散点图主要用于观察不同坐标下随机分布值的分布情况，从而了解整体数据的聚集趋势或异常点。有时，客群数据会呈现出一定的群体聚集特性，而个别分散的点则可能属于异常值。生成散点图的代码如下：

```
import matplotlib.pyplot as plt
import numpy as np

# 创建示例数据集
np.random.seed(0)
n_points = 200
x = np.random.rand(n_points)  # 随机生成x坐标
y = np.random.rand(n_points)  # 随机生成y坐标

plt.scatter(x, y)
plt.show()
```

输出结果如图8-15所示。

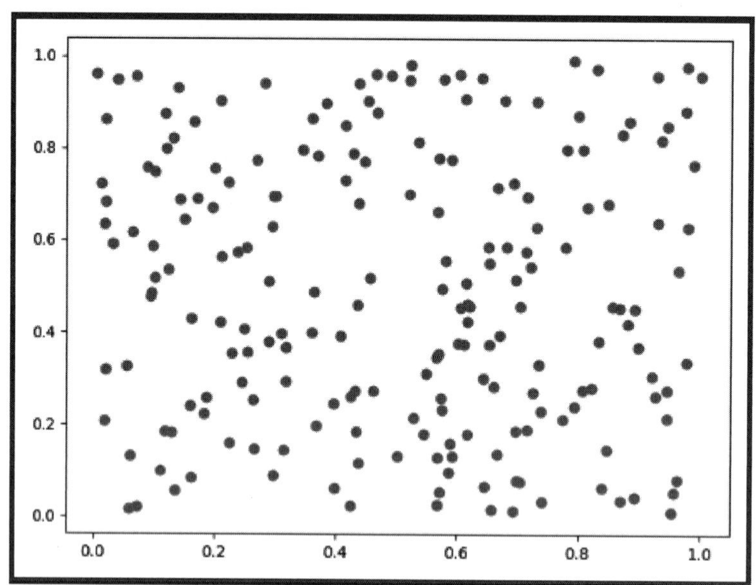

图 8-15　生成散点图

8.3　其他 Python 可视化工具介绍

在Python中，有多种可视化工具可供选择，其中Matplotlib是最简单易学且常用的一种，足以满足基本的数据分析需求。

当我们熟悉了基本的可视化方法后，如果希望提升图形的美观性或探索更多功能，可以尝试了解以下几种常用的可视化工具：

- Seaborn：这是一个基于Matplotlib的高级统计数据可视化库，提供了更简单的API和美观的默认样式，使得创建各种统计图表更加便捷。
- Plotly：这是一个交互式可视化库，可以创建精美的交互式图形和可视化仪表板。它支持多种图表类型，具有丰富的互动功能和高度的可定制性。
- Bokeh：这是另一个交互式可视化库，专注于在浏览器中呈现交互式图表，支持大规模数据集的可视化，并提供多种交互选项和工具。
- Plotnine：这是基于R语言的ggplot2库的Python实现，提供类似于ggplot2的语法，便于创建精美的统计图形。
- Altair：这是一个声明性可视化库，基于Vega-Lite语法，提供简洁而强大的API，使得创建各种图表变得更加轻松。
- ggplot：受R语言中的ggplot2启发的Python库，采用基于图层的绘图语法，能够创建高度可定制的图表。

根据实际工作需求，可以选择并深入学习这些可视化工具。

8.4　可视化案例：动态可视化展示案例

Python可视化不仅可以实现静态图表，还可以创建动态的可视化效果。以下案例使用公开的汽车销量数据，首先进行数据提取：

```
import pandas as pd
df = pd.read_excel('上汽五菱和吉利汽车销量.xlsx')
df['时间'] = df['时间'].apply(lambda x: int(x.strftime('%Y%m')))# 将时间如
2007-01-01转换为200701
frames = df['时间'].tolist()     # 将时间转换为列表
print(df.head())
print(frames)
```

运行结果如下：

```
    时间    上汽五菱    吉利     大众
0  200701  4054     20426  35123
1  200702  3518     12133  31784
2  200703  4427     14815  38624
3  200704  2572     14810  40785
4  200705  2902     14932  33665
[200701, 200702, 200703, 200704, 200705, 200706, 200707, 200708, 200709, 200710,
200711, 200712, 200801, 200802, 200803, 200804, 200805, 200806, 200807, 200808, 200809,
200810, 200811, 200812, 200901, 200902, 200903, 200904, 200905, 200906, 200907, 200908,
200909, 200910, 200911, 200912, 201001, 201002, 201003, 201004, 201005, 201006, 201007,
201008, 201009, 201010, 201011, 201012, 201101, 201102, 201103, 201104, 201105, 201106,
201107, 201108, 201109, 201110, 201111, 201112, 201201, 201202, 201203, 201204, 201205,
201206, 201207, 201208, 201209, 201210, 201211, 201212, 201301, 201302, 201303, 201304,
201305, 201306, 201307, 201308, 201309, 201310, 201311, 201312, 201401, 201402, 201403,
201404, 201405, 201406, 201407, 201408, 201409, 201410, 201411, 201412, 201501, 201502,
201503, 201504, 201505, 201506, 201507, 201508, 201509, 201510, 201511, 201512, 201601,
201602, 201603, 201604, 201605, 201606, 201607, 201608, 201609, 201610, 201611, 201612,
201701, 201702, 201703, 201704, 201705, 201706, 201707, 201708, 201709, 201710, 201711,
201712, 201801, 201802, 201803, 201804, 201805, 201806, 201807, 201808, 201809, 201810,
201811, 201812, 201901, 201902, 201903, 201904, 201905, 201906, 201907, 201908, 201909,
201910, 201911, 201912, 202001, 202002, 202003, 202004, 202005, 202006, 202007, 202008,
202009, 202010, 202011, 202012, 202101, 202102, 202103, 202104, 202105, 202106, 202107,
202108, 202109, 202110, 202111]
```

先运行一张简单的可视化图表，代码如下：

```
import matplotlib.pyplot as plt
```

```
import pandas as pd
df = pd.read_excel('/Users/xiongsong/PycharmProjects/pythonProject/数据分析/汽车数据/上汽五菱和吉利/上汽五菱和吉利汽车销量.xlsx')
df['时间'] = df['时间'].apply(lambda x: int(x.strftime('%Y%m')))# 将时间如2007-01-01转换为200701
frames = df['时间'].tolist()      # 将时间转换为列表

fig, ax = plt.subplots()
def line_animation(current_year):
    data = df.loc[df['时间'] <= current_year, :]
    idx = data['时间']
    # print(data)
    a = idx.tolist()
    a2 = [str(i) for i in a]
    ax.clear()

    ax.plot(a2, data['上汽五菱'], color='#FF5872', lw=3)

line_animation(202705)
plt.show()
```

运行结果如图8-16所示。

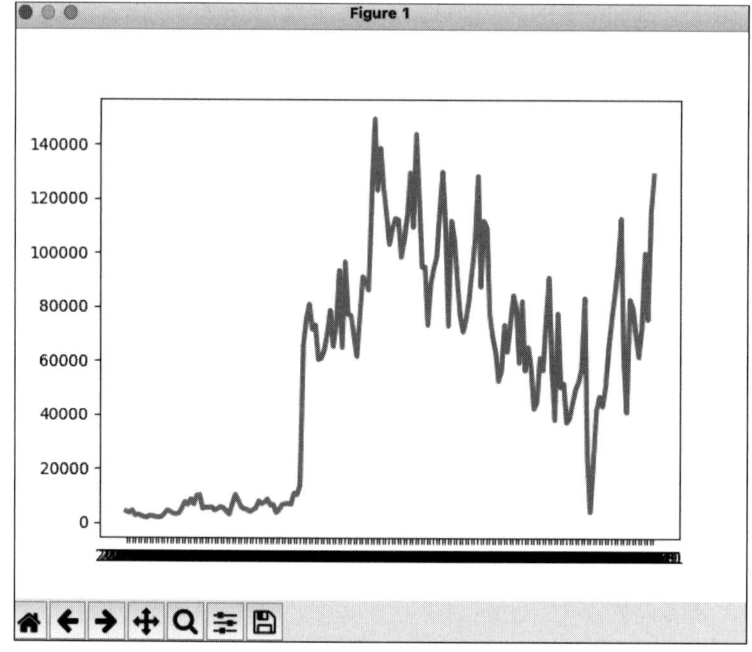

图 8-16　可视化效果图

如果需要生成动态可视化，可以使用动态可视化函数animation.FuncAnimation()。

主要的动态语法如下：

```
line_animation = animation.FuncAnimation(fig, line_animation, frames=frames, interval=350)
```

参数解释如下：

- fig：画布对象。
- line_animation：用于生成多幅图像的函数。
- frames：变量，用于不断更新图像帧。
- interval：每帧之间的时间间隔（单位为毫秒）。

以下是完整的代码示例：

```
import matplotlib.pyplot as plt
import matplotlib.animation as animation
import pandas as pd
df = pd.read_excel('上汽五菱和吉利汽车销量.xlsx')
df['时间'] = df['时间'].apply(lambda x: int(x.strftime('%Y%m')))  # 将时间如2007-01-01转换为200701
frames = df['时间'].tolist()     # 将时间转换为列表

fig, ax = plt.subplots()
def line_animation(current_year):
    data = df.loc[df['时间'] <= current_year, :]
    idx = data['时间']
    # print(data)
    a = idx.tolist()
    a2 = [str(i) for i in a]
    ax.clear()

    ax.plot(a2, data['上汽五菱'], color='#FF5872', lw=3)

line_animation = animation.FuncAnimation(fig, line_animation, frames=frames, interval=350)
line_animation.save('car_data.gif',fps=60)  # 保存为MP4格式
```

以上运行结果就是动态可视化的折线图。

8.5　本章小结

学习Python数据可视化时，掌握Matplotlib的基础知识足以满足日常分析需求，因此需要深入理解其用法。在此基础上，还应了解各种不同的图形，以便在不同的分析场景中选择合适的图表来有效表达分析结论。

第 9 章

Python自动化生成Word分析报告

本章将介绍如何通过Python自动生成Word格式的分析报告。自动化生成固定的分析报告能够显著提高数据分析工作的效率。一份完整的Word分析报告通常包含文本、表格、图表等常见的分析内容。借助自动化工具，可以快速生成满足日常需求的各种日报、周报等报告。

通过使用Python实现数据分析报告的自动化，可以大大提高工作效率。在使用Python之前，通常可以通过以下两种方式来生成分析报告：

- 通过Excel汇总数据源，利用各种函数对数据进行分析，从而生成分析报告。
- 通过SQL对底层数据进行分析，然后使用可视化工具展示分析报表，最后通过软件功能将其发送给相关人员。

以上两种方式各有利弊。第一种通过Excel可以快速进行分析，但往往耗时较长，尤其对于固定的分析报告，无法实现一键生成。第二种方式可以实现固定报表的自动更新，但高度依赖软件的一些功能，修改起来仍然不够便捷。

在日常工作中，当我们的日报和周报分析逻辑已经相对固定时，可以完全通过Python实现自动化。报告模板及其表格和图形都可以自动生成。即使是解释分析结论中的数据，只要逻辑明确，如同比或环比等内容也可以固化并自动化处理。额外需要补充的文字说明则可以在生成后临时添加进去。

假设过去一个日报需要1~2小时来完成，那么通过Python自动化后，只需1分钟即可实现。

通过Python自动生成固定的分析报告后，可以一键生成图片并同步发送给需要的人，成本低且便捷。当然，前提是需要具备一定的Python技能。

常规的分析报告一般包含4个部分：

- 数据分析图形：不同分析维度使用不同的报表图形。
- 数据分析表格：重点明细需要通过表格来重点呈现。
- 数据分析结论：针对不同的分析报告总结相应的结论内容。
- 插图：通过插图美化分析报告。

因此，本章将详细介绍如何使用python-docx自动化生成Word格式的数据分析报告。结合日常工作中基本的分析报告要求，学习以下Python功能即可满足日常需求：

（1）添加Word文档。
（2）添加标题和段落文本。
（3）添加表格。
（4）添加图片。
（5）设置各种格式。

9.1　添加 Word 文档

当我们的分析报告需要以Word文档的形式呈现时，首先需要使用Python生成一个Word文档。可以通过导入docx库中的Document模块，并调用该模块中的相应方法来实现这一目标。

```
from docx import Document

document = Document()              # 打开Word文档

document.save('测试报告.docx')     # 保存Word文档
```

以上运行完成后，即可自动生成一个空白的Word文档，如图9-1所示。

测试报告.docx

图 9-1　自动生成一个空白 Word 文档

9.2　添加标题和段落文本

本节需要对数据分析报告添加标题和段落文本。

9.2.1　添加标题

在自动化生成数据分析报告时，首先要为分析报告添加标题。因此，掌握如何通过Python设置和插入标题内容是至关重要的。

```
document.add_heading('数据分析报告标题')
```

默认情况下，标题会按照一级标题的格式添加，对应于Word中的“标题1”样式。输出结果如图9-2所示。

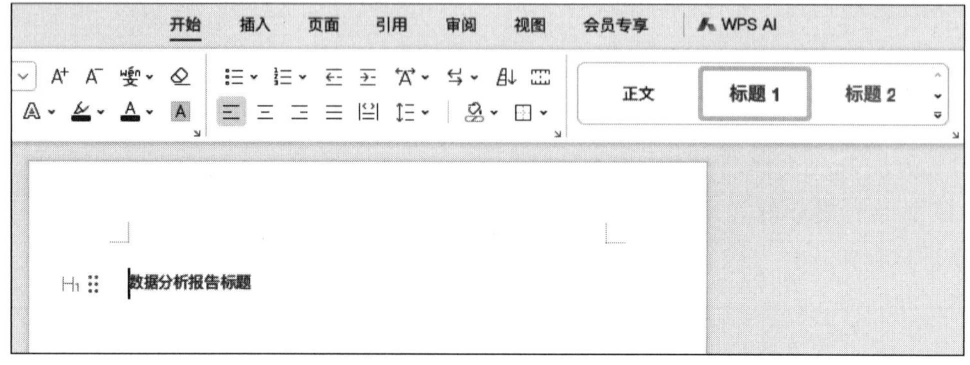

图 9-2 自动在 Word 中添加标题

如果还需要添加各级子标题，只需添加参数，设置标题级别数即可。

```
document.add_heading('主题分析', level = 2)
```

输出效果如图9-3所示。

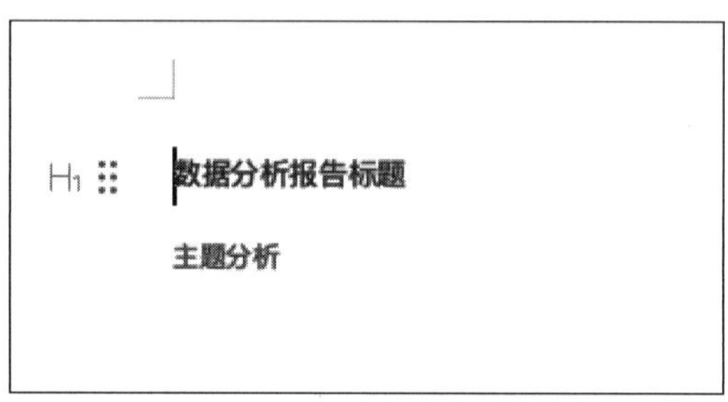

图 9-3 自动生成二级标题

9.2.2 添加段落文本

在数据分析报告中，成段的文字解释是不可或缺的部分，同时也是Word文档中最基础的内容之一。它用于对数据、图表和分析结果进行详细说明，帮助读者更好地理解报告的核心内容。

```
paragraph = document.add_paragraph("数据分析文字解释")
```

输出结果如图9-4所示。

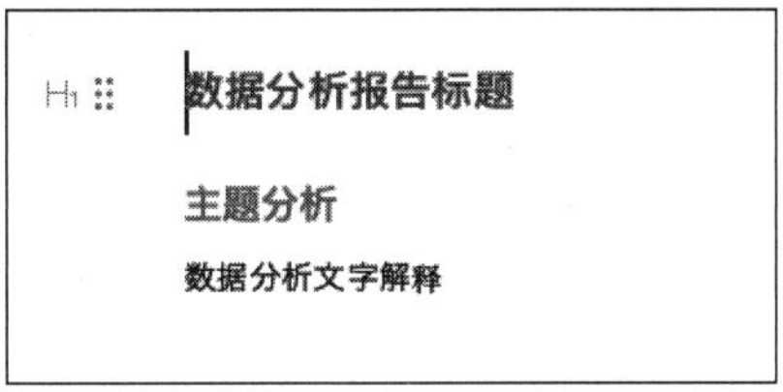

图 9-4　自动添加文本

按照顺序，可以在文档的任意位置添加段落文字。如果需要在某个特定段落之前插入新的内容，可以将该段落视为光标位置，然后在其前方插入新的段落。

```
prior_paragraph=paragraph.insert_paragraph_before("数据分析文字解释我们")
```

输出结果如图9-5所示。

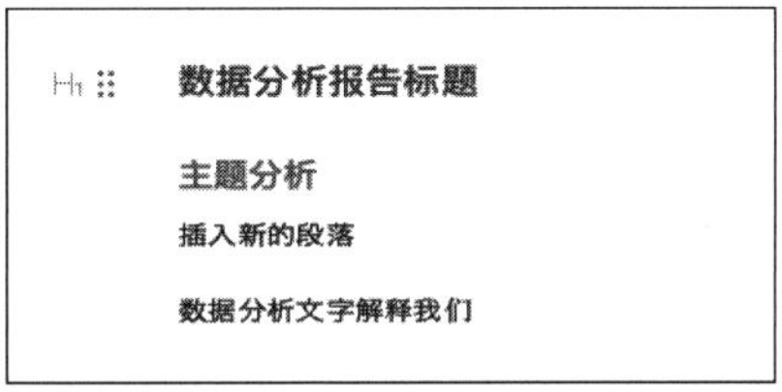

图 9-5　插入新的段落

至此，可以看到，我们成功在段落“数据分析文字解释我们”之前插入了新的段落文字。通过这种方式，可以非常方便地在任意段落之间添加新内容，而无须从头开始重新生成整个文档。这种方法极大地提升了文档编辑的灵活性和效率。

9.3　添加表格

在数据分析报告中，表格是最常用的内容之一，因此，我们先来添加一个两行两列的表格：

```
table = document.add_table(rows=2,cols=2)
```

输出结果如图9-6所示。

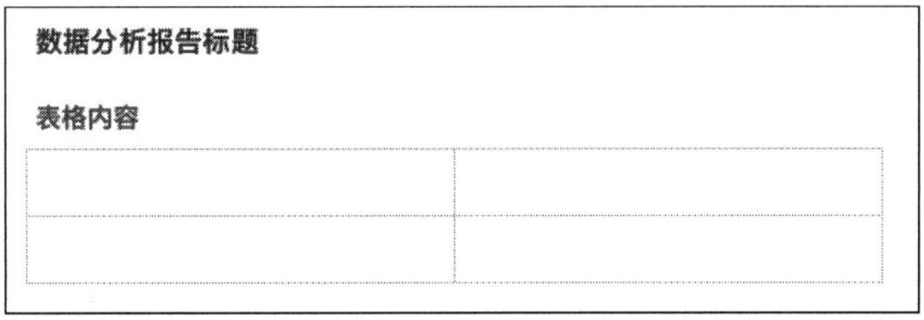

图 9-6　自动生成表格

如果要在表格中添加内容，最基础的方法是按照行和列的索引来访问单元格：

```
cell = table.cell(0,1)
```

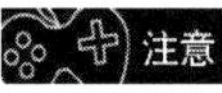

行和列的索引访问都是从0开始的，同列表访问一样。

然后，在单元格中填写表格具体内容：

```
cell.text = '单一表格内容'
```

输出结果如图9-7所示。

数据分析报告标题

表格内容

	单一表格内容

图 9-7　自动在表格添加文本

以上是在第1行第2列中添加了表格内容的效果。

在实际的数据分析报告中，如果表格规模较大，逐个单元格访问的方式会导致效率较低。为了提高效率，可以先访问整行，再定位到具体单元格，最后填充或提取内容。这种方法能够显著优化操作流程。例如：

- table.rows[1]：代表访问第2行。
- table.rows[1].cells[0]：代表访问第2行第1个单元格。
- table.rows[1].cells[0].text：代表访问第2行第1个单元格具体内容。

这种方式等同于形成了循环迭代方式：

```
for row in table.rows:
    for cell in row.cells:
        print(cell.text)
```

如果要知道表格中有多少行和多少列，或者在循环迭代时要用到表格行数和列数，可以使用len()：

```
row_count = len(table.rows)
row_count = len(tbale.columns)
```

如果在初始化表格时，行数不够，可以通过额外递增的方式添加行数。

```
row = table.add_row()
```

下面是一个示例，建立了一个3行3列的表格，并通过循环迭代的方式向表格中填充内容：

```
from docx import Document
import pandas as pd

document = Document()         # 打开Word文档
document.add_heading('数据分析报告标题')

document.add_heading('表格内容', level = 2)
table = document.add_table(rows=3,cols=3)
data=pd.DataFrame([[1,2,3],[4,5,6],[7,8,9]])

for i in range(len(data)):
    for j in range(len(data[i])):
        table.rows[i].cells[j].text=str(data[j][i])

document.save('测试报告.docx')    # 保存Word文档
```

输出结果如图9-8所示。

数据分析报告标题

表格内容

1	2	3
4	5	6
7	8	9

图 9-8　循环填充表格文本

由图中可见，已经按照顺序将数据逐个填入到表格中。

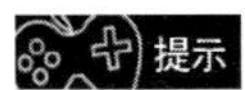

在实际数据分析报告中，表格通常会包含表头，首先单独添加表头并将其固定，然后根据需求填充数据即可。

9.4　添加图片

在数据分析报告中，添加可视化的图表是必不可少的环节。首先通过将生成的可视化图表保存为图片格式，然后自动插入到Word文档中，从而实现图表的高效整合。

添加图片的示例如下：

```
document.add_picture('example.png')
```

常规的图片格式包含PNG、JPEG等。

在Word中插入的图片会显示原始大小。因此，需要根据版面调整图片的大小，代码如下：

```
from docx.shared import Inches

document.add_picture('example.png',width = Inches(4.0))
```

通过导入docx.shared子包的方法，可以将图片按照指定的尺寸放大或缩小，并且不会被拉伸变形。输出结果如图9-9所示。

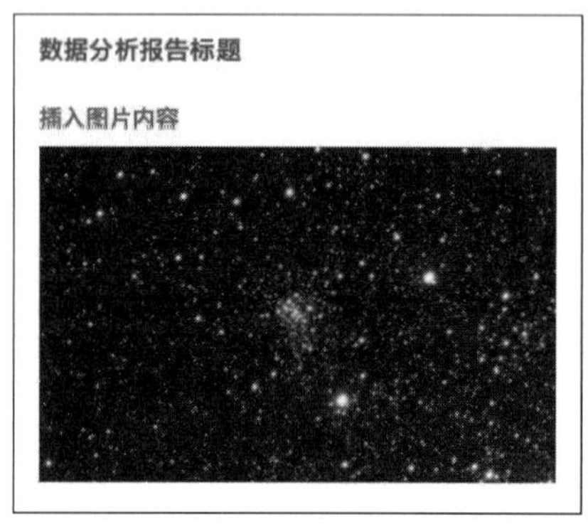

图 9-9 自动添加图片

9.5 设置各种格式

在数据分析报告中，除了添加标题、文本、表格和图片等基本元素外，还需要对报告的格式进行调整，以确保其完整性和可读性。只有在相关格式上进行必要的优化，才能输出一份符合要求的报告。

9.5.1 添加分页符

通过Python向Word文档中添加内容时，内容会按照代码的顺序依次生成。如果在某个位置希望结束当前页面，并从新的一页开始添加内容，则需要插入分页符来实现页面分割，代码如下：

```
document.add_page_break()
```

尤其是在每个大标题之后，通常需要另起一页开始新的内容。因此，在设计标题时，可以同步添加分页符。这样不仅能让内容的组织更加清晰，还能提升文档的整体美观性和可读性。

9.5.2 段落样式

在数据分析报告中，不同段落内容的格式可以按照需求进行设置调整，代码如下：

```
document.add_paragraph('段落内容', style='ListBullet')
```

9.5.3 字符样式

字符样式主要是指字体，包括中文字体、西文字体、字号、字形、字体颜色等。具体设置如下：

```
paragraph = document.add_paragraph('Normal text, ')
paragraph.add_run('text with emphasis.', 'Emphasis')
```

对于Word文档中文字的字形，如常规、倾斜、加粗或者加粗倾斜，可以进行如下设置：

```
paragraph = document.add_paragraph('测试')
paragraph.add_run('dolor sit amet.').bold=True
```

9.6 案例实践：杭州租房市场分析报告自动化

针对公开获取的杭州租房数据，我们将使用Python自动化生成一份简单的数据分析报告。报告的主要内容包括：（1）报告标题，（2）报告摘要，（3）柱状图，（4）数据表格。

下面我们先来看一下输出的报告样例，如图9-10所示。

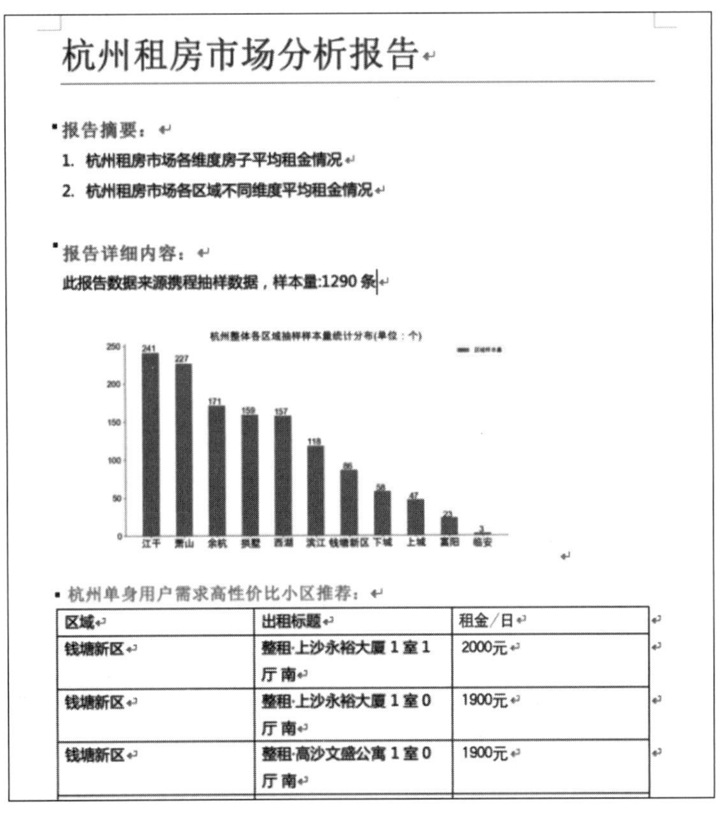

杭州租房市场分析报告

- 报告摘要：
  1. 杭州租房市场各维度房子平均租金情况
  2. 杭州租房市场各区域不同维度平均租金情况

- 报告详细内容：

此报告数据来源携程抽样数据，样本量:1290 条

- 杭州单身用户需求高性价比小区推荐：

区域	出租标题	租金/日
钱塘新区	整租·上沙永裕大厦 1 室 1 厅 南	2000元
钱塘新区	整租·上沙永裕大厦 1 室 0 厅 南	1900元
钱塘新区	整租·高沙文盛公寓 1 室 0 厅 南	1900元

图 9-10 自动化生产 Word 报告样例

完整的代码如下：

```
import pymysql
import pandas as pd
from docx import Document
from docx.shared import Inches,Pt,Cm
import matplotlib.pyplot as plt
import time
from docx.oxml.ns import qn
import seaborn as sns

plt.rcParams["font.family"] = 'Arial Unicode MS'    # 可视化中文显示
pd.set_option('display.max_columns', None)          # 显示所有列
pd.set_option('display.max_rows', None)             # 显示所有行
pd.set_option('max_colwidth',100)        # 设置value的显示长度为100，默认为50
# 数据库连接
db = pymysql.connect(host='localhost', user='root', passwd='123456',
db='Learn_data', port=3306, charset='utf8')
cursor = db.cursor()
cursor.execute("select * from beike_data_table_total WHERE house_id like '%
房源%'")
data=cursor.fetchall()
df=pd.DataFrame(list(data),columns=['id','房源编号','房源维护时间','发布名称','租
金','租赁方式','户型','房屋面积','是否精装'
    ,'朝向','楼层类型','楼层号','一级地址','二级地址','三级地址'])
df['维护时间']=df['房源维护时间'][0][19:-8]
df['面积平方'] = df['房屋面积'].str[0:-1]
df['租金']=df['租金'].astype('int')
df['面积平方'] = df['面积平方'].astype('int')
df['面积区间']=pd.cut(df['面积平方'],[0,30,50,100,200],labels=['30内
','30-50','50-100','100以上'])
df['1-2级地址']=df['一级地址']+"--"+df['二级地址']
df['1-3级地址']=df['一级地址']+"-"+df['二级地址']+'-'+df['三级地址']

def detail_num(df):
    plt.figure(figsize=(12, 6))
    df_detail = df.groupby(['一级地址'])['一级地址'].count().reset_index(name='
统计爬取条数')
    df_detail = df_detail.sort_values(by='统计爬取条数', ascending=False)
    rects=plt.bar(df_detail['一级地址'], df_detail['统计爬取条数
'],width=0.5,label='区域样本量')
    for rect in rects:
        x = rect.get_x()
        height = rect.get_height()
        plt.text(x + 0.2, 1.01 * height, str(height),fontsize=15,ha ='center')
```

```
        plt.xticks(fontsize=18)
        plt.yticks(fontsize=15)
        plt.legend(loc='upper right')
        plt.title("杭州整体各区域抽样样本量统计分布(单位：个)",fontsize=18)
        sns.despine()#去除边框
        plt.savefig(path + '1_p_detail_num.png')
        #plt.show()
        plt.clf()

    def singer_xuqiu(df):
        singer = df[['发布名称','一级地址','二级地址','三级地址','租金','房屋面积','朝向
','户型'
            ,'楼层号','楼层类型','租赁方式']].loc[(df["面积区间"]=='30内')&(df["朝向
"].str.contains('南'))&(df["楼层类型"] != "低楼层")&(df["租赁方式"] != "合租")]
        singer = singer.sort_values(by=['一级地址','租金'], ascending=False)
        singer=singer[['一级地址','发布名称','租金']].drop_duplicates()
        return singer

    def gen_docfile(df, path):

        document = Document()
        # 字体设置
        document.styles['Normal'].font.name = u'微软雅黑'
        document.styles['Normal']._element.rPr.rFonts.set(qn('w:eastAsia'), u'微
软雅黑')

        # 新建文件
        document.add_heading(u'杭州租房市场分析报告', 0)    # 添加标题
        document.add_heading(u'报告摘要：',1)               # 添加摘要

        # 无序列表项
        document.add_paragraph(u'杭州租房市场各维度房子平均租金情况', style='List
Number') # 添加摘要内容
        document.add_paragraph(u'杭州租房市场各区域不同维度平均租金情况', style='List
Number')

        document.add_heading(u'报告详细内容：',1)

        document.add_paragraph(u'此报告数据来源携程抽样数据，样本量:1290条')
        detail_num(df)
        time.sleep(1)
        document.add_picture(path + '1_p_detail_num.png', width=Inches(5.0))

        document.add_heading(u'4、杭州单身用户需求高性价比小区推荐：',2)
```

```
    singer=singer_xuqiu(df)

    table = document.add_table(rows=1, cols=3, style='Table Grid')
    hdr_cells = table.rows[0].cells
    hdr_cells[0].text = u'区域'
    hdr_cells[1].text = u'出租标题'
    hdr_cells[2].text = u'租金'
    list_rank = list(singer['一级地址'])
    list_singer = list(singer['发布名称'])
    list_song = list(singer['租金'])
    for i in range(len(singer.index)):
        row_cells = table.add_row().cells
        row_cells[0].text = str(list_rank[i])
        row_cells[1].text = str(list_singer[i])
        row_cells[2].text = str(list_song[i])
    table.autofit=True
    document.save(path + '杭州租房分析报告.docx')

if __name__=='__main__':
    gen_docfile(df,path)
```

上述代码详细介绍了数据获取和分析的过程，以及实现自动化设置的代码。数据是直接从数据库中提取的，也可以结合之前学习的Python数据库提取方法来实现。请注意，代码仅供参考。

9.7 本章小结

本章主要介绍了数据分析师日常使用的分析报告。我们可以通过Python自动化的方式，直接生成数据分析日报或周报。分析报告包含文本、表格、图片等多种内容，基本满足日常分析师对报告主体样式的要求。同时，用户可以根据需求学习和调整各种美化格式，从而实现相对美观的基础分析报告。通过这种自动化方式，可以显著提高日常工作效率。

第 10 章

行业数据分析思维

本章将介绍不同行业中可能会涉及的业务分析思维。掌握这些行业特定的思维模式，可以帮助数据分析师在遇到问题的时候，快速定位问题并进行高效分析。

笔者在经历了多个行业后发现，无论在哪个领域，其行业业务经验都是非常宝贵的。经验的积累将成为未来最核心的竞争力。虽然基础的分析方法和编程技能可能被替代，但经验却是无法替代的。

本章将逐一分享笔者在几个行业中深耕的经验和相关案例，希望能对即将进入或者刚进入各行业的读者有所帮助。

10.1 电商行业

电商平台已经发展了十多年，并且日益成熟，例如拼多多、淘宝、京东和抖音等都各自拥有了自己的电商平台。

10.1.1 行业经验总结

电商平台有多种类型，常见的包括：B2C（Business to Consumer）、B2B（Business to Business）、C2C（Consumer to Consumer）和O2O（Online to Offline）。

- B2C：主要指企业卖家与个人买家之间的交易。例如，天猫就是一个企业店铺与个人用户进行交易的平台，常常听到的某旗舰店指的就是企业店铺。
- B2B：指企业与企业之间的交易。阿里巴巴就是一个专注于企业间交易的平台。
- C2C：主要是个人卖家与个人买家之间的交易，例如淘宝，其平台上的店铺大多由个人开设。

- O2O：可以看作B2C的升级版，扩展了用户在消费时的线下参与场景。O2O将线上与线下无缝连接，保持价格一致，支持线上购买，线下提货或换货。

1. 电商业务基础模式

电商最初的模式是电商平台、服务商、卖家和买家之间的关系，如图10-1所示。卖家在各种电商平台上开店，向用户销售自己的产品，而平台在中间向卖家收取一定的费用。这些费用可以以服务费、广告费或分成等形式存在。

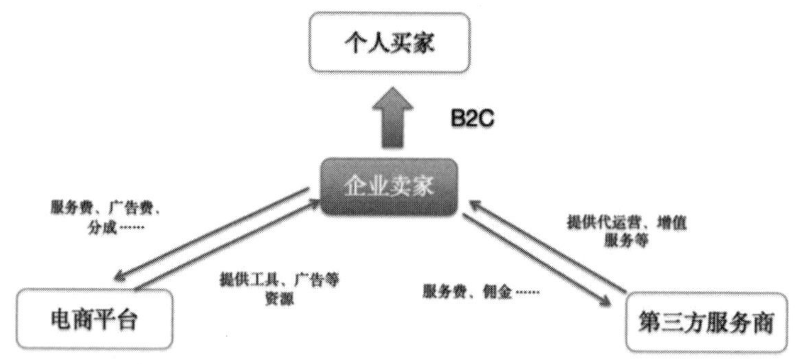

图 10-1 电商平台、服务商、卖家、买家的关系

随着电商平台的逐步发展，卖家为了追求更高的营收，不断拓展业务并尝试打造自己的品牌。然而，大部分卖家在深耕产品方面具有优势，但在精细化运营和推广上却并不擅长。因此，第三方服务商应运而生，主要为卖家提供他们不擅长的各种服务，例如：

- 店铺代运营：帮助企业运营店铺，并收取相应的服务费。
- 增值服务：为企业提供销售分析报告、内容广告投放等服务，以收取服务费或分成费。

在电商行业工作的人，通常是在电商平台担任甲方，或者是在第三方服务商公司担任乙方。无论是甲方还是乙方，从事数据分析的人都需要了解如何分析电商数据。

首先，要掌握电商基础业务及其涉及的重要数据。在电商初期的红利时代，商品种类相对较少，用户打开网页找到商品并下单的概率相对较高。因此，只需通过店铺访客量乘以购买转化率即可得出买家数量，再用买家数量乘以客单价便可预估成交额。

然而，随着电商行业的迅速发展，用户红利已不复存在，而商品种类却日益繁多。要想同过去那样低成本获取用户并促成下单变得越来越困难。因此，必须将过去的“简单粗暴的流量运营模式”转变为“精细化运营模式”。这需要积极引导用户提高复购率，并推动用户通过老带新模式，以更低的成本带来新的流量。这正是将过去的“流量运营”转换为现在的“用户运营思路”的关键所在。

当前，能够引入新用户并留住老用户是生存的关键。因此，用户运营在电商行业显得尤为重要，主要有以下几个原因：

（1）流量被分流：如今同一商品有更多品牌竞争，流量不断被稀释。

（2）市场下沉：电商用户已不再局限于一二线城市，其三四线城市的用户同样是必争之地，例如拼多多的崛起正是牢牢抓住了下沉用户。

（3）私域用户：对老用户尤其是私域会员的精心培养和服务，可以更有效地提高复购率。

基于以上3个原因，当然还有其他因素，使得用户精细化运营变得尤为重要。

2. 用户如何运营

要想进行有效的运营，需要掌握用户的购物过程：

- 认知：让用户通过各种媒体渠道接触到产品，对其产生初步的认知。
- 兴趣：经过多次营销后，用户对产品有了更深入的了解，逐渐产生兴趣，进而主动在平台上搜索当下或未来所需的产品。
- 购买：在最佳的优惠时机（如大促销期间），用户会产生购买行为。
- 流失/复购：使用产品后，用户可能会流失，但也可能继续产生复购行为。

在用户从认知到购买，直至最终流失或复购的过程中会生成各种数据。这些数据来源于不同的服务部门，但每个用户都会被记录一个唯一的ID，其他数据则基于此ID进行关联和衍生，从而得出不同的指标。

通过分析业务指标，可以更精准地开展用户运营工作。例如，在针对新用户和老用户的运营中，需要明确两者在定义和统计口径上的差异。以下将详细阐述新用户与老用户运营的具体内容及其相关指标的衍生逻辑。

在用户运营过程中，区分新用户和老用户至关重要，因为这两类用户对业务的贡献存在显著差异。因此，我们需要清晰了解新用户和老用户在数量及交易金额上的占比分布，具体计算公式如下：

- 新（老）用户数占比=新（老）成交用户数÷总成交用户数
- 新（老）用户交易金额占比=新（老）用户交易额÷总交易额

通过以上指标的分析，能够更好地评估新老用户的价值分布，从而制定更有针对性的运营策略，提升整体用户运营效率。

在实际业务中，许多新用户在完成首次交易后便成为老用户，但如果他们在一段时间内未再交易，可能会变成流失用户。如果流失用户再次成交，他们就被视为流失召回的用户，此时也可以重新定义为新用户进行维护。因此，新老用户的界定应根据业务变化进行合理调整，以便更精细和精准地服务不同客户。

成交用户的定义可以是已产生订单并完成付款的用户，或者是成交付款但在7天内未退款的用户。在实际操作中，可以先进行总体成交分析，再详细研究退款情况，或直接聚焦于分析成交未退款的用户。

不同的指标定义会导致不同的分析结果，因此，清晰的指标定义至关重要。

以下是一些常用的电商指标：

- 访客数（UV）
- 商品交易总额（GMV）
- 收藏数
- 加购数
- 客单价
- 转化率
- 复购率
- 回购率
- 退货率
- 实际销售额
- 动销比

这些指标在电商运营中非常重要，不同部门会有各自的考核和监控指标。每位员工可以结合自己部门的业务，确定有效的监控指标，并与相关部门的指标进行关联，以便精细化地监控和优化，从而推动业务发展。

10.1.2　电商案例分析思维

电商平台在每年都会举办各种大型促销活动，特别是618和双十一。在这些大型促销活动期间，老客户的复购行为对于提升营收至关重要。因此，复购率成为影响大型促销活动成功的关键指标之一。

本小节我们将探讨在618等大型促销活动期间，面对复购率下降的情况，如何通过数据分析结合电商领域的分析思维，深入剖析问题根源并提出解决方案。

1. 明确问题现状

618大型促销活动通常会提前进行预热或预售，并在活动当天集中推动用户下单，以期望达到老用户的最高复购率。然而，如果复购率出现下降，通常意味着与去年618大型促销活动相比有所下滑，因此需要深入分析下降的原因。

2. 分析下降原因

1）时间维度分析

对于复购率的下降，首先需要进行同比分析，比较今年与去年，甚至是前年的复购数据，以了解下降的具体情况。

复购率是通过复购用户数量除以在设定时间段内购买过商品的老用户总数计算得出的。因此，必须建立统一的对比维度，具体设置如表10-1所示。

表 10-1　大型促销活动不同时间复购数据

年　份	老用户时间区间	复购用户数量	老客户数量	复 购 率
2022	近 3 年（20190618—20220618）	35012	420561	8.33%
2023	近 3 年（20200618—20230618）	53891	670521	8.04%
2024	近 3 年（20210618—20240618）	65245	830240	7.86%

通过以上表格回顾连续3年的复购数据，可以发现，在以近3年老客户为基准的情况下，大型促销活动期间的复购率虽然有所下降，但下降幅度并不明显。与此同时，复购客户数和老客户总数均呈现增长趋势，这使得复购率下降的具体原因难以明确。

上述分析采用了多维度拆解的方法，通过时间维度对比来探寻复购率下降的原因。然而，如果从这一角度无法得出明确结论，则需要尝试从其他维度或角度进行进一步分析。

2）行为角度分析

当时间维度行不通时，不妨从行为角度去拆解，对于老客户都是购买过商品的用户，购买一次和多次的用户，用户黏性肯定是不同的。因此，先简单将老客户分成两组，分别是购买一次和多次的老用户，数据对比如表10-2所示。

表 10-2　购买不同次数用户复购数据对比

不同行为老客户	2023 年复购率	2024 年复购率	复购率同比变化
购买 1 次（=1）	6.12%	5.56%	−9.15%
购买多次（>1）	13.45%	13.34%	−0.82%

由此可见，购买过一次的老客户复购下降明显。因此，第一个原因找到了，接下来需要进一步细化分析，去确认这部分用户来自哪里。

3）时间内行为分析

对于购买过一次的老客户，都在设定的3年时间内有下过单。因此，可以尝试将这些人查找出来，看看是在什么时间下的单，在不同时间下单的人是否有差异性，可以将下单时间距离618大促的时间间隔天数作为对比，由于每个人下单时间不同，可以统计间隔区间人数并进行对比。对比方式可以参考表10-3。

表 10-3 不同时间内行为用户复购数据对比

老客户下单间隔大型促销活动天数区间分组	2024 年同比 2023 年复购数差值	2024 年同比 2023 年复购率变化
N≤30	1903	2.75%
30<n≤60	−2190	−24.34%
…	…	…
360<n≤720	1040	−5.61%
720<n≤1080	700	−8.22%

由此可见，在30~60天区间，复购数和复购率下降明显。此时可以回顾1个月前到2个月前这段时间做了哪些推广或者活动，因为这个区间活动作为新用户进来下单后，直到这次618大促产生的复购效果非常差。也许是薅羊毛的低质量客户，或者其他原因。这时就可以明确对这部分客户进行活动营销，推动此部分客户的复购率提高，扩大营收。

这部分就是通过对比分析，找到了问题的区间。

3. 分析思维总结

对于电商行业，不仅仅可以从时间和行为角度进行分析、拆解或者对比，还可以从流程和产品的角度进行分析。比如：

- 用户购买流程：了解用户购买流程环节，逐个环节进行分析，以查看异常并寻找问题。
- 产品体验流程：了解用户在电商平台体验不同页面产品时的体验差异，寻找问题。

无论从什么角度，都要基于二八原则，对用户80%的问题进行拆解，找到最核心的问题原因。

10.2 金融信贷行业

金融信贷行业主要从事信贷类业务，信贷业务指由金融机构向个人或者公司提供贷款业务。

10.2.1 行业经验总结

金融信贷行业根据贷款发放的场景分为“线上”和“线下”两部分，“线上”主要是指用户在网上就可以直接完成贷款申请、审批、放款。根据消费场景分为现金贷和消费贷两种。“线下”主要是指用户必须在线下和贷款机构当面沟通和审核才能放款。根据是否有抵押可以分为“抵押贷”和“信用贷”两种。

现金贷、消费贷、抵押贷和信用贷，这4种贷款的区别如下：

- 现金贷：一般用户直接在网贷平台申请，通过对个人信用审核后，银行卡收到现金。

- 消费贷：以消费为目的的消费贷款，如支付宝的“花呗”就是消费贷，用于购买商品付款。
- 抵押贷：依赖借款人的固定资产，如房产、车或第三方担保给借款人放款。
- 信用贷：依赖借款人的信用评审放款，如银行无抵押信用贷。

由于在金融机构做信贷风控业务，主要针对的客户为银行或者网贷公司的线上信贷业务。

传统银行在审核借款人资质时通常要求较高，会综合考察借款人的工作、收入、资产以及征信等多方面信息，以评估其还款能力。对于还款能力较弱的用户，获得贷款的难度较大。然而，随着互联网金融的兴起，网贷平台的出现大大降低了借款门槛，使得资质相对较弱的用户也能快速获得资金支持。

随着移动互联网的发展与普及，各类网贷平台逐渐兴起，采用线上放贷模式，并通过引入风控技术来管理风险。然而，部分平台在追逐利益的过程中出现了野蛮生长的现象。一些网贷产品以高额利率吸引用户，甚至收取各种附加费用（如手续费等），导致借款人负担加重。尽管国家出台了相关政策，明确规定年利率超过36%的部分无效，借款人无须支付超额利息，但部分平台仍通过其他方式变相提高收费。

此外，由于借款人可能存在多头借贷行为——即在多个平台同时借贷，拆东墙补西墙，最终导致债务累积，形成坏账。这种现象不仅背离了网贷行业最初倡导的“普惠金融，科技赋能”理念，也对金融市场的健康发展造成了负面影响。

1. 业务模式

网贷业务模式主要由资金、风控、用户3部分组成。在信贷业务中，借款人通过信贷机构借钱，资金方给信贷机构提供资金。信贷机构主要把控风险，另外还有3个职能，就是运营、财务和法务来辅助一起实现风控管理。信贷业务的基础流程图如图10-2所示。

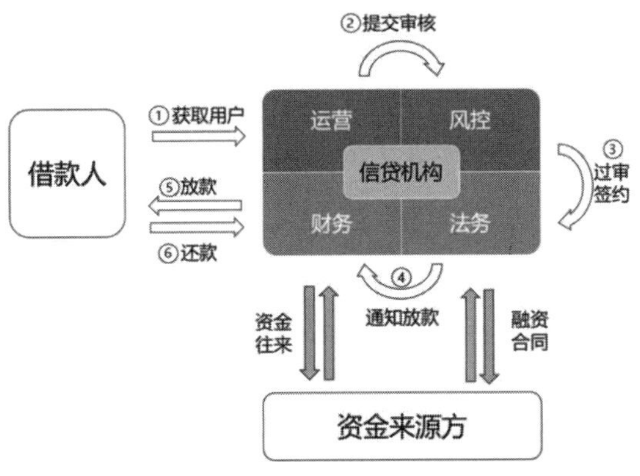

图 10-2　信贷基础流程图

下面针对信贷业务的基础流程进行简单介绍：

- 获取用户：一般运营部门需要想办法获取更多的用户来申请贷款。
- 提交审核：用户提交申请，风控部门进行风险审核，尽量降低坏账率。
- 过审签约：法务部门协助提供合同及相关合规审核，保障用户正常签约。
- 放款：在和资金方合作基础上，当用户过审后，由财务部门放款。
- 还款：贷款到期，用户还款。
- 催收：用户未还款，会被催收或者被起诉。

2. 风控策略

当前，合规运营的网贷平台在追求盈利的同时，也需要严格控制坏账率。因此，对用户资质的审核要求变得更加严格。通过深入的数据分析，平台能够更精准地评估用户风险，并在借款环节实施严格把控，从而制定科学有效的风控策略，以实现风险与收益的平衡。

风控策略是通过一些满足放款条件的规则来判断用户是否符合资质。常规的策略有如下几个环节：

- 注册识别：识别注册用户是否为失信用户。
- 信息核验：核验用户三要素是否一致。
- 黑名单识别：识别用户当前是否涉诉或有犯罪记录。
- 贷前审核：贷前风险审核。
- 贷中复查：贷中风险复查。

对于每一个环节，可以直接拒绝和人工再审核有问题的用户，前3个策略环节更多是为了提高通过率，后两个环节（贷前、贷中）更多是为了降低逾期率。

相对重要且复杂的策略在于贷前审核环节，一般会有多种指标或者评分进行组合，判断用户风险，如年龄大于60岁且芝麻信用分小于500，这样的用户可以直接拒绝。

3. 业务指标

- 申请用户数：完成贷款申请行为的用户。
- 放款用户数：通过审核并成功放款的用户。
- 通过率：审核通过的用户比例。
- 复贷用户数：一定时间内，审核通过的用户，再次贷款的用户。
- 复贷率：一定时间内，审核通过的用户，再次贷款的用户比例。
- 逾期率：贷款到期的用户中未还款用户占比。
- 催回率：逾期合同通过催收以后完成还款的用户占比。
- 坏账率：坏账合同占所有放款合同的比例。

10.2.2　信贷风控案例分析思维

对于信贷风控业务中的数据分析来说，主要是分析逾期用户的逾期原因，然后制定合适的风控策略方案来降低逾期率。

下面通过某银行的一批信贷放款用户数据，其中逾期率非常高，达到了14.83%，需要分析其原因，并找到合适的风控策略来降低逾期率。样例数据如表10-4所示。

表 10-4　逾期样例数据

用 户 数	正常用户数	逾期用户数	逾 期 率
28678	24425	4253	14.83%

1. 明确问题情况

当前银行逾期率的正常范围应控制在5%以内，这一水平被认为相对合理且风险可控。现在逾期率达到了14.83%，显然已经非常高了。因此，目前的问题是：如何制定有效风控策略来降低逾期率。在第一阶段，目标是将逾期率降低3%~5%，但若通过策略直接将逾期率降至5%以下，可能会错失大量正常用户，进而影响业务增长。

2. 分析逾期原因思维

我们可以通过多维度拆解方法来进行逾期分析，分别从以下几个维度进行拆解，以寻找逾期原因：

- 时间拆解：是否能明显看出某个月逾期率较高，并带动整体逾期率上升。
- 区域拆解：是否能明显看出某一区域的逾期率较高，并带动整体逾期率上升。
- 行为拆解：是否能发现有扣款失败记录或申请贷款导致被征信查询次数较多的用户，逾期率较高。

通过多维度拆解可以发现，不同时间和区域确实存在差异性。然而，如果这部分用户的放款金额占比较低（比如小于2%），对整体来说影响不大，那么就不能算是找到了真正的逾期原因。

通过分析扣款失败和征信查询次数，可以明显发现，随着历史扣款失败次数增多或征信查询次数增加，逾期率明显增加，因此，应制定策略，识别此类风险人群，在尽可能不降低正常用户申请贷款的情况下，拒绝此类高风险用户。

3. 风控策略思维

制定风控策略的思维方式是尽可能地分析出风控用户在申请贷款前期、中期和后期（即逾期阶段）的特征表现，找到和正常用户明显差异的特征变量，以制定最佳的风控策略。

所有用户特征相关数据维度如下：

- 用户基础信息
  - 年龄
  - 地区
  - 负债
  - 房产
  - 收入
- 用户申贷数据
  - 申贷次数
  - 申贷产品
  - 申贷平台
- 用户扣款数据
- 用于逾期数据

对特征单变量进行分组分析，查看该特征对逾期率的影响，并通过计算提升度来量化评估特征，选出能区分正常用户和高风险用户的特征变量。

由于每次用户申贷，银行都会查询用户的征信情况。因此，以“用户申贷次数”为例进行单变量分析。

申贷次数的分组方法有多种，这里先按照常规的分布进行划分，如表10-5所示。

表 10-5 申贷用户分组逾期对比数据

申贷次数分组	分组用户数	分组用户数占比	好用户数	逾期用户数	逾 期 率	提 升 度
0	571	2%	552	19	3.32%	0.22
(0，3]	7362	26%	6888	473	6.43%	0.43
(3，6]	7803	27%	7001	802	10.28%	0.69
(6，12]	7562	26%	6193	1370	18.11%	1.22
(12，18]	3272	11%	2450	822	25.13%	1.69
(18，+∞]	2108	7%	1341	767	36.38%	2.45
总计	28678	100%	24425	4253	14.83%	1

以上数据不仅进行了分组，还计算了每一组的提升度。

这里先解释一下提升度的作用和计算公式。

提升度的作用：用来衡量拒绝逾期用户之后，对整体风险控制的提升效果。

计算公式：

提升度=最高逾期率分组的用户数占总逾期用户数比例/最高逾期率分组用户数占比

在以上数据表中，计算提升度时使用的是申贷次数大于18的分组数据，其逾期率最高：

提升度=最高逾期率用户数（767）占总逾期用户数（4253）的比例（767/4253=18%）/最高逾期率分组用户数占比（7%）=2.45。

由此可见，申贷次数越多的人，可能存在资金紧张的情况，因此逾期风险较高。基于此变量，可以生成一条策略规则：拒绝申贷次数大于18次的用户。

以上是单变量策略生成方式。然而，在实际业务中，不能仅仅依赖一条规则来进行风险识别。因为单条规则的阈值过高时，拒绝的用户会越少，风险无法得到最佳的控制；而阈值过低时，可能会拒绝大量正常用户，影响业务业绩。因此，必须结合公司实际资金情况，由领导层综合评估。资金充足时，可以接受一定的逾期情况；资金不充足时，则要严格把控风险，提高风控质量，减少损失。

10.3 零售行业

零售行业是指将商品或服务直接销售给最终消费者的商业活动，是商品流通的最终环节。其核心职能包括采购、库存管理、销售及客户服务，涵盖实体店（如超市、专卖店）、电子商务（线上平台）以及线上/线下融合的新零售模式。零售业按业态可以分为百货、超市、便利店、折扣店等；按商品类型可以分为快消品、耐用品、奢侈品等。在这个模式中，各环节都涉及数据分析需求，要想做好分析，需要深入了解行业中的业务细节。

10.3.1 行业经验总结

1. 业务模式

本小节主要介绍的零售行业为实体零售，例如线下苏宁易购、阿迪达斯实体店等。下面来了解零售行业的基础业务模式。

实体店分为直营实体店和联营实体店。直营实体店主要是公司自己开的店，联营实体店则是公司和个人合作开设的店。

实体店运营的基本流程如图10-3所示。

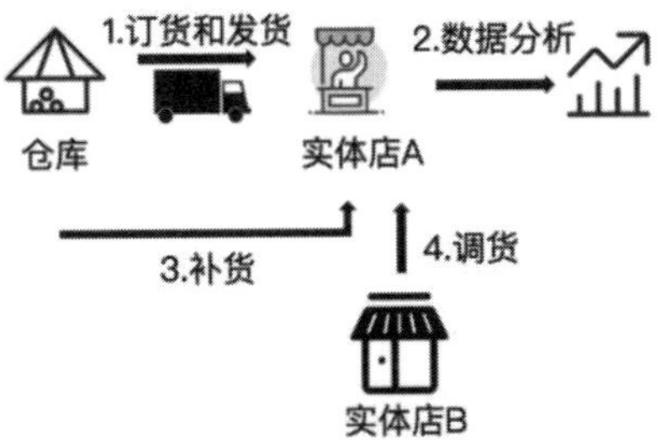

图 10-3　实体店运营模式

一般而言，店铺根据销售情况制订进货计划，并向总部订货，总部将商品从仓库将货发送到实体店。实体店结合日常的销售数据进行分析，当库存不足时进行补货。如果仓库临时没有货，会通过向其他实体店调货来周转。

因此，实体店的基础业务模式主要涉及4个部分：订货和发货、数据分析、补货、调货。

2. 零售业务的分析方法

- 订发货分析：店铺需要及时分析订货和发货情况，并处理可能出现的欠货（已定未发的货）。这看似简单，但实际场景可能需要细化到各种商品的细分类别，甚至细化到商品的属性或尺寸。因此，需要经常追踪并分析某个型号商品的订货、发货和欠货情况，查找其原因。
- 业绩分析：主要是对销售额和销售目标完成情况进行分析。每天都要关注同比和环比数据，进行横向比较和同类型店铺对比，找出目标达成和未达成的原因。
- 价格分析：对商品价格进行分析，主要目的是为了清楚地了解用户偏好的价格范围，了解哪些价格的商品更受欢迎，哪些折扣商品销售较好等。
- 畅滞销分析：顾名思义，主要是分析畅销和滞销商品。畅滞销分析可以更准确地了解哪些型号或款式的商品热销，哪些销售不畅。通过分析，调整库存，进行补货或降价加快去库存。
- 库存分析：库存分析的目标是有效控制库存，清理无效库存。前提是要对库存有足够的了解，清楚不同年份、类型商品的库存情况。通过分析，推测是否需要补货，是否需要推动促销等。

3. 零售业务的销售指标

零售业务的销售指标主要包含销售完成率、销售退货率和销售折扣率。

1）销售完成率

- 作用：衡量目标完成的程度。
- 公式：销售完成率=实际销售额/目标销售额。
- 举例：年初预定目标为100万元，年底销售额为90万元，销售完成率为90%。

2）销售退货率

- 作用：衡量退货情况，预防销售风险。
- 公式：销售退货率=退货商品数/商品销售数。
- 举例：本月成交100单，成功退货20单，退货率为20%。

3）销售折扣率

- 作用：吸引流量，动态调节利润平衡点。

- 公式：销售折扣率=优惠金额/售价。
- 举例：一款衣服单价100元，售价80元，优惠了20元，折扣率为20%。

库存指标主要包含库龄、周转率、周转天数和存销比。

1）库龄

- 作用：优化商品结构，提高实体店资金利用率。
- 公式：库龄=当前统计时间—商品入库时间。
- 举例：一批计算机1号入库，到18号还在仓库，库龄为18天。

2）周转率

- 作用：提高库存周转率，促进店铺现金流运转速度，最终提高收益。
- 公式：周转率=销售数量/((期初库存+期末库存)/2)。
- 举例：某实体店入库50台笔记本电脑，当月销售30台，下月初盘点剩余20台，周转率为30/((50+20)/2)=0.86。

3）周转天数

- 作用：衡量库存流动性，周转天数越低，流动性越高。
- 公式：周转天数=周期天数/周转率。
- 举例：以上述一个月周转率0.86来计算，周转天数为30/0.86=34.89天。

4）存销比

- 作用：用来评估剩余库存需要多久才能销售完。
- 公式：存销比=库存数/销售数。
- 举例：某品牌手机近15天销售量为20部，库存还有500部，存销比为500/20=25。

运营指标主要包含坪效、SKU、动销比、售罄率和订单执行率。

1）坪效

- 作用：衡量实体店经营效益，坪效越大，效益越好。
- 公式：坪效=销售额/实体店铺经营面积。
- 举例：某实体店年销售额为100万元，店铺面积只有10平方米，坪效为10万。

2）SKU

- 作用：可用于评估实体店陈列商品数。
- 举例：苹果手机iPhone 15，黑色，256GB，这算作一个SKU。

3）动销比

- 作用：用于评估新品上市期间有销售的SKU比例。
- 公式：动销比=有销售的SKU数/总的SKU数。
- 举例：相同配置的店铺，A店的动销比为0.4，B店的动销比为0.2，A店就比B店的商品种类卖得好。

4）售罄率

- 作用：评估商品库存消化速度，越高表示销售越好，库存低。
- 公式：售罄率=销售数/进货数。
- 举例：某服装店某月销售服装200件，进货250件，售罄率为0.8。

5）订单执行率

- 作用：衡量店铺订单执行情况。
- 公式：订单执行率=已发数量/订货数量。
- 举例：某实体店订货200部手机，已发100部，订单执行率为50%。

财务指标主要包含费率比、毛利率和净利率。

1）费率比

- 作用：衡量投入产出情况。
- 公式：投入费用/销售额。
- 举例：某实体店投入10万元促销，销售额为100万元，费率比为10%。

2）毛利率

- 作用：衡量商品盈利能力。
- 公式：毛利率=（销售额-销售成本）/销售额。
- 举例：某实体店进货成本为100万元，销售额为500万元，毛利率为（500-100）/500=0.8。

3）净利率

- 作用：衡量除去各种成本费用后的真实收入。
- 公式：净利率=净利润/销售额。
- 举例：主要是在毛利润基础上减去各种水、电、房租等成本后得到的净利润，再和销售额相比就是净利率。如果净利率为0.5，代表卖100元能赚50元，这50元是剔除了所有成本的纯收入。

以上介绍了零售行业的基础业务模式、相关业务分析环节，以及主要使用的业务分析指标。通过合理运用这些指标，可以对各项业务进行精细化运营，从而有效提升销售业绩和运营效率。

10.3.2 零售案例分析思维

在零售行业，售卖货物和购买货物的人员以及存储和售卖货物的场地是关键要素。因此，我们经常通过分析“人、货、场”来进行零售分析，这样可以更容易发现零售店铺营业额增长或下降的问题。

下面先简单介绍一下“人、货、场”，然后通过案例来说明如何运用零售分析思维。

1. 人、货、场

- 人：不仅仅指售货员，也包含购买商品的用户。当店铺业绩波动时，可以分析售货员的表现，看看老员工和新员工在售卖商品上的差异。此外，还可以从顾客角度分析，看看老顾客和新顾客的购买行为是否有差异。
- 货：通常重点关注滞销货和畅销货，同时也需要关注新品和老品的销售情况。当店铺业绩波动时，需要盘点不同货物种类的销售情况，分析是老品还是滞销货影响了整体业绩。
- 场：不仅仅指存储货物的仓库，售卖商品的店铺也属于“场”的范围。因此，除了要及时了解商品的动销比之外，店铺陈列和促销活动也会影响销售表现。

2. 案例

某区域手机零售门店7月的销售量同比去年下降了40%，数据如表10-6所示。

表 10-6 门店销售数据

实体店	去年 7 月					今年 7 月				
指标	销量（台）	单价（元）	销售额（元）	折扣	标准金额(元)	销量（台）	单价（元）	销售额（元）	折扣	标准金额（元）
某区域门店	500	1000	500000	0.9	555556	300	900	270000	0.8	3375000

针对表格中列出的数据，我们需要通过分析寻找出销售量下降的原因。

1）明确问题情况

通过“人、货、场”的分析思路，重点分析以下几个方面：

- 人：新老员工占比、客单价、老用户复购率。
- 货：新品销售和滞销品销售情况。
- 场：店铺陈列和促销活动情况。

2）原因分析

人的情况分析如下：

- 店员配比是否正常：如果此店的标准满额配置是6人，其中1名店长和5名员工，而实际上只有5人，其中包括1名店长，3名新员工和1名老员工。这可能会影响销售业绩，因为新员工不熟悉商品，不了解库存。
- 客单价对比，如表10-7所示。

表 10-7　门店客单价对比数据

实体店	去年 7 月		今年 7 月		同比
指标	成交单数	客单价（元）	成交单数	客单价（元）	客单价
某区域门店	400	1250	250	1080	-13.6%

由此可见，客单价同比去年也有所下降。

- 复购率对比，如表10-8所示。

表 10-8　门店复购率对比数据

实体店	去年 7 月		今年 7 月		同比
指标	老客户销售额（元）	老客户复购金额占比	老客户销售额（元）	老客户复购金额占比	老客户销售额
某区域门店	300000	60%	27000	10%	-90%

由此可见，同比去年，老客户销售额下降了90%，这一变化非常明显。

货的情况分析如下：

- 新品分析：对于手机品牌来说，新品销售占比比较大，因此可以看一下新品SKU是否备货充足，且新品和老品的占比是否符合预计的分布标准。
- 畅销品分析：畅销品是带动销售额增长的核心因素。可以对全公司销量排名前15的手机型号进行盘点，分析其库存状况：哪些型号库存充足，哪些库存不足，哪些型号甚至完全缺货。通过这种方式，可以快速定位影响销售额的部分原因，并为后续补货和销售策略提供依据。

场的情况分析如下：

- 店铺陈列：商品陈列是销售的一线，商品的陈列是否符合公司标准，新品是否及时且正确地摆放，都会影响销售量。
- 活动情况：该店铺虽然已经进行促销活动，但还需要关注隔壁竞品的促销力度。如果发现竞品的促销力度更大，那么当前店铺的促销活动方案可能存在问题，需要及时调整。

基于以上“人、货、场”的分析，基本可以了解影响该店铺销售的原因。例如，在人员方面，需要及时补充员工并培训新员工；对于货物，在条件允许的情况下及时补充库存；对老客户进行重点关怀，并通过优于竞品的促销活动进一步提高复购率；最后，严格把控店铺陈列。

10.4　本章小结

本章结合行业工作总结，探讨了行业的基本结构和相关经验，重点分析了不同行业如何运用相关的分析思维进行案例研究。尽管不同行业的具体业务存在较大差异，但相关的分析思维具有很强的通用性。因此，分析思维的培养在各个行业中都至关重要。

第 11 章

Python数据挖掘

本章将介绍数据分析中相对复杂且要求较高的数据挖掘知识。通过讲解基础算法和机器学习工具，帮助读者了解数据挖掘的整体流程与常用方法，为进一步深入分析奠定基础。

随着科技的发展，数据收集和存储技术日益提升，人们已经能够积累海量数据。然而，从这些数据中提取有价值的信息以服务社会仍然是一个巨大的挑战。

面对庞大的数据量，传统的数据分析方法和工具已无法有效地进行分析和发现有价值的信息。在此背景下，数据挖掘应运而生，它将数据与算法结合，深入挖掘数据中隐藏的有用信息。

本章将首先简要介绍常用的算法和数据处理方法，接着使用Scikit-learn进行建模，挖掘有价值的信息，并通过模型评估来判断挖掘结果的质量。最后，我们将通过案例分享来验证数据挖掘方法的有效性。

11.1 常用的数据挖掘算法

作为数据分析师，并不需要深入计算或推导每一种数据挖掘算法的原理，但必须掌握一些基本原理，尤其是如何使用不同算法来解决具体问题。

数据挖掘算法主要分为3类：分类算法、聚类算法和关联规则。这3类算法是日常业务中最常用的挖掘工具，基本上可以满足目前商业活动对算法的普遍需求。

这3类算法中包含了许多经典算法。下面重点介绍10大经典算法及其原理，具体如下：

- 分类算法：包含C4.5、CART、朴素贝叶斯、SVM、KNN、AdaBoost。
- 聚类算法：包含K-Means、EM。

- 关联算法：包含Apriori。
- 连接分析：包含PageRank。

接下来，我们将逐一详细介绍这些算法的基本原理。

11.1.1 C4.5 算法

C4.5算法（决策树）是一种通过一系列规则对数据进行分类的过程。例如，当我们购买一个西瓜时，可以通过观察西瓜的纹理和根蒂的软硬程度来判断它是生的还是熟的，这正是决策树原理的应用。

C4.5算法用于生成决策树，主要用于分类任务。其计算过程中使用信息增益作为指标。信息增益越大，意味着该特征的分类能力越强，因此优先选择信息增益较大的特征进行分类。

11.1.2 CART 算法

CART（Classification And Regression Tree，分类回归树）既可以用于分类，也可以用于回归。

在处理离线数据时，CART既可以用于分类决策，也可以用于连续数据的预测。当输出为类别时，CART表现为分类树；当输出为数值时，则表现为回归树，预测的是某个区间内的可能取值。尽管分类和回归问题的本质相同，都是基于输入数据预测输出结果，但两者的区别在于输出变量的类型：分类问题的输出是离散的类别，而回归问题的输出是连续的数值。

CART分类树与C4.5算法类似，但在属性选择上使用基尼系数作为划分标准。基尼系数反映了样本集合的不确定性，其值越小，说明样本之间的差异越小，不确定性越低。分类的过程旨在通过降低不确定性来优化模型，因此CART会选择基尼系数较小的属性作为划分依据。

对于CART回归树，特征选择的标准则是均方误差或绝对值误差，目标是通过最小化误差来找到最佳的划分点。

举例来说，在分类任务中，CART决策树可以用于预测明天是否会下雨（输出为“是”或“否”）；而在回归任务中，CART则可以用于预测明天的温度（输出为具体的数值）。

11.1.3 朴素贝叶斯算法

朴素贝叶斯是一种常见的分类算法，通过计算未知分类事物在不同类别中出现的概率，选择概率最大的类别作为最终分类结果。

该算法首先假设不同特征之间是独立的，然后基于概率原理，通过先验概率P(A)、P(B)和条件概率P(B | A)推算出后验概率P(A | B)。

- P(A)：先验概率，即在事件B发生之前，对事件A发生的概率的评估。
- P(B | A)：条件概率，表示在事件A已经发生的情况下，事件B发生的概率。

- P(A | B)：后验概率，即在事件B发生后，对事件A概率的重新评估。

例如，在给病人进行分类时，数据如表11-1所示。

表 11-1 病人分类表

症　状	职　业	疾病类别
打喷嚏	护士	感冒
头疼	工人	脑震荡
打喷嚏	教师	感冒
打喷嚏	农民	过敏
头疼	工人	感冒
头疼	教师	脑震荡

计算新的病人疾病类别，如果这个病人是打喷嚏的工人，计算他患感冒的概率。

11.1.4 SVM 算法

SVM（Support Vector Machine，支持向量机）是一种常见的分类方法，属于有监督学习模型。

有监督学习是在已有类别标签的情况下对数据进行分类，而无监督学习则是在没有类别标签的情况下，通过一定的方法（如聚类）进行数据分类。

SVM算法的分类方式主要是通过在训练样本中找到一个与样本点距离最远的线段或超平面，从而实现分类。例如，可以将桌子上的红球和黄球用一条线分开，从而实现最佳准确率的分类。在红球这一侧的数据就被视为红色。

11.1.5 KNN 算法

KNN（K-Nearest Neighbor，K最近邻）是最基础、最简单的算法之一，既可以用于分类，也可以用于回归，其基本原理是通过测量不同特征值之间的距离来进行分类。

计算步骤如下：

01 根据需要选择计算距离的方式，并计算待分类对象与其他对象之间的距离。

02 统计与待分类对象距离最近的 K 个邻居。

03 判断这 K 个最近邻居中数量最多的类别，并将其作为待分类对象的预测类别。

KNN算法的形象比喻是：“近朱者赤，近墨者黑。”

11.1.6 AdaBoost 算法

AdaBoost算法旨在将多个弱分类器组合成一个强分类器，其原理是通过对一系列弱分类器赋予不同的权重，从而形成最终的分类决策。

核心步骤如下：

01 初始化基础权重。

02 通过现有分类器计算每个分类器的错误率，并选择错误率最低的分类器作为最优分类器。

03 根据分类器权重公式，减少正确样本的权重，增加错误样本的权重，从而得到新的权重矩阵和当前 K 轮的分类器权重。

04 将更新后的权重矩阵带入步骤 2 和步骤 3，重新计算权重矩阵。

05 重复上述过程 N 轮，记录每一轮的最终分类器权重，最终构建最强分类器。

AdaBoost算法的理念类似于通过分析错误题来提高学习效率：在做正确的题时减少重复练习，而在错误的题上持续练习，随着学习的深入，错误的数量自然会减少。

11.1.7　K-Means 算法

K-Means（聚类）是一种无监督学习的聚类算法，通过将每个样本分配给最近的聚类中心，自动生成K个类别。

K-Means算法的逻辑如下：

（1）随机选取K个点作为初始分类中心。

（2）将每个点分配到最近的类，从而形成K个类。

（3）重新计算每个类的中心点（例如，如果某个类别内有10个点，则新的中心点为这10个点的平均值）。

11.1.8　EM 算法

EM（Expectation Maximization，期望最大化）算法是一种聚类算法。

需要重点说明的是，EM算法和K-Means算法之间的区别主要体现在以下两点：

- EM算法基于概率计算，而K-Means算法基于距离计算。
- 在EM算法中，样本可以同时属于多个类别，而K-Means算法要求每个样本只能属于一个类别。通过EM算法进行分类，可以发现更多隐藏的数据规律。

11.1.9　Apriori 算法

Apriori算法是一种关联规则挖掘技术，用于从消费者的交易记录中发现商品之间的关联关系。在了解其计算过程之前，需要先了解以下几个概念：支持度、置信度、提升度和频繁项集。

1. 支持度

支持度是指某个商品组合出现的次数与总交易次数之间的比例。例如：

- 在5次购买记录中，有4次购买了牛奶，则牛奶的支持度为4/5=0.8。

- 在5次购买记录中，有3次购买了牛奶和面包，则牛奶+面包的支持度为3/5=0.6。

2. 置信度

置信度衡量的是在购买了商品A的情况下，消费者购买商品B的概率。例如：

- 如果有4次购买牛奶，其中两次也购买了啤酒，则牛奶→啤酒的置信度为2/4=0.5。
- 如果有3次购买啤酒，其中两次也购买了牛奶，则啤酒→牛奶的置信度为2/3=0.67。

3. 提升度

提升度用来衡量商品A的出现对商品B出现概率的提升程度。计算公式为：

提升度（A->B）=置信度（A->B）/支持度（B）

- 提升度>1，表示有提升。
- 提升度=1，表示无变化。
- 提升度<1，表示下降。

4. 频繁项集

项集可以是单个商品，也可以是商品组合。频繁项集是指支持度大于最小支持度（Min Support）的项集。

计算步骤如下：

01 从 K=1 开始，筛选频繁项集。

02 在结果中组合成 K+1 项集，再次筛选。

03 重复步骤 1 和步骤 2，直至找不到新的结果为止，K-1 项集的结果就是最终结果。

需要注意的是，Apriori算法需要多次扫描数据库，对于大数据量的情况，性能可能会受到影响。因此，许多人选择使用FP-Growth算法来提高性能，有兴趣的读者可以进一步研究。

一个经典的关联分析案例就是啤酒与尿布的捆绑销售。沃尔玛通过数据分析发现，在有婴儿的家庭中，通常是母亲在家照顾孩子，而父亲则去超市购买尿布。当父亲在购买尿布时，常常会顺便买几瓶啤酒来犒劳自己。因此，超市尝试将啤酒和尿布摆在一起进行促销，结果显著提升了两种商品的销量。

11.1.10　PageRank 算法

PageRank算法是Google搜索引擎早期用来对网页进行排序的核心算法之一。如果一篇论文被引用的次数越多，则说明它的影响力越大。同样，一个网页的入口越多、入链质量越高，网页的整体质量也就越高。

1. 原理

网页的影响力可以表示为：阻尼影响力+所有入链页面的加权影响力之和。

一个网页的影响力等于其所有入链页面的加权影响力之和。而一个网页对其他网页的影响力贡献为：自身影响力除以出链数量。用户上网并不总是通过跳转链接，有时也会直接输入网址访问，因此需要设定一个阻尼因子，以代表用户通过跳转链接浏览的概率。

2. 比喻说明

1）微博

一个人的微博粉丝数并不完全等同于他的实际影响力，还要考虑粉丝的质量。如果粉丝中有许多“僵尸粉”，那么影响力就会大打折扣；但如果有很多“大V”或“明星”关注，那么其影响力则会显著提升。

2）店铺经营

顾客较多的店铺通常质量较高，但也需要判断顾客是否为“托”。

3）兴趣

对感兴趣的人或事投入的时间较多，自然也会对相关的人、事、物投入一定的关注。因此，关注度越高，其影响力和受众也越大。

3. 阻尼因子

（1）通过邻居的影响力来评估自身影响力，但如果无法通过邻居访问你自己，并不意味着你没有影响力，因为用户可以直接访问你，这就是引入阻尼因子的原因。

（2）就像海洋不仅有河流流入，也有雨水流入，而降雨是随机的。

（3）引入阻尼系数是为了应对某些网站虽然有大量出链（入链），但影响力却非常大的情况。

- 出链例子：hao123导航网页，出链数量极多，但入链极少。
- 入链例子：百度、谷歌等搜索引擎，入链数量极多，但出链极少。

11.2　数据预处理方法

在Python数据挖掘过程中，整个工作流程可分为前期、中期、后期3个阶段。

- 前期：主要涉及需求沟通，明确挖掘需求目标并了解相关数据源的情况。
- 中期：集中于分析建模，通过有效的数据挖掘找到有价值的信息。
- 后期：侧重于应用落地，利用有效数据为业务服务，推动业务发展。

以上3个阶段构成了完整的数据挖掘流程。在实际操作中，可分为以下4个步骤：

01 数据导入：将所有潜在有价值的数据汇集，建立全面的数据资产以便进行挖掘。

02 数据预处理：在充分理解数据各字段及其含义的基础上，有效填充数据、删除无效数据，并对数据进行合理转换，以找到合适的变量用于建模。

03 模型训练：选择适当的算法，使用处理后的数据进行模型训练。

04 模型优化：对模型进行评估，不断优化，直至达到业务要求。

通过需求沟通和模型建立，其目的是在海量数据中提炼出有价值的信息，识别业务规律，从而为业务提供指导。

数据预处理是数据分析师在数据挖掘过程中最繁重且重要的环节。没有良好的数据特征，任何算法都难以提升模型的效果。因此，重视数据预处理至关重要，接下来将重点介绍数据预处理的相关环节。

在前期明确了数据分析需求和数据源情况后，可以开始数据预处理。一般来说，数据预处理包括以下6个步骤：

01 数据导入：如果数据存储在文件中，可以直接导入Python；若数据量较大，可以使用数据库存储，再通过Python提取。

02 数据描述：了解数据的基本情况，可以通过数据字典或Python进行统计描述，也可以通过人工抽样来深入了解数据。

03 数据清洗：主要包括删除重复信息、纠正错误信息和填补缺失信息，以确保数据的准确性和合理性，从而提升模型的有效性。

04 数据转换：对不同类型的数据进行转换，例如将文本特征转换为数字类型，以便于建模使用。

05 数据分割：根据实际业务需求和模型要求，合理拆分数据为训练集和测试集。

06 特征缩放：在建模时，特征数量过多或过少都不理想，需要结合数据特征和模型要求，优化特征的数量。

以上就是数据预处理的6个主要步骤。完成这些工作后，便可以开始建模。

11.2.1 数据导入

数据集的文件格式有很多种，常见的数据文件格式如CSV、XLSX和JSON，下面简单介绍不同格式数据集如何导入。

1. CSV格式数据集

CSV格式数据集的代码如下：

```
import pandas as pd
# 文件路径
path = '~/train.csv'
```

```
data = pd.read_csv(path)
print(data.head())
```

输出结果如下：

```
  PassengerId  Survived  Pclass  ...     Fare    Cabin  Embarked
0           1         0       3  ...   7.2500     NaN        S
1           2         1       1  ...   71.2833    C85        C
2           3         1       3  ...   7.9250     NaN        S
3           4         1       1  ...   53.1000    C123       S
4           5         0       3  ...   8.0500     NaN        S
```

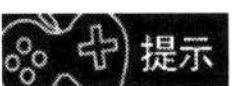

以上使用的数据集是泰坦尼克生还经典数据集，后续为了介绍预处理各步骤，会持续使用此数据集作为演示样本数据。

2. XLSX格式数据集

XLSX格式数据集的代码如下：

```
import pandas as pd

# 文件路径
path = '~/filename.xlsx'
data = pd.read_csv(path)
print(data.head())
```

3. JSON格式数据集

JSON格式在一般的业务数据分析过程中直接导入的比较少，一般公司都会有技术人员提前处理好数据。但在通过Python获取公开数据时，仍然会遇到JSON格式的数据，需要导入和解析，代码如下：

```
import json

# 读取JSON文件
with open('~/filename.json') as f:
data = json.load(f)
print(data)
print(data['age'])
```

以上代码对json加载print(data)输出，结果如下：

```
{'name':'Zhao','age':['15']}
```

如果进一步通过print(data['age'])输出，结果如下：

```
['15']
```

对于JSON导入（即加载），然后按照对应的字典结构逐层提取输出。

11.2.2 数据描述

本节持续使用泰坦尼克生还经典数据集来介绍如何对数据进行描述性的了解。

1. 读取数据，查看前5行

```
import pandas as pd

train_data = pd.read_csv('train.csv')
print(train_data.head())
```

输出结果如下：

```
  PassengerId  Survived  Pclass  ...     Fare   Cabin  Embarked
0           1         0       3  ...   7.2500    NaN        S
1           2         1       1  ...  71.2833   C85        C
2           3         1       3  ...   7.9250   NaN        S
3           4         1       1  ...  53.1000   C123        S
4           5         0       3  ...   8.0500   NaN        S
```

由此可见，列数量一旦较多，就无法完全了解所有列的数据。因此，需要查看所有列前5行，可以通过如下代码：

```
pd.set_option('display.max_columns', None)  # 显示所有列
```

加入显示所有列代码后输出前5行如下：

```
   PassengerId  Survived  Pclass  \
0            1         0       3
1            2         1       1
2            3         1       3
3            4         1       1
4            5         0       3

                                               Name     Sex   Age  SibSp  \
0                           Braund, Mr. Owen Harris    male  22.0      1
1 Cumings, Mrs. John Bradley (Florence Briggs Th...  female  38.0      1
2                            Heikkinen, Miss. Laina  female  26.0      0
3      Futrelle, Mrs. Jacques Heath (Lily May Peel)  female  35.0      1
4                          Allen, Mr. William Henry    male  35.0      0

   Parch            Ticket     Fare Cabin Embarked
0      0         A/5 21171   7.2500   NaN        S
1      0          PC 17599  71.2833   C85        C
2      0  STON/O2. 3101282   7.9250   NaN        S
```

```
3      0          113803  53.1000  C123       S
4      0          373450   8.0500   NaN       S
```

由此可见，所有列都输出了，可以看到有的列是数字、有的列是英文名字、有的列则是英文和数字组合的票号或者其他信息。

2. 了解数据类型

查看数据类型的代码如下：

```
import pandas as pd

train_data = pd.read_csv('train.csv')
print(train_data.dtypes)
```

输出结果如下：

```
PassengerId     int64
Survived        int64
Pclass          int64
Name           object
Sex            object
Age           float64
SibSp           int64
Parch           int64
Ticket         object
Fare          float64
Cabin          object
Embarked       object
dtype: object
```

由此可见，通过确认后数据有整型、浮点型、对象数据类型。

3. 基础统计分析

通过对数据进行一个简单的统计分析，可以对数据有一个整体的认知。

```
import pandas as pd

train_data = pd.read_csv('train.csv')
pd.set_option('display.max_columns', None)
print(train_data.describe())
```

输出结果如下：

```
       PassengerId    Survived      Pclass         Age       SibSp  \
count   891.000000  891.000000  891.000000  714.000000  891.000000
mean    446.000000    0.383838    2.308642   29.699118    0.523008
```

```
std     257.353842   0.486592   0.836071   14.526497    1.102743
min       1.000000   0.000000   1.000000    0.420000    0.000000
25%     223.500000   0.000000   2.000000   20.125000    0.000000
50%     446.000000   0.000000   3.000000   28.000000    0.000000
75%     668.500000   1.000000   3.000000   38.000000    1.000000
max     891.000000   1.000000   3.000000   80.000000    8.000000

            Parch        Fare
count  891.000000  891.000000
mean     0.381594   32.204208
std      0.806057   49.693429
min      0.000000    0.000000
25%      0.000000    7.910400
50%      0.000000   14.454200
75%      0.000000   31.000000
max      6.000000  512.329200
```

由此可见，基础统计分析只对整型和浮点型数据进行了统计，对象数据类型列并没有输出。输出的结果有如下几个指标，分别是：

- count：数据量。
- mean：平均值。
- std：标准差。
- min：最小值。
- 25%：25分位数。
- 50%：50分位数。
- 75%：75分位数。
- max：最大值。

通过以上指标可以对数据类字段有一个初步的了解。

4. 了解行列数和名称

除了基础数据，也需要了解行列数和行列名称并将其存储，以便后续处理和挖掘时用到。

```
import pandas as pd

train_data = pd.read_csv('train.csv')
row_num,col_num = train_data.shape
print(row_num,col_num)        # 行列数

col_names = train_data.columns.tolist()
print(col_names)              # 列名称列表
```

输出结果如下：

```
891 12
['PassengerId', 'Survived', 'Pclass', 'Name', 'Sex', 'Age', 'SibSp', 'Parch',
'Ticket', 'Fare', 'Cabin', 'Embarked']
```

11.2.3　数据清洗

数据清洗主要包括对缺失值的处理、格式清理，以及对重复值或异常值的处理。此外，列与列之间的相关性也需要检查和了解。

1. 缺失值的处理

很多数据在获取时并不完整，往往存在一些缺失值（NaN）。如果使用含有缺失数据的样本进行建模，效果必然不理想，甚至可能导致错误。因此，当数据集中存在缺失值时，需要在数据预处理阶段进行清洗。

处理缺失值时，可以参考以下步骤。

01 确定缺失范围，代码如下：

```
import pandas as pd

train_data = pd.read_csv('train.csv')

missing_data=train_data.isnull().sum().sort_values(ascending = False)
print(missing_data)
```

输出结果如下：

```
Cabin          687
Age            177
Embarked         2
PassengerId      0
Survived         0
Pclass           0
Name             0
Sex              0
SibSp            0
Parch            0
Ticket           0
Fare             0
dtype: int64
```

由此可见，不同的字段缺失比例是不同的。在实际分析中，要按照缺失比例和字段重要性，制定不同的特征筛选策略。

- 重要性高，缺失率高的特征：找替代特征或者通过其他字段计算补全。
- 重要性高，缺失率低的特征：通过计算或者经验进行有效填充。
- 重要性低，缺失率低的特征：不做处理，或者先简单填充。
- 重要性低，缺失率高的特征：一般做删除处理。

以上基于特征的重要性和缺失性，探讨了在特征填充和补全时需要考虑的因素。但是，在实际解决问题的过程中，还需要结合实际业务进行综合判断。

02 填充缺失值。

在确定哪些特征保留、删除或填充时，关键在于如何选择填充方式以最大化其价值。通常情况下，一般可以通过均值、中位数、众数进行填充，代码如下：

```
data = data.fillna(data.mean())      # 均值填充
data = data.fillna(data.median())    # 中位数填充
data = data.fillna(data.mode())      # 众数填充
```

此外，还可以通过其他变量计算得到缺失值，或者通过缺失变量和完整变量结合计算新的变量（较为复杂），又或者通过业务经验进行推测来对缺失值进行填充。

2. 格式内容的处理

无论是从外部获取的人工统计数据，还是系统日志中的数据，都可能存在当前格式与建模分析所需格式不一致的情况。因此，必须对数据进行格式内容清洗，以便后续使用。

常见的格式问题包括：

- 基本格式问题：如时间、日期和数值等格式需要保持一致。
- 非法字符问题：如身份证号码必须为数字和字母组合，中文姓名中不能出现英文字符或者非法空格等。
- 字段内容不符问题：如手机号字段中出现身份证信息，显然存在问题，需要进行排查和纠正。

尽管这些格式问题看似微小，但却会直接影响后续数据的使用。格式问题往往细小且难以发现，因此需要尽量进行排查和清洗，为未来的建模奠定良好基础。

3. 逻辑错误的处理

逻辑错误指的是通过简单的逻辑推理可以明显发现的数据问题，这些问题可能会对整体数据产生不必要的影响。

常见的逻辑错误包括：

- 重复数据去重：对于明显重复的数据需要直接去重。对于因空格或个别字符不同而未完全重复的数据，则需进行对比核查，确认后再去重。

- 异常值剔除：明显数值过大或超出正常认知范围的数据需要删除或视为缺失值处理。
- 修正矛盾内容：对于明显存在矛盾的数据，可以借助相关字段进行纠正。例如，若人工统计的年龄明显异常，可以通过身份证号码提取年龄并进行对比和修正。

在实际业务中，人工录入的信息常常与实际情况存在矛盾或异常，这些数据需要通过去重、剔除和修正来优化，以提高数据质量，对后续建模结果的提升大有帮助。

4. 相关性核验

在数据清洗的过程中，除了对缺失、异常、逻辑矛盾的数据进行处理之外，还可以对变量进行相关性核查，了解变量之间的关系，对于相关性较高的变量，后续就可以避免重复用在建模当中。

相关性核验代码如下：

```
data.corr()
```

样例数据变量之间的相关性代码如下：

```
import pandas as pd

train_data = pd.read_csv('train.csv')
print(train_data.corr())
```

输出结果如下：

```
             PassengerId  Survived    Pclass  ...     SibSp     Parch      Fare
PassengerId     1.000000 -0.005007 -0.035144  ... -0.057527 -0.001652  0.012658
Survived       -0.005007  1.000000 -0.338481  ... -0.035322  0.081629  0.257307
Pclass         -0.035144 -0.338481  1.000000  ...  0.083081  0.018443 -0.549500
Age             0.036847 -0.077221 -0.369226  ... -0.308247 -0.189119  0.096067
SibSp          -0.057527 -0.035322  0.083081  ...  1.000000  0.414838  0.159651
Parch          -0.001652  0.081629  0.018443  ...  0.414838  1.000000  0.216225
Fare            0.012658  0.257307 -0.549500  ...  0.159651  0.216225  1.000000

[7 rows x 7 columns]
```

以上输出就是变量之间的相关性矩阵，可以明显看到所有变量与其他不同变量之间的相关性结果。

11.2.4 数据转换

在数据清洗之后，如果要将数据用于建模，一般变量都需要是数字类型。但是很多业务中的数据免不了存在类别数据。因此，就需要将类别数据转换为数字，才能入模进行训练。

这里继续使用训练集数据作为案例数据，先看一下前5行数据中的哪些变量是样例数据：

```
import pandas as pd

train_data = pd.read_csv('train.csv')
pd.set_option('display.max_columns', None)
print(train_data.head())
```

输出结果如下：

```
   PassengerId  Survived  Pclass  \
0            1         0       3
1            2         1       1
2            3         1       3
3            4         1       1
4            5         0       3

                                                Name     Sex   Age  SibSp  \
0                            Braund, Mr. Owen Harris    male  22.0      1
1  Cumings, Mrs. John Bradley (Florence Briggs Th...  female  38.0      1
2                             Heikkinen, Miss. Laina  female  26.0      0
3       Futrelle, Mrs. Jacques Heath (Lily May Peel)  female  35.0      1
4                           Allen, Mr. William Henry    male  35.0      0

   Parch            Ticket     Fare Cabin Embarked
0      0         A/5 21171   7.2500   NaN        S
1      0          PC 17599  71.2833   C85        C
2      0  STON/O2. 3101282   7.9250   NaN        S
3      0            113803  53.1000  C123        S
4      0            373450   8.0500   NaN        S
```

由此可见，Name、Sex、Ticket、Cabin、Embarked都是类别数据，需要进行处理和转换。下面通过Pandas库中的get_dummies方法来进行处理和转换：

```
import pandas as pd

train_data = pd.read_csv('train.csv')
train_data_new = pd.get_dummies(data=train_data[['Sex','Embarked']])
print(train_data_new.head())
```

输出结果如下：

```
   Sex_female  Sex_male  Embarked_C  Embarked_Q  Embarked_S
0           0         1           0           0           1
1           1         0           1           0           0
2           1         0           0           0           1
3           1         0           0           0           1
4           0         1           0           0           1
```

由此可见，Sex变量转换后变成了两个新的变量，Embarked转换为3个新的变量，所有新变量都是只有0和1两个值，方便入模进行训练。

如果类型变量的值较多，得到的新变量（虚拟变量）就会比较多。这会导致新的变量信息密度较低，对建模的帮助较低。因此，这种方式主要适用于类别较少的情况，务必根据实际情况谨慎使用。

11.2.5　数据分割

在模型训练之前，必须对数据进行分割，一般需要将数据集分割成训练数据集和测试数据集，使用训练数据集训练模型，然后通过测试数据集来测试模型。

```
from sklearn.model_selection import train_test_split

X_train, X_test, Y_train, Y_test = train_test_split(X, Y, test_size=0.2,
random_state=0)
```

以上通过Sklearn库中的train_test_split函数将数据分割为X训练、Y训练、X测试、Y测试数据，共4部分，分割比例为0.2，表示80%的数据被分为训练数据，20%的数据被分为测试数据。

11.2.6　特征缩放

在数据预处理中，特征缩放是一个非常重要的环节。不同变量之间的衡量标准往往不同，例如，一个人的成绩可以用日常成绩、期末考试成绩，或两者综合评估。如果要进行综合评估，但日常总分和期末考试总分的尺度不同，就很难进行有效比较。因此，需要对这两种变量数据进行特征缩放，以便更好地进行评估。

当特征较多且数据差异较大时，为了有效训练特征，通常需要进行中心化处理和标准化处理。经过这些处理后，所有特征变量将处于同一个数量级，从而可以更有效地进行模型训练。

常见的特征缩放方法有4种：

- 均值标准化。
- 比例调节。
- 均值归一化。
- 缩放到单位向量。

以上方法均可通过Sklearn库的函数实现，具体内容将在下一节中详细介绍。

11.3　Scikit-learn介绍

在Python数据挖掘中，机器学习算法经常被广泛应用，这些算法可以通过Scikit-learn库直接调用，支持常规的监督学习和无监督学习。同时，该库还包含模型选择与评估、数据加载和处理等功能，最终实现数据分类、聚类、预测等常见任务。

本节将简单介绍Scikit-learn的基础用法，基本上可以满足日常的数据分析和建模需求。如果涉及更复杂的算法，建议深入研究相关内容。

下面我们通过具体示例来演示基本的使用方法，选用最常见的泰坦尼克生还经典数据集作为案例。

1. 数据加载

首先进行数据加载，代码如下：

```
import pandas as pd

train = pd.read_csv('train.csv')
test  = pd.read_csv('test.csv')

pd.set_option('display.max_columns', None)   # 显示所有列
print(train.head(5))
```

输出结果如下：

```
   PassengerId  Survived  Pclass  \
0            1         0       3
1            2         1       1
2            3         1       3
3            4         1       1
4            5         0       3

                                                Name     Sex   Age  SibSp  \
0                            Braund, Mr. Owen Harris    male  22.0      1
1  Cumings, Mrs. John Bradley (Florence Briggs Th...  female  38.0      1
2                             Heikkinen, Miss. Laina  female  26.0      0
3       Futrelle, Mrs. Jacques Heath (Lily May Peel)  female  35.0      1
4                           Allen, Mr. William Henry    male  35.0      0

   Parch            Ticket     Fare Cabin Embarked
0      0         A/5 21171   7.2500   NaN        S
1      0          PC 17599  71.2833   C85        C
2      0  STON/O2. 3101282   7.9250   NaN        S
3      0            113803  53.1000  C123        S
```

```
4       0    .     373450   8.0500   NaN         S
```

2. 缺失值处理

基于前面学习过的数据处理方法，缺失值的处理非常关键。首先，查看训练集和测试集的缺失值数量，代码如下：

```
import pandas as pd

train = pd.read_csv('train.csv')
test  = pd.read_csv('test.csv')
print(train.isnull().sum())
print(test.isnull().sum())
```

输出结果如下：

```
PassengerId      0
Survived         0
Pclass           0
Name             0
Sex              0
Age            177
SibSp            0
Parch            0
Ticket           0
Fare             0
Cabin          687
Embarked         2
dtype: int64
PassengerId      0
Pclass           0
Name             0
Sex              0
Age             86
SibSp            0
Parch            0
Ticket           0
Fare             1
Cabin          327
Embarked         0
dtype: int64
```

由此可见，训练集和测试集在Age和Cabin都有不同比例的缺失值。训练集的Embarked中有两个缺失值，测试集的Fare中有一个缺失值。

对于缺失值，有多种填充方式，这里采用一种较简单且常用的填充方式——使用中间值进行填充，代码如下：

```
middle_value = train['Age'].median()
train['Age'] = train['Age'].fillna(middle_value)
test['Age'] = test['Age'].fillna(middle_value)
```

3. 特征编码

由于性别（Sex）可能是生存预测的关键特征，且性别列不是数值类型，因此需要对该列进行编码，以便更好地用于建模预测：

```
train['is_female'] = (train['Sex']=='female').astype(int)
test['is_female'] = (test['Sex']=='female').astype(int)
```

由于此示例重点是了解Scikit-learn的使用过程，因此我们暂时不对所有特征变量进行清洗和转换处理。这里只选择几个可用的特征变量来实现建模预测。我们选择Pclass、is_female、Age这3个变量作为建模预测的特征变量，代码如下：

```
df_pred = ['Pclass','is_female','Age']
X_train = train[df_pred].values
X_test = test[df_pred].values
y_train = train['Survived'].values
print(X_train.head(5))
print(y_train[:5])
```

输出结果如下：

```
[[ 3.  0. 22.]
 [ 1.  1. 38.]
 [ 3.  1. 26.]
 [ 1.  1. 35.]
 [ 3.  0. 35.]]
 [0 1 1 1 0]
```

训练样本变量和Y标签已经确认，接下来通过使用Scikit-learn的逻辑回归模型（LogisticRegression）进行建模，代码如下：

```
from sklearn.linear_model import LogisticRegression
model = LogisticRegression()
```

由此可见，从Sklearn的线性模型中导入逻辑回归模型用于建模训练，然后通过模型对测试样本进行预测，代码如下：

```
model.fit(X_train, y_train)
y_pred = model.predict(X_test)
print(y_pred[0:10])
```

输出结果如下：

```
array([0,0,0,0,1,0,1,0,1,0])
```

通过将预测结果和实际结果对比，可以看到正确率和准确率。

实际建模过程要复杂得多，涉及模型调参、模型叠加等情况，以进一步提升模型效果。

对于数据挖掘岗位的读者来说，需要深入学习这些内容。这里的重点仍然是介绍数据分析全链路学习框架中必须掌握的核心知识点。

11.4 模型评估

在机器学习领域，用于评估模型性能的指标有很多，具体使用哪些指标取决于问题的性质（分类、回归等）以及数据的特点。以下介绍一些常见的模型评估指标。

1. 分类模型评估指标

分类模型评估指标包括：

（1）准确率（Accuracy）：模型预测正确的样本数占总样本数的比例。

（2）精确率（Precision）：预测为正例的样本中，实际为正例的比例。

（3）召回率（Recall）：实际为正例的样本中，被模型预测为正例的比例。

（4）F1分数（F1 Score）：精确率和召回率的调和平均数，综合考虑了两者。

（5）ROC曲线（Receiver Operating Characteristic Curve）和AUC（Area Under the Curve）：评估二元分类器的性能。

（6）混淆矩阵（Confusion Matrix）：展示模型预测结果的正误情况。

2. 回归模型评估指标

回归模型评估指标包括：

（1）均方误差（Mean Squared Error，MSE）：预测值与真实值之间差值的平方和的均值。

（2）均方根误差（Root Mean Squared Error，RMSE）：MSE的平方根，更容易解释。

（3）平均绝对误差（Mean Absolute Error，MAE）：预测值与真实值之间差值的绝对值的均值。

（4）R^2 分数（Coefficient of Determination）：反映模型拟合数据的好坏程度。

3. 聚类模型评估指标

聚类模型评估指标包括：

（1）轮廓系数（Silhouette Score）：衡量聚类结果的紧密度和分离度。

（2）Calinski-Harabasz指数：基于组内距离和组间距离的比值来评估聚类效果。

这里是一些常见的模型评估指标，选择合适的指标取决于具体的问题和数据特征。在实际应用中，通常会根据具体情况综合考虑多个指标来评估模型的性能。

实践代码如下：

```
import pandas as pd
from sklearn.model_selection import train_test_split
from sklearn.ensemble import RandomForestClassifier
from sklearn.metrics import accuracy_score, precision_score, recall_score, f1_score, confusion_matrix

# 读取泰坦尼克号数据集
titanic_data = pd.read_csv('train.csv')

# 数据预处理
titanic_data['Age'].fillna(titanic_data['Age'].mean(), inplace=True)
titanic_data['Embarked'].fillna(titanic_data['Embarked'].mode()[0], inplace=True)
titanic_data = pd.get_dummies(titanic_data, columns=['Sex', 'Embarked'], drop_first=True)

# 选择特征和目标变量
X = titanic_data.drop(['PassengerId', 'Survived', 'Name', 'Ticket', 'Cabin'], axis=1)
y = titanic_data['Survived']

# 分割训练集和测试集
X_train, X_test, y_train, y_test = train_test_split(X, y, test_size=0.2, random_state=42)

# 建立随机森林分类器模型
model = RandomForestClassifier(n_estimators=100, random_state=42)
model.fit(X_train, y_train)

# 在测试集上进行预测
y_pred = model.predict(X_test)

# 评估模型性能
accuracy = accuracy_score(y_test, y_pred)
precision = precision_score(y_test, y_pred)
recall = recall_score(y_test, y_pred)
f1 = f1_score(y_test, y_pred)
conf_matrix = confusion_matrix(y_test, y_pred)

print("准确率：", accuracy)
```

```
print("精确率：", precision)
print("召回率：", recall)
print("F1分数：", f1)
print("混淆矩阵：")
print(conf_matrix)

import matplotlib.pyplot as plt
import seaborn as sns

# 创建混淆矩阵的热力图
plt.figure(figsize=(8, 6))
sns.heatmap(conf_matrix, annot=True, fmt='d', cmap='Blues')
plt.xlabel('Predicted labels')
plt.ylabel('True labels')
plt.title('Confusion Matrix')
plt.show()

# 创建精确率和召回率的条形图
plt.figure(figsize=(10, 4))
plt.subplot(1, 2, 1)
sns.barplot(x=['Precision', 'Recall'], y=[precision, recall])
plt.title('Precision and Recall')

# 创建准确率和F1分数的条形图
plt.subplot(1, 2, 2)
sns.barplot(x=['Accuracy', 'F1 Score'], y=[accuracy, f1])
plt.title('Accuracy and F1 Score')
plt.show()
```

输出结果如下：

```
准确率： 0.8044692737430168
精确率： 0.782608695652174
召回率： 0.7297297297297297
F1分数： 0.7552447552447553
混淆矩阵：
[[90 15]
 [20 54]]
```

通常将1视为正样本，将0视为负样本。这是一种常见的约定，信贷中违约的客户为正样本，定义为1；正常客户为负样本，定义为0。

混淆矩阵如图11-1所示。

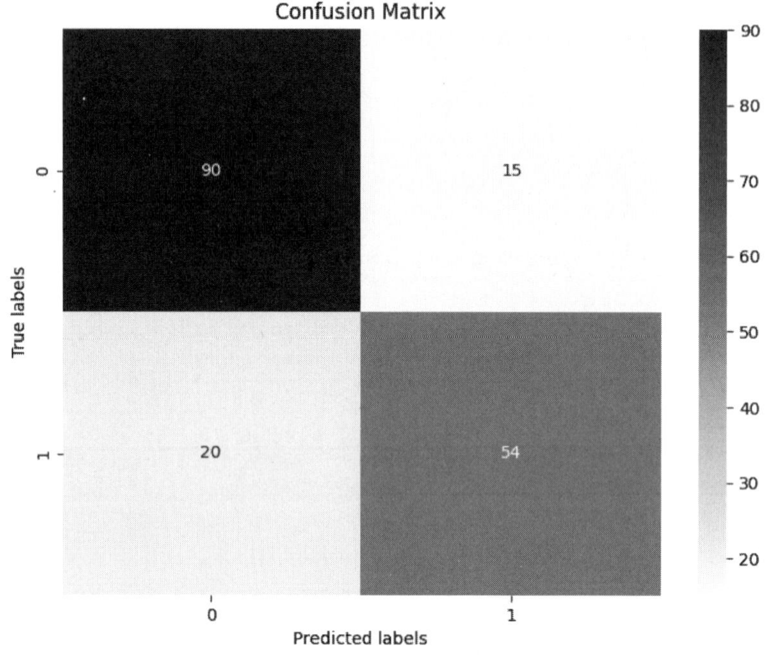

图 11-1　混淆矩阵

准确性评估指标如图11-2所示。

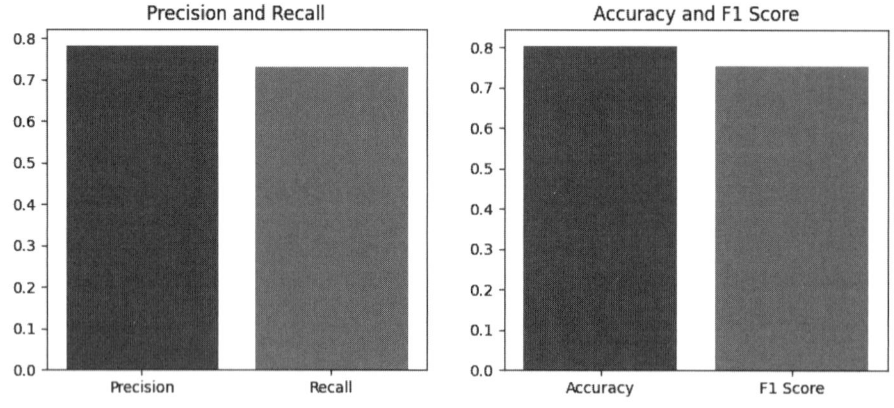

图 11-2　准确性评估指标

11.5　案例分享

通过利用Kaggle中案例Give me some Credit数据进行数据建模，并了解数据建模整个流程。

11.5.1　数据导入

先读取数据以了解数据情况：

```
import pandas as pd

train=pd.read_csv('cs-training.csv')
pd.set_option('display.max_columns', None)
print(train.shape)
print(train.head())
```

输出结果如下：

```
(150000, 12)
   Unnamed: 0  SeriousDlqin2yrs  RevolvingUtilizationOfUnsecuredLines  age  \
0           1                 1                              0.766127   45
1           2                 0                              0.957151   40
2           3                 0                              0.658180   38
3           4                 0                              0.233810   30
4           5                 0                              0.907239   49

   NumberOfTime30-59DaysPastDueNotWorse  DebtRatio  MonthlyIncome  \
0                                     2   0.802982         9120.0
1                                     0   0.121876         2600.0
2                                     1   0.085113         3042.0
3                                     0   0.036050         3300.0
4                                     1   0.024926        63588.0

   NumberOfOpenCreditLinesAndLoans  NumberOfTimes90DaysLate  \
0                               13                        0
1                                4                        0
2                                2                        1
3                                5                        0
4                                7                        0

   NumberRealEstateLoansOrLines  NumberOfTime60-89DaysPastDueNotWorse  \
0                             6                                     0
1                             0                                     0
2                             0                                     0
3                             0                                     0
4                             1                                     0

   NumberOfDependents
0                 2.0
1                 1.0
```

```
2            0.0
3            0.0
4            0.0
```

由此可见，训练集数据量有15万、12列，其中一列是未命名的序号列，可以忽略。

```
train = train.drop(train.columns[0], axis=1)
```

表11-2所示为变量及其含义。

表 11-2 变量及含义

序　号	变量名称	变量含义	变量示例
1	SeriousDlqin2yrs	两年内严重逾期还款（逾期 90 天或逾期更久的人）	0 和 1
2	RevolvingUtilizationOfUnsecuredLines	无担保信用余额比例（信用卡和个人信贷额度的总余额除以信用额度之和，不包括房地产和汽车贷款等分期付款债务）	0.766127
3	age	借款人年龄（年）	45
4	NumberOfTime30-59DaysPastDueNotWorse	借款人逾期 30~59 天未恶化的次数，但在过去两年中没有逾期超过 60 天	2
5	DebtRatio	债务比率	0.802982
6	MonthlyIncome	月收入	9120
7	NumberOfOpenCreditLinesAndLoans	开放信贷和贷款数量	13
8	NumberOfTimes90DaysLate	逾期 90 天以上的次数	0
9	NumberRealEstateLoansOrLines	不动产贷款或信用额度的数量	6
10	NumberOfTime60-89DaysPastDueNotWorse	逾期 60~89 天未恶化的次数	0
11	NumberOfDependents	受抚养人数	0、1、2…

11.5.2 数据现状分析维度

了解数据现状，一般包括如下几点：

- 数值类型
- 删除列
- 缺失比例
- 异常值情况
- 值分布现状
- 可视化展示

11.5.3　缺失值情况

在数据分析过程中，重点关注数据的缺失情况。通过检查数据缺失情况，可以全面了解数据的质量，明确哪些字段是完整的，哪些字段存在缺失。对于缺失比较低的字段，需要考虑通过合理的方式还原或者填充，尽可能保留原始字段数据，从而提高数据质量。对于缺失比例比较高的字段，则需要根据实际业务需求来判断是否做删除处理，代码如下：

```
print(train.isnull().sum())
print(train.isnull().mean())
```

输出结果如下：

```
SeriousDlqin2yrs                          0
RevolvingUtilizationOfUnsecuredLines          0
age                                     0
NumberOfTime30-59DaysPastDueNotWorse          0
DebtRatio                                 0
MonthlyIncome                         29731
NumberOfOpenCreditLinesAndLoans              0
NumberOfTimes90DaysLate                    0
NumberRealEstateLoansOrLines                 0
NumberOfTime60-89DaysPastDueNotWorse          0
NumberOfDependents                       3924
dtype: int64
SeriousDlqin2yrs                       0.000000
RevolvingUtilizationOfUnsecuredLines    0.000000
age                                  0.000000
NumberOfTime30-59DaysPastDueNotWorse    0.000000
DebtRatio                              0.000000
MonthlyIncome                          0.198207
NumberOfOpenCreditLinesAndLoans         0.000000
NumberOfTimes90DaysLate                 0.000000
NumberRealEstateLoansOrLines            0.000000
NumberOfTime60-89DaysPastDueNotWorse    0.000000
NumberOfDependents                     0.026160
dtype: float64
```

由此可见，只有月收入（MonthlyIncome）列和家庭人数（NumberOfDependents）列有缺失值，且缺失比例分别为19.8%和2.6%，由于缺失比例不算高，可以通过平均值进行填充。

11.5.4　异常值情况

查看每个字段的分布情况，判断是否有明显的异常值。在某些字段中，例如年龄特征，如果原始数据中的年龄超过100，显然是异常值，需要进行异常值处理。

- 比值类变量：只能在0~1取值：
    - RevolvingUtilizationOfUnsecuredLines
    - DebtRatio
- 离散数值：
    - Age（年龄）：基于申贷场景，年龄应在18~65岁
    - MonthlyIncome（收入）：不能异常的高
- 次数类变量（参考表11-2中含义的说明）：
    - NumberOfTime30-59DaysPastDueNotWorse
    - NumberOfTimes90DaysLate
    - NumberOfTime60-89DaysPastDueNotWorse
    - NumberRealEstateLoansOrLines
    - NumberOfOpenCreditLinesAndLoans
    - NumberOfDependents

1. 比值类变量

1）RevolvingUtilizationOfUnsecuredLines

由于比值类变量的取值只能为0~1，因此可以查看具体有多少异常值，代码如下：

```
train=train[(train['RevolvingUtilizationOfUnsecuredLines']<0) | 
(train['RevolvingUtilizationOfUnsecuredLines']>1)]
print(train.shape)
```

输出结果如下：

```
(3321, 11)
```

2）DebtRatio

债务比率也属于比值类变量，取值只能为0~1。可以查看具体有多少异常值，代码如下：

```
train=train[(train['DebtRatio']<0) | (train['DebtRatio']>1)]
print(train.shape)
```

输出结果如下：

```
(35137, 11)
```

由此可见，RevolvingUtilizationOfUnsecuredLines中有3321个异常值，DebtRatio中有35137个异常值。

2. 年龄

年龄是一个常见的变量，对于年龄特别大的值需要重点查看。如果年龄超过100岁，则显

然是异常值。代码如下：

```
print(train.groupby(['age'])['SeriousDlqin2yrs'].count())
```

输出结果如下：

```
age
0        1
21     183
22     434
23     641
24     816
      ...
102      3
103      3
105      1
107      1
109      2
```

由此可见，还是存在小于18岁和大于65岁的情况，可以查看一下有多少异常值，代码如下：

```
train=train[(train['age']<18) | (train['age']>65)]
print(train.shape)
```

输出结果如下：

```
(28600, 11)
```

由此可见，有2.8万多的异常值。

在Pandas中，取过滤条件交集需要使用位运算符（&、|、~）。

3. 对于单列数字查看离散情况，绘制箱线图查找异常值

1）NumberOfTime30-59DaysPastDueNotWorse

借款人逾期30~59天未恶化的次数，该变量存储的是整数值，重点查看是否有明显偏离常识的值。如果发现值特别偏离，可能为异常值，需要进行预处理，代码如下：

```
import matplotlib.pyplot as plt
plt.figure
# 绘制箱线图
plt.boxplot(train['NumberOfTime30-59DaysPastDueNotWorse'])
plt.xticks([1], ['NumberOfTime30-59DaysPastDueNotWorse'])
plt.show()
```

输出结果如图11-3所示。

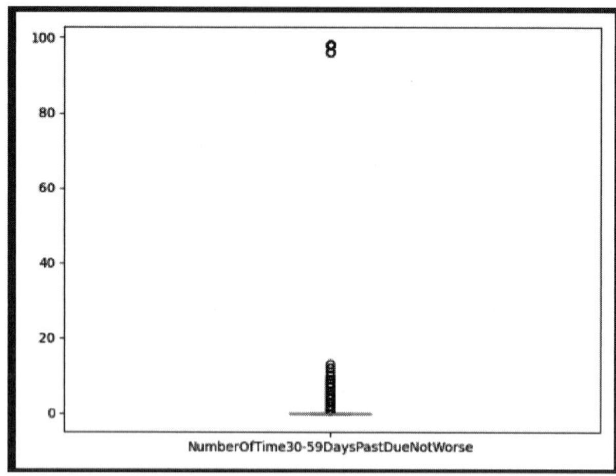

图 11-3　NumberOfTime30-59DaysPastDueNotWorse 变量数据分布

2）NumberOfTimes90DaysLate

逾期90天的次数也是一个整数值，同样查看是否有特别偏离常识的值。如果发现异常值，需要进行预处理。代码如下：

```
import matplotlib.pyplot as plt
plt.figure
# 绘制箱线图
plt.boxplot(train['NumberOfTimes90DaysLate'])
plt.xticks([1], ['NumberOfTimes90DaysLate'])
plt.show()
```

输出结果如图11-4所示。

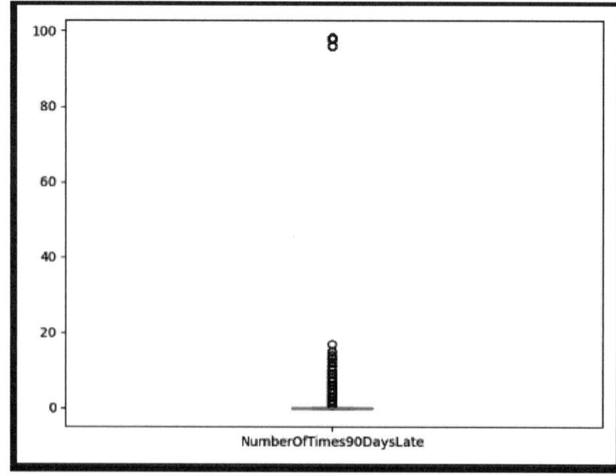

图 11-4　NumberOfTimes90DaysLate 变量数据分布

3）NumberOfTime60-89DaysPastDueNotWorse

逾期60~89天未恶化的次数，该变量存储的是整数值，同样查看是否有明显偏离常识的值。如果发现异常值，需要进行预处理。代码如下：

```
import matplotlib.pyplot as plt
plt.figure
# 绘制箱线图
plt.boxplot(train['NumberOfTime60-89DaysPastDueNotWorse'])
plt.xticks([1], ['NumberOfTime60-89DaysPastDueNotWorse'])
plt.show()
```

输出结果如图11-5所示。

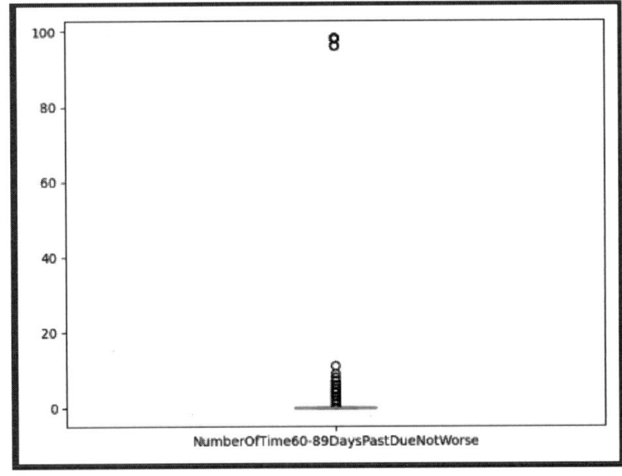

图 11-5　NumberOfTime60-89DaysPastDueNotWorse 变量数据分布

4）NumberRealEstateLoansOrLines

不动产贷款或信用额度的数量，该变量存储的也是整数值。同样查看是否有特别偏离常识的值，如果发现异常值，需要进行预处理。代码如下：

```
import matplotlib.pyplot as plt
plt.figure
# 绘制箱线图
plt.boxplot(train['NumberRealEstateLoansOrLines'])
plt.xticks([1], ['NumberRealEstateLoansOrLines'])
plt.show()
```

输出结果如图11-6所示。

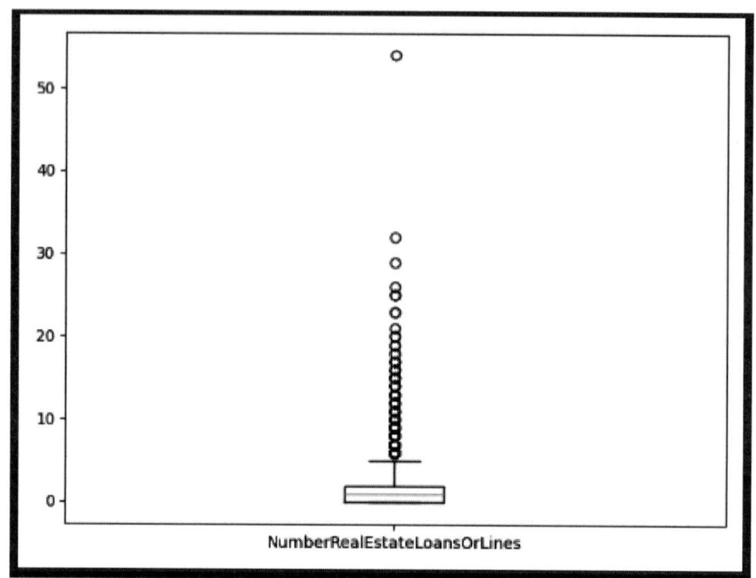

图 11-6　NumberRealEstateLoansOrLines 变量数据分布

由此可见，NumberOfTime30-59DaysPastDueNotWorse、NumberOfTime60-89DaysPastDueNotWorse、NumberOfTimes90DaysLate这3个变量取值都在20以下，其他都在80以上。可以认为这些是异常值。检查这些异常值的比例，代码如下：

```
print(train[train['NumberOfTime30-59DaysPastDueNotWorse']>20].shape)
print(train[train['NumberOfTime60-89DaysPastDueNotWorse']>20].shape)
print(train[train['NumberOfTimes90DaysLate']>20].shape)
print(train[train['NumberRealEstateLoansOrLines']>40].shape)
```

输出结果如下：

```
(269, 11)
(269, 11)
(269, 11)
(1, 11)
```

由输出结果可见，异常值数量非常少，可以忽略不计，直接删除即可。

5）NumberOfOpenCreditLinesAndLoans

信贷和贷款数量，该变量存储的也是整数值，同样查看是否有特别偏离常识的值。如果发现异常值，需要进行预处理，代码如下：

```
print(train.groupby('NumberOfOpenCreditLinesAndLoans')['NumberOfOpenCreditLinesAndLoans'].count())
```

输出结果如下：

```
0      1888
1      4438
2      6666
3      9058
...
56        2
57        2
58        1
Name: NumberOfOpenCreditLinesAndLoans, dtype: int64
```

由此可见，没有明显的异常值，所有值都在0~58的范围内，表示次数。

6）NumberOfDependents

受抚养人数，该变量存储的也是整数值，同样查看是否有特别偏离常识的值，如果发现异常值，需要进行预处理，代码如下：

```
print(train.groupby('NumberOfDependents')['NumberOfDependents'].count())
```

输出结果如下：

```
NumberOfDependents
0.0     86902
1.0     26316
2.0     19522
3.0      9483
4.0      2862
5.0       746
6.0       158
7.0        51
8.0        24
9.0         5
10.0        5
13.0        1
20.0        1
Name: NumberOfDependents, dtype: int64
```

由此可见，整体符合正常值，需要删除的大于10的数也很少。

7）MonthlyIncome

月收入有高有低，特别高或特别低的收入需要重点关注。代码如下：

```
print(train.groupby('MonthlyIncome')['MonthlyIncome'].count())
```

输出结果如下：

```
MonthlyIncome
0.0          1634
```

```
1.0         605
2.0           6
4.0           2
5.0           2
...
835040.0      1
1072500.0     1
1560100.0     1
1794060.0     1
3008750.0     1
Name: MonthlyIncome, Length: 13594, dtype: int64
```

由此可见，收入大于100万元的数量有少量，可以作为异常值剔除。

11.5.5 数据预处理

基于以上数据现状了解，可以批量对存在缺失值和异常值的变量进行处理。

1. 缺失值处理

对于月收入的缺失值，可以通过平均收入来填充；对于受抚养人数的缺失值，可以通过受抚养平均人数进行填充。这样处理有助于更好地还原数据，提高数据的可用性，相关代码如下：

```
import pandas as pd


train=pd.read_csv('cs-training.csv')
train = train.drop(train.columns[0], axis=1)

# 缺失值处理：MonthlyIncome、NumberOfDependents
train['MonthlyIncome']=train['MonthlyIncome'].fillna(train['MonthlyIncome'].
mean())
train['NumberOfDependents']=train['NumberOfDependents'].fillna(train['Number
OfDependents'].mean())
print(train.isnull().sum())
print(train.shape)
```

输出结果如下：

```
SeriousDlqin2yrs                         0
RevolvingUtilizationOfUnsecuredLines     0
age                                      0
NumberOfTime30-59DaysPastDueNotWorse     0
DebtRatio                                0
```

```
MonthlyIncome                              0
NumberOfOpenCreditLinesAndLoans            0
NumberOfTimes90DaysLate                    0
NumberRealEstateLoansOrLines               0
NumberOfTime60-89DaysPastDueNotWorse       0
NumberOfDependents                         0
dtype: int64
(150000, 11)
```

2. 异常值处理

根据数据现状中发现的异常值范围，结合其数量进行评估。如果异常值的数量较少，可以通过删除来处理，相关代码如下：

```
train=train[(train['RevolvingUtilizationOfUnsecuredLines']>0) &
(train['RevolvingUtilizationOfUnsecuredLines']<1)]
print(train.shape)
train=train[(train['DebtRatio']>0) & (train['DebtRatio']<1)]
print(train.shape)
train=train[(train['age']>18) & (train['age']<65)]
print(train.shape)
train=train[train['NumberOfTime30-59DaysPastDueNotWorse']<20]
print(train.shape)
train=train[train['NumberOfTime60-89DaysPastDueNotWorse']<20]
print(train.shape)
train=train[train['NumberOfTimes90DaysLate']<20]
print(train.shape)
train=train[train['NumberRealEstateLoansOrLines']<40]
print(train.shape)
train=train[train['MonthlyIncome']<1000000]
print(train.shape)
```

输出结果如下：

```
(135784, 11)
(101583, 11)
(82413, 11)
(82386, 11)
(82386, 11)
(82386, 11)
(82386, 11)
(82383, 11)
```

至此，数据全部处理完毕。

11.5.6 探索性分析

数据处理完毕后，需要了解特征的具体分布以及正负样本的情况，因此要进行探索性分析。

1. 好坏样本分布

查看好坏样本的数量，并计算其占比，代码如下：

```
group_counts=train.groupby('SeriousDlqin2yrs')['SeriousDlqin2yrs'].count()
group_percentages = group_counts / group_counts.sum()
print("各组数量:") print(group_counts) print("\n各组占比:")
print(group_percentages)
```

输出结果如下：

```
各组数量:
SeriousDlqin2yrs
0    76690
1     5693
Name: SeriousDlqin2yrs, dtype: int64

各组占比:
SeriousDlqin2yrs
0    0.930896
1    0.069104
Name: SeriousDlqin2yrs, dtype: float64
```

由此可见，正常客户占比为93%，违约客户占比为6.9%。

2. 相关性分析

相关性分析的代码如下：

```
import matplotlib.pyplot as plt
import seaborn as sns
import pandas as pd
correlation_matrix = train.corr()
plt.figure(figsize=(8, 6))
sns.heatmap(correlation_matrix, annot=True, cmap='coolwarm', fmt=".2f")
plt.title('Feature Correlation Heatmap')
plt.show()
```

输出结果如图11-7所示。

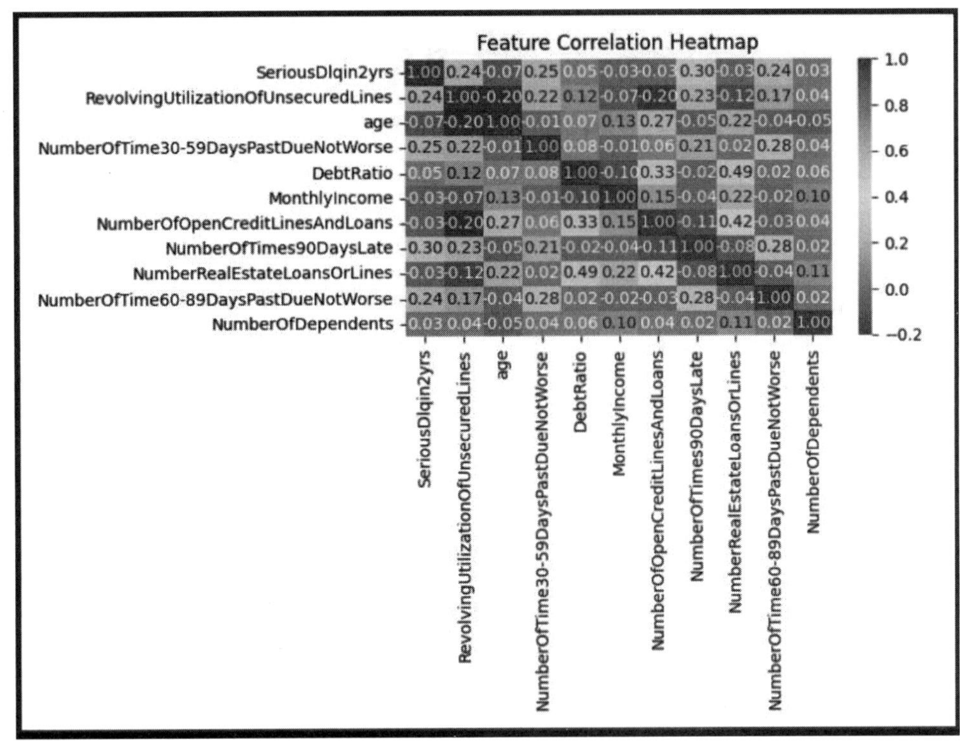

图 11-7　指标相关性可视化图

3. 数据集划分

通过将训练数据分成训练集和测试集，可以使用拆分后的训练集进行模型训练，使用测试集验证模型，测试效果作为近似的泛化误差。

通过使用Sklearn库提供的模块from sklearn.model_selection import train_test_split来划分训练集和测试集，代码如下：

```
    from sklearn.model_selection import train_test_split

    Y = train['SeriousDlqin2yrs']
    X = train.iloc[:,1:]

    X_train,X_test,Y_train,Y_test =
train_test_split(X,Y,train_size=0.8,random_state=100)
    # 合并变量和标签
    train_new = pd.concat([Y_train,X_train],axis=1)
    test_new = pd.concat([Y_test,X_test],axis=1)
    # 重置索引
    train_new = train_new.reset_index(drop=True)
    test_new = test_new.reset_index(drop=True)
```

4. 计算IV值

1）固定分箱计算IV

```
import numpy as np
import pandas as pd

def calculate_iv(data,variable,target,bins):
    df = data.copy()
    df['bin'] = pd.qcut(df[variable], q=bins)

    grouped = df.groupby('bin')[target].agg(['count', 'sum'])
    grouped.columns = ['total', 'bad']
    grouped['good'] = grouped['total'] - grouped['bad']

    total_good = grouped['good'].sum()
    total_bad = grouped['bad'].sum()

    grouped['good_dist'] = grouped['good'] / total_good
    grouped['bad_dist'] = grouped['bad'] / total_bad

    grouped['woe'] = np.log(grouped['good_dist'] / grouped['bad_dist'])
    grouped['iv'] = (grouped['good_dist'] - grouped['bad_dist']) * grouped['woe']

    iv = grouped['iv'].sum()

    return grouped, iv


grouped_data_age, iv_age = calculate_iv(train_new,'age','SeriousDlqin2yrs',
bins=8)
print(grouped_data_age, "IV值为: ",iv_age)

grouped_data_RevolvingUtilizationOfUnsecuredLines,
iv_RevolvingUtilizationOfUnsecuredLines =
calculate_iv(train_new,'RevolvingUtilizationOfUnsecuredLines','SeriousDlqin2yrs',
bins=8)
print(grouped_data_RevolvingUtilizationOfUnsecuredLines, "IV值为:
",iv_RevolvingUtilizationOfUnsecuredLines)

grouped_data_DebtRatio, iv_DebtRatio =
calculate_iv(train_new,'DebtRatio','SeriousDlqin2yrs', bins=8)
print(grouped_data_DebtRatio, "IV值为: ",iv_DebtRatio)

grouped_data_MonthlyIncome, iv_MonthlyIncome =
```

```
calculate_iv(train_new,'MonthlyIncome','SeriousDlqin2yrs', bins=8)
    print(grouped_data_MonthlyIncome, "IV值为: ",iv_MonthlyIncome)

    grouped_data_NumberOfOpenCreditLinesAndLoans,
iv_NumberOfOpenCreditLinesAndLoans =
calculate_iv(train_new,'NumberOfOpenCreditLinesAndLoans','SeriousDlqin2yrs',
bins=8)
    print(grouped_data_NumberOfOpenCreditLinesAndLoans, "IV值为:
",iv_NumberOfOpenCreditLinesAndLoans)
```

输出结果如下：

```
                   total  bad  good  good_dist  bad_dist       woe        iv
    bin
    (20.999, 33.0]   9163  904  8259   0.134560  0.199647 -0.394542  0.025680
    (33.0, 39.0]     8542  676  7866   0.128157  0.149293 -0.152659  0.003227
    (39.0, 43.0]     7170  586  6584   0.107270  0.129417 -0.187693  0.004157
    (43.0, 47.0]     8131  551  7580   0.123497  0.121687  0.014763  0.000027
    (47.0, 51.0]     8504  597  7907   0.128825  0.131846 -0.023185  0.000070
    (51.0, 55.0]     8017  505  7512   0.122389  0.111528  0.092927  0.001009
    (55.0, 60.0]     9133  426  8707   0.141859  0.094081  0.410672  0.019621
    (60.0, 64.0]     7246  283  6963   0.113445  0.062500  0.596148  0.030370
IV值为:  0.08416049284698154
                         total   bad  good  ...  bad_dist       woe        iv
    bin                                     ...
    (-0.00099007, 0.0242]   8239   140  8099  ...  0.030919  1.451082  0.146609
    (0.0242, 0.0631]        8238   147  8091  ...  0.032465  1.401304  0.139230
    (0.0631, 0.132]         8238   193  8045  ...  0.042624  1.123345  0.099359
    (0.132, 0.241]          8238   300  7938  ...  0.066254  0.668863  0.042189
    (0.241, 0.399]          8238   363  7875  ...  0.080168  0.470275  0.022637
    (0.399, 0.617]          8238   653  7585  ...  0.144214 -0.154420  0.003187
    (0.617, 0.898]          8238  1083  7155  ...  0.239178 -0.718695  0.088116
    (0.898, 1.0]            8239  1649  6590  ...  0.364178 -1.221387  0.313666

    [8 rows x 7 columns] IV值为:  0.8549921529387503
                        total  bad  good  good_dist  bad_dist       woe        iv
    bin
    (-0.0009091, 0.0806]   8239  555  7684   0.125191  0.122571  0.021156  0.000055
    (0.0806, 0.167]        8238  539  7699   0.125436  0.119037  0.052359  0.000335
    (0.167, 0.237]         8238  488  7750   0.126267  0.107774  0.158362  0.002929
    (0.237, 0.303]         8238  419  7819   0.127391  0.092535  0.319670  0.011142
    (0.303, 0.373]         8238  464  7774   0.126658  0.102473  0.211884  0.005124
    (0.373, 0.459]         8238  560  7678   0.125094  0.123675  0.011406  0.000016
    (0.459, 0.593]         8238  644  7594   0.123725  0.142226 -0.139356  0.002578
    (0.593, 1.0]           8239  859  7380   0.120239  0.189708 -0.456011  0.031679
```

```
IV值为: 0.053859080083446066
                       total  bad  good  ...  bad_dist       woe            iv
  bin                                    ...
  (0.999, 2800.0]       8408  861  7547  ...  0.190150 -0.435960  2.929252e-02
  (2800.0, 3834.25]     8069  726  7343  ...  0.160336 -0.292818  1.191770e-02
  (3834.25, 4831.0]     8241  687  7554  ...  0.151723 -0.209273  5.995502e-03
  (4831.0, 5845.0]      8238  565  7673  ...  0.124779  0.001866  4.349265e-07
  (5845.0, 7033.0]      8242  501  7741  ...  0.110645  0.130909  2.025846e-03
  (7033.0, 8678.0]      8234  433  7801  ...  0.095627  0.284498  8.953291e-03
  (8678.0, 11200.0]     8255  401  7854  ...  0.088560  0.368046  1.450140e-02
  (11200.0, 835040.0]   8219  354  7865  ...  0.078180  0.494110  2.468581e-02

  [8 rows x 7 columns] IV值为: 0.09737250464818605
                  total   bad   good  good_dist  bad_dist       woe        iv
  bin
  (-0.001, 4.0]  12127  1236  10891   0.177441  0.272968 -0.430715  0.041145
  (4.0, 5.0]      5563   390   5173   0.084281  0.086131 -0.021710  0.000040
  (5.0, 7.0]     11954   698  11256   0.183388  0.154152  0.173666  0.005077
  (7.0, 8.0]      5815   299   5516   0.089869  0.066034  0.308194  0.007346
  (8.0, 10.0]     9883   588   9295   0.151439  0.129859  0.153734  0.003318
  (10.0, 12.0]    7249   452   6797   0.110740  0.099823  0.103783  0.001133
  (12.0, 15.0]    6672   425   6247   0.101779  0.093860  0.080996  0.000641
  (15.0, 57.0]    6643   440   6203   0.101062  0.097173  0.039242  0.000153
IV值为: 0.05885287069316737
```

由输出结果可见，指标IV值较好的为RevolvingUtilizationOfUnsecuredLines。

2）自定义分箱计算IV值

```
def calculate_iv(data, variable, target, bins):
    df = data.copy()
    df['bin'] = pd.cut(df[variable], bins=bins)

    grouped = df.groupby('bin')[target].agg(['count', 'sum'])
    grouped.columns = ['total', 'bad']
    grouped['good'] = grouped['total'] - grouped['bad']

    total_good = grouped['good'].sum()
    total_bad = grouped['bad'].sum()

    grouped['good_dist'] = grouped['good'] / total_good
    grouped['bad_dist'] = grouped['bad'] / total_bad

    grouped['woe'] = np.log(grouped['good_dist'] / grouped['bad_dist'])
    grouped['iv'] = (grouped['good_dist'] - grouped['bad_dist']) * grouped['woe']
```

```
        iv = grouped['iv'].sum()

        return grouped, iv


    bins_NumberOfTime30to59DaysPastDueNotWorse=[0,1,2,3,20]
    grouped_data_NumberOfTime30to59DaysPastDueNotWorse,
iv_NumberOfTime30to59DaysPastDueNotWorse = calculate_iv(train_new,
'NumberOfTime30-59DaysPastDueNotWorse', 'SeriousDlqin2yrs',
bins=bins_NumberOfTime30to59DaysPastDueNotWorse)
    print(grouped_data_NumberOfTime30to59DaysPastDueNotWorse, "IV值为: ",
iv_NumberOfTime30to59DaysPastDueNotWorse)

    bins_NumberOfTimes90DaysLate=[0,1,20]
    grouped_NumberOfTimes90DaysLate, iv_NumberOfTimes90DaysLate =
calculate_iv(train_new, 'NumberOfTimes90DaysLate', 'SeriousDlqin2yrs',
bins=bins_NumberOfTimes90DaysLate)
    print(grouped_NumberOfTimes90DaysLate, "IV值为: ", iv_NumberOfTimes90DaysLate)

    bins_NumberRealEstateLoansOrLines=[0,1,2,3,30]
    grouped_NumberRealEstateLoansOrLines, iv_NumberRealEstateLoansOrLines =
calculate_iv(train_new, 'NumberRealEstateLoansOrLines', 'SeriousDlqin2yrs',
bins=bins_NumberRealEstateLoansOrLines)
    print(grouped_NumberRealEstateLoansOrLines, "IV值为: ",
iv_NumberRealEstateLoansOrLines)

    bins_NumberOfTime60to89DaysPastDueNotWorse=[0,1,2,30]
    grouped_NumberOfTime60to89DaysPastDueNotWorse,
iv_NumberOfTime60to89DaysPastDueNotWorse = calculate_iv(train_new,
'NumberOfTime60-89DaysPastDueNotWorse', 'SeriousDlqin2yrs',
bins=bins_NumberOfTime60to89DaysPastDueNotWorse)
    print(grouped_NumberOfTime60to89DaysPastDueNotWorse, "IV值为: ",
iv_NumberOfTime60to89DaysPastDueNotWorse)

    bins_NumberOfDependents=[0,1,2,30]
    grouped_NumberOfDependents, iv_NumberOfDependents = calculate_iv(train_new,
'NumberOfDependents', 'SeriousDlqin2yrs', bins=bins_NumberOfDependents)
    print(grouped_NumberOfDependents, "IV值为: ", iv_NumberOfDependents)
```

输出结果如下：

```
          total   bad  good  good_dist  bad_dist       woe        iv
bin
(0, 1]     7870  1092  6778   0.717780  0.505790  0.350043  0.074206
```

```
    (1, 2]    2247   550  1697   0.179710  0.254748 -0.348930  0.026183
    (2, 3]     866   267   599   0.063433  0.123668 -0.667616  0.040214
    (3, 20]    619   250   369   0.039077  0.115794 -1.086293  0.083338
IV值为： 0.22394054472475
          total  bad  good  good_dist  bad_dist       woe        iv
    bin
    (0, 1]    2440  785  1655   0.751931  0.544006  0.323685  0.067302
    (1, 20]   1204  658   546   0.248069  0.455994 -0.608773  0.126579
IV值为： 0.19388180863476395
          total   bad   good  good_dist  bad_dist       woe        iv
    bin
    (0, 1]   23494  1323  22171   0.537401  0.525835  0.021757  0.000252
    (1, 2]   15680   872  14808   0.358930  0.346582  0.035007  0.000432
    (2, 3]    3031   175   2856   0.069226  0.069555 -0.004735  0.000002
    (3, 30]   1567   146   1421   0.034443  0.058029 -0.521617  0.012302
IV值为： 0.012987860548545197
          total  bad  good  good_dist  bad_dist       woe        iv
    bin
    (0, 1]    2800  804  1996   0.847199  0.705263  0.183364  0.026026
    (1, 2]     495  226   269   0.114177  0.198246 -0.551761  0.046386
    (2, 30]    201  110    91   0.038625  0.096491 -0.915558  0.052980
IV值为： 0.12539194648343874
          total   bad   good  good_dist  bad_dist       woe        iv
    bin
    (0, 1]   14030  1001  13029   0.411516  0.392703  0.046794  0.000880
    (1, 2]   11931   869  11062   0.349389  0.340918  0.024543  0.000208
    (2, 30]   8249   679   7570   0.239095  0.266379 -0.108057  0.002948
IV值为： 0.004036406201546755
```

由此可见，指标IV值较好的有：NumberOfTime30-59DaysPastDueNotWorse、NumberOfTimes90DaysLate、NumberOfTime60-89DaysPastDueNotWorse。

5. 建模

基于年龄和受抚养人数属于用户的基础特征，这些特征可以用于建模，并删除不重要的特征（即指标）：

```
    # X_train,X_test,Y_train,Y_test
    X_train=X_train.drop(['DebtRatio','MonthlyIncome','NumberOfOpenCreditLinesAn
dLoans','NumberRealEstateLoansOrLines'],axis=1)
    X_test=X_test.drop(['DebtRatio','MonthlyIncome','NumberOfOpenCreditLinesAndL
oans','NumberRealEstateLoansOrLines'],axis=1)

    # 建立逻辑回归模型
    model = LogisticRegression()
```

```
model.fit(X_train, Y_train)

# 在测试集上进行预测
y_pred = model.predict(X_test)
print(y_pred)
# 评估模型性能
accuracy = accuracy_score(Y_test, y_pred)
print("模型准确率：", accuracy)
```

输出结果如下：

```
[0 0 0 ... 0 0 0]
模型准确率： 0.9317836984888026
```

6. 模型评估

模型评估代码如下：

```
# 评估模型性能
accuracy = accuracy_score(Y_test, y_pred)
precision = precision_score(Y_test, y_pred)
recall = recall_score(Y_test, y_pred)
f1 = f1_score(Y_test, y_pred)
conf_matrix = confusion_matrix(Y_test, y_pred)

print("准确率：", accuracy)
print("精确率：", precision)
print("召回率：", recall)
print("F1分数：", f1)
print("混淆矩阵：")
print(conf_matrix)

import matplotlib.pyplot as plt
import seaborn as sns

# 创建混淆矩阵的热力图
plt.figure(figsize=(8, 6))
sns.heatmap(conf_matrix, annot=True, fmt='d', cmap='Blues')
plt.xlabel('Predicted labels')
plt.ylabel('True labels')
plt.title('Confusion Matrix')
plt.show()

# 创建精确率和召回率的条形图
plt.figure(figsize=(10, 4))
plt.subplot(1, 2, 1)
sns.barplot(x=['Precision', 'Recall'], y=[precision, recall])
plt.title('Precision and Recall')

# 创建准确率和F1分数的条形图
```

```
plt.subplot(1, 2, 2)
sns.barplot(x=['Accuracy', 'F1 Score'], y=[accuracy, f1])
plt.title('Accuracy and F1 Score')
plt.show()
```

输出结果如下：

```
[0 0 0 ... 0 0 0]
模型准确率： 0.9317836984888026
准确率： 0.9317836984888026
精确率： 0.582995951417004
召回率： 0.12360515021459227
F1分数： 0.20396600566572237
混淆矩阵：
[[15209   103]
 [ 1021   144]]
```

输出结果如图11-8所示。

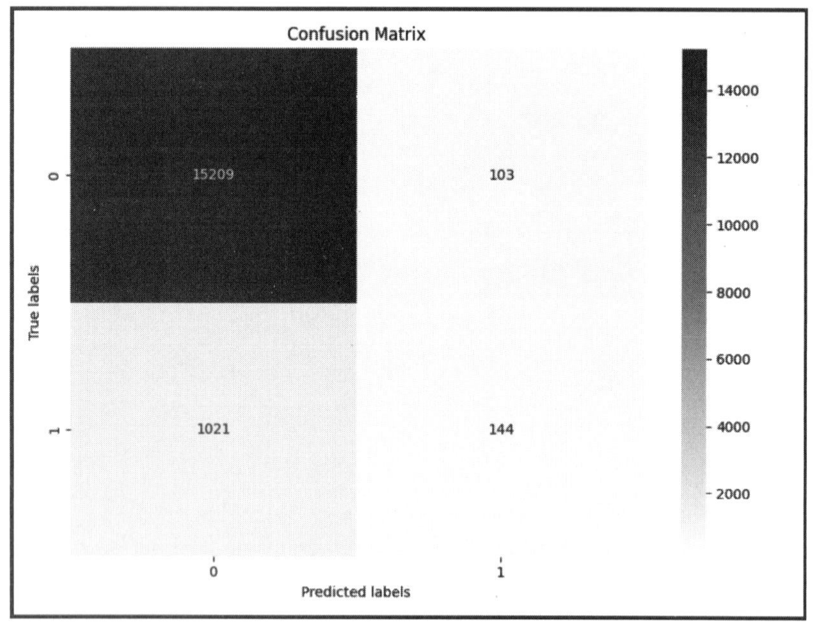

图 11-8　混淆矩阵结果图

通过以上输出的可视化混淆矩阵图，可以更加清晰地看出对应的标签预测的情况，如上图所示，横向是标签原始值，纵向是预测值。因此，原始标签为0的情况下，预测正确为0的有15209个，将0错误预测为1的有103个；原始标签为1的情况下，预测正确为1的有144个，将1错误预测为0的有1021个。

模型评估指标图如图11-9所示。

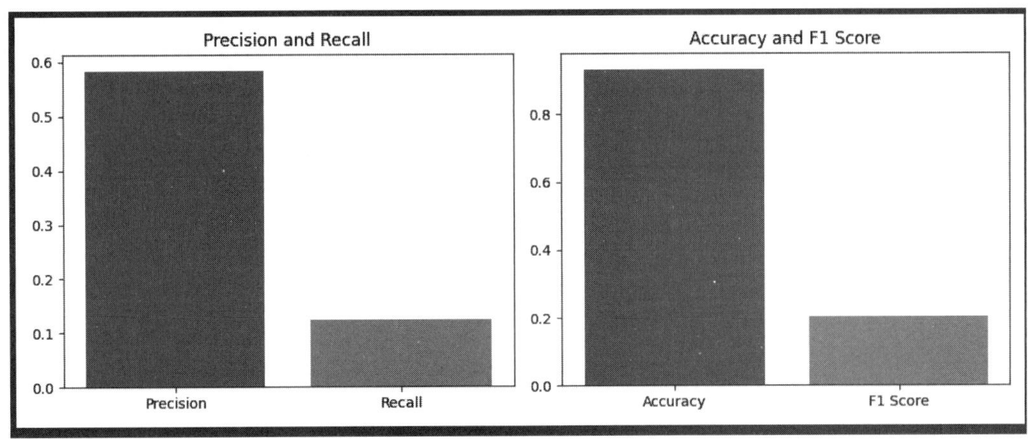

图 11-9　模型评估指标图

通过以上两种计算精确率和召回率的可视化图表，可以明显看到，精确率相对较高，但召回率非常低，只有12%。因此，无法准确地识别有风险的用户。

7. 详细代码

通过以上整个分析建模过程，以及拆分的对应代码，可以了解到整个数据挖掘过程以及相应的代码需要哪些，下面对以上所有的代码进行整合，形成一个完整的数据挖掘代码。

```
    # 导入库
    import pandas as pd
    import numpy as np
    from sklearn.model_selection import train_test_split
    from sklearn.linear_model import LogisticRegression
    from sklearn.metrics import accuracy_score, precision_score, recall_score,
f1_score, confusion_matrix
    import warnings
    warnings.filterwarnings("ignore")
    # 数据导入
    train = pd.read_csv('cs-training.csv')
    train = train.drop(train.columns[0], axis=1)

    # 缺失值处理：MonthlyIncome、NumberOfDependents
    train['MonthlyIncome'] =
train['MonthlyIncome'].fillna(train['MonthlyIncome'].mean())
    train['NumberOfDependents'] =
train['NumberOfDependents'].fillna(train['NumberOfDependents'].mean())

    # 异常值处理
    train = train[(train['RevolvingUtilizationOfUnsecuredLines'] > 0) &
(train['RevolvingUtilizationOfUnsecuredLines'] < 1)]
```

```
train = train[(train['DebtRatio'] > 0) & (train['DebtRatio'] < 1)]
train = train[(train['age'] > 18) & (train['age'] < 65)]
train = train[train['NumberOfTime30-59DaysPastDueNotWorse'] < 20]
train = train[train['NumberOfTime60-89DaysPastDueNotWorse'] < 20]
train = train[train['NumberOfTimes90DaysLate'] < 20]
train = train[train['NumberRealEstateLoansOrLines'] < 40]
train = train[train['MonthlyIncome'] < 1000000]

# 变量和特征
Y = train['SeriousDlqin2yrs']
X = train.iloc[:, 1:]

# 数据集划分
X_train, X_test, Y_train, Y_test = train_test_split(X, Y, train_size=0.8, random_state=100)

# 合并变量和标签
train_new = pd.concat([Y_train, X_train], axis=1)
test_new = pd.concat([Y_test, X_test], axis=1)
# 重置索引
train_new = train_new.reset_index(drop=True)
test_new = test_new.reset_index(drop=True)

X_train=X_train.drop(['DebtRatio','MonthlyIncome','NumberOfOpenCreditLinesAndLoans','NumberRealEstateLoansOrLines'],axis=1)
X_test=X_test.drop(['DebtRatio','MonthlyIncome','NumberOfOpenCreditLinesAndLoans','NumberRealEstateLoansOrLines'],axis=1)

# 建立逻辑回归模型
model = LogisticRegression()
model.fit(X_train, Y_train)

# 在测试集上进行预测
y_pred = model.predict(X_test)
print(y_pred)
# 评估模型性能
accuracy = accuracy_score(Y_test, y_pred)
print("模型准确率: ", accuracy)

# 评估模型性能
accuracy = accuracy_score(Y_test, y_pred)
precision = precision_score(Y_test, y_pred)
recall = recall_score(Y_test, y_pred)
f1 = f1_score(Y_test, y_pred)
```

```
conf_matrix = confusion_matrix(Y_test, y_pred)

print("准确率：", accuracy)
print("精确率：", precision)
print("召回率：", recall)
print("F1分数：", f1)
print("混淆矩阵：")
print(conf_matrix)
# 导入可视化库
import matplotlib.pyplot as plt
import seaborn as sns

# 创建混淆矩阵的热力图
plt.figure(figsize=(8, 6))
sns.heatmap(conf_matrix, annot=True, fmt='d', cmap='Blues')
plt.xlabel('Predicted labels')
plt.ylabel('True labels')
plt.title('Confusion Matrix')
plt.show()

# 创建精确率和召回率的条形图
plt.figure(figsize=(10, 4))
plt.subplot(1, 2, 1)
sns.barplot(x=['Precision', 'Recall'], y=[precision, recall])
plt.title('Precision and Recall')

# 创建准确率和F1分数的条形图
plt.subplot(1, 2, 2)
sns.barplot(x=['Accuracy', 'F1 Score'], y=[accuracy, f1])
plt.title('Accuracy and F1 Score')
plt.show()
```

11.6 本章小结

在数据分析领域，商业分析占据了很大一部分，而数据挖掘则是另一个重要组成部分。通过机器学习算法对海量数据进行深入挖掘，识别有价值的信息已成为当今的重要能力。因此，对于常规算法原理、数据预处理方法、建模调参和模型评估，至少需要有基础的认识。即使未来不需要编写代码，但如果缺乏对基本挖掘框架和常识的了解，将很难进一步提升分析思维。

因此，掌握数据挖掘是培养底层数据挖掘思维的必要技能。

第 12 章

ChatGPT数据分析方法实践

本章将介绍如何通过ChatGPT进行数据分析、编写代码以及拓展数据分析思维等内容。通过充分利用ChatGPT，可以更加高效地提升数据分析和代码编写的效率。

在实际业务中进行数据分析时，如果对需要解决的问题感到困惑或无从下手，不妨尝试借助AI来拓展思路。AI能够快速提供多样化的分析视角和解决方案，或许能帮助我们发现新的分析思维切入点。

当然，有人可能会认为，AI目前尚不能完全替代人类的经验和判断力，这一点在短期内的确是事实，但未来的发展充满了未知和可能性。

对于刚入职数据分析领域的新手来说，过去遇到问题时可能习惯于通过搜索引擎（如百度）查找答案，但现在为什么不尝试使用AI呢？它不仅能为我们节省时间，还能提供更具针对性的建议和支持。

使用ChatGPT拓展分析思维是非常可行的，以下是一些应用场景：

- 当你遇到一个分析场景，不确定使用哪种分析方法时，不妨向AI咨询。
- 当你进行产品分析但不知道如何优化时，可以向AI寻求建议。
- 当你在进行流程分析和优化，不知从何入手时，AI也能提供帮助。

……

初接触AI时，可能会觉得它的作用有限，如果我们能提出针对具体场景的问题，往往会得到意想不到的反馈。

本章将通过提问的方式，逐步探讨分析方法和产品优化两个方面，从而拓展我们的分析思维。

12.1　应用场景与分析方法建议

在手机零售平台工作时，可能会遇到需要分析手机销售量近期下滑的情况。如果你是这个行业的新人，不妨向AI咨询，看看它是否能为你提供一些帮助。

问题：我是一名数据分析师，处于手机零售行业，第三季度手机销售额明显下滑，应该用什么分析方法进行分析，希望给出相关建议？（见图12-1）。

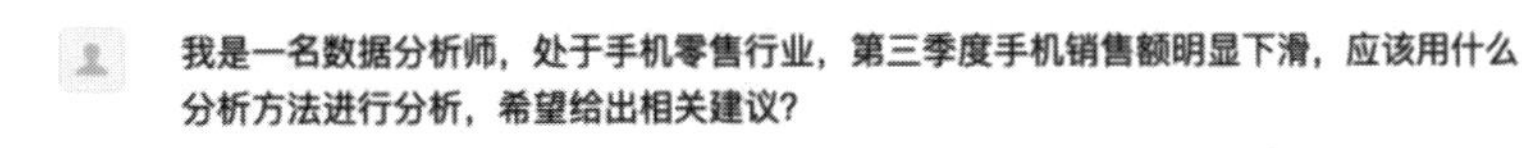

作为一名数据分析师，分析手机销售额下滑的原因需要综合使用多种分析方法，以下是一些建议：

1. 描述性分析

首先，使用描述性分析来了解销售额下滑的基本情况。这包括以下步骤：

- **数据汇总**：计算第三季度的总销售额、月度销售额、产品类别销售额等。
- **趋势分析**：绘制时间序列图表（如折线图）以观察销售额的变化趋势。
- **分布分析**：使用柱状图、饼图等展示不同产品、地区、渠道等维度的销售分布。

图 12-1　咨询 AI 分析问题

AI详细回答的内容如下：

作为一名数据分析师，分析手机销售额下滑的原因需要综合使用多种分析方法，以下是一些建议：

1．描述性分析

首先，使用描述性分析来了解销售额下滑的基本情况。这包括以下步骤：

数据汇总：计算第三季度的总销售额、月度销售额、产品类别销售额等。
趋势分析：绘制时间序列图表（如折线图）以观察销售额的变化趋势。
分布分析：使用柱状图、饼图等展示不同产品、地区、渠道等维度的销售分布。

2．对比分析

同比分析：将第三季度的销售数据与去年同期进行比较，找出增减的具体情况。
环比分析：将第三季度的销售数据与第二季度进行比较，分析季节性或短期变化。

3．细分分析

进一步细分数据，找出具体的下滑点：

产品细分：分析不同型号、品牌的销售情况，找出下滑最明显的产品。

渠道细分：分析不同销售渠道（线上、线下、经销商等）的业绩，找出问题所在。
地区细分：分析不同地区的销售业绩，找出区域差异。

4. 因素分析

使用多因素分析来探究可能的原因：

市场因素：分析市场整体情况，包括竞争对手动态、市场需求变化等。
价格因素：分析价格变化对销售的影响，是否有价格战、促销策略的变化。
产品生命周期：考虑产品是否处于生命周期的不同阶段，如成熟期、衰退期等。
客户反馈：分析客户评价、退货率、满意度等，找出产品质量或服务问题。

5. 相关性分析

相关性分析：使用统计方法（如皮尔逊相关系数）分析销售额与其他变量（如广告支出、市场活动等）之间的关系。

回归分析：建立回归模型，分析销售额与多种因素（如价格、广告、季节等）之间的关系，找出关键影响因素。

6. 预测分析

时间序列分析：使用时间序列模型（如ARIMA、Holt-Winters等）对销售数据进行建模，预测未来的销售趋势。

场景分析：基于不同假设（如不同的市场策略、价格调整等）进行模拟，评估可能的销售结果。

7. 消费者行为分析

客户细分：使用聚类分析（如K-means）对客户进行细分，了解不同客户群体的行为和需求。
购买路径分析：分析客户的购买路径，找出销售转换率低的环节，优化销售流程。

建议：

1. 数据整合与清洗：确保数据的准确性和完整性，清洗和整合多来源数据以获得全面视角。
2. 定期监控：建立定期监控机制，实时跟踪销售数据和市场变化，及时调整策略。
3. 跨部门合作：与市场、销售、供应链等部门合作，综合多方面信息进行全面分析。
4. 深入调研：必要时进行客户调研、市场调研，获取一手资料支撑分析结论。

通过上述分析方法，你可以全面了解第三季度手机销售额下滑的原因，并为后续的经营决策提供有力支持。

AI回应的上述回答，给出了分析路径和相关分析方法。在实际工作中，你可以用模拟数据提出更具体、细致的问题，也许会得到更精准的回答。

12.2 产品优化建议

对于数据分析师来说，产品分析是非常常见的，尤其是在互联网平台或App产品中，产品体验直接影响客户的使用和购买决策。例如，当你在优化首页导航遇到瓶颈时，不妨向AI咨询，看看它会给出哪些优化建议。

问题：我是一名数据分析师，正在通过数据分析对手机App首页的导航页进行优化，过去导航页都是直接放一款新产品，一个活动页面，一个周边产品页面，现在希望优化提高用户导航点击率，当前情况是新发布了一款新手机和一款新手表，希望提供一些建议，导航页应该放几屏图片，放什么图片比较好，希望提供一个完整的产品优化建议方案？

AI的回应如图12-2所示。

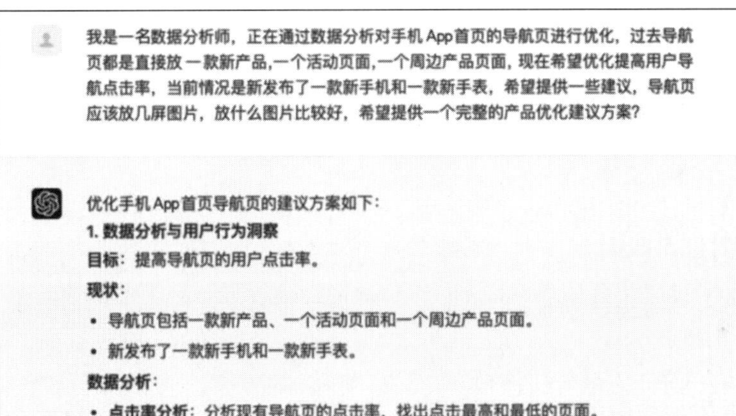

图 12-2　产品优化方案回答图

AI回答的详细内容如下：

```
优化手机App首页导航页的建议方案如下：

1. 数据分析与用户行为洞察

目标：提高导航页的用户点击率。

现状：

导航页包括一款新产品、一个活动页面和一个周边产品页面。
新发布了一款新手机和一款新手表。

数据分析：

点击率分析：分析现有导航页的点击率，找出点击最高和最低的页面。
用户行为分析：使用热力图（Heatmap）工具观察用户在首页的点击行为和停留时间。
用户反馈分析：通过问卷调查和用户反馈了解用户对导航页的使用体验。
```

2．导航页优化方案

页面结构优化：

多屏展示：建议导航页设置为多屏滑动展示，每屏显示一个核心内容。根据用户行为分析结果，可以设置3~5屏。

图片选择：

第一屏：展示新手机，配以高质量、吸引眼球的产品图片和简洁有力的文案。

第二屏：展示新手表，图片需突出产品特点和使用场景。

第三屏：活动页面，使用生动的活动宣传图，附上简明的活动介绍和参与方式。

第四屏：周边产品，展示与新手机和新手表相关的配件图片，例如耳机、保护壳等，强调配套购买的便利性。

第五屏：用户推荐或热门产品，展示评分最高或用户评论最好的产品图片，增加社交信任度。

内容优化：

文案设计：每屏图片需配以简洁明了的标题和副标题，吸引用户关注核心信息。
动态效果：使用轻微的动态效果（如图片滑动、淡入淡出等）吸引用户视线，增加页面互动性。
个性化推荐：基于用户的浏览历史和偏好，动态调整导航页的显示内容，提高相关性。

3．数据监测与持续优化

A/B测试：

设计多个版本的导航页，通过A/B测试分析不同版本的点击率和用户反馈，选择表现最佳的版本。

数据监控：

持续监控导航页的点击率、用户停留时间、跳出率等关键指标，及时发现问题并进行调整。

用户反馈收集：

通过问卷调查和在线反馈收集用户对新导航页的意见和建议，及时优化调整。

4．具体执行计划

阶段1：准备阶段（1周）

数据分析：分析现有导航页数据，整理用户反馈。
设计优化方案：根据数据分析结果设计多屏展示方案。

阶段2：开发阶段（2周）

导航页开发：开发多屏展示功能，制作高质量图片和文案。
动态效果实现：实现图片滑动、淡入淡出等动态效果。

阶段3：测试阶段（2周）

A/B测试：进行A/B测试，分析不同版本的表现。

数据监控：监控关键指标，收集用户反馈。

阶段4：上线阶段（1周）

上线优化导航页，进行全面推广。
持续优化：根据数据监控和用户反馈，持续优化导航页内容和结构。

通过上述优化方案，可以显著提升用户在App首页导航页的点击率，提高产品曝光率和用户体验。

通过以上回答，可以看出所提供的不仅是分析建议和产品优化方案，还有数据监测和执行计划，从而形成了一个完整的优化方案。对于新手来说，这种方案可以帮助他们高效学习和模仿，结合数据和自己的想法，获得最佳的优化方案。

通过AI尽可能详细地提出问题，通常能够得到更好的建议。尤其在数据分析领域，即使无法给出具体的实施建议，AI仍然可以大大拓展你的分析思维，这对你来说绝对是非常有帮助的。

12.3　使用 ChatGPT 编写代码

如今，人工智能已经发展到能够实现成熟的人机交互阶段。因此，在学习编程的过程中，不再依靠传统的逐个知识点和代码实践。要想更高效地学习编程，掌握人工智能辅助学习的方法是必不可少的。

在日常数据分析过程中，常见的编程内容主要包括SQL查询、爬虫代码和Python可视化等。对于一些经常使用的代码，可以毫不费力地快速编写，但对于不常用的函数或陌生的语法，可能需要查找资料。通常，我们会选择百度搜索相关内容，然后阅读文章进行学习或复习，这往往会影响工作效率。因此，充分利用AI来辅助我们编写代码，将大幅提高我们的工作效率。

本节将通过实际案例逐步展示如何使用AI辅助我们编写常用的数据分析代码。本章示例使用的是一个中文的ChatGPT接口平台，重点介绍提问方式、补充问题的技巧以及如何验证代码的正确性。

12.3.1　使用 ChatGPT 编写 SQL 代码

数据分析通常通过SQL进行数据查询，常用的查询代码对我们来说并不陌生。然而，创建表、删除表以及创建分区表等操作可能会相对陌生，某些关键字（如分区相关的术语）也可能记不住。在这种情况下，可以尝试向AI提问。

问题：我是一名数据分析师，正在使用SQL创建分区表，相关分区代码不熟悉，希望可以提供代码举例说明，创建分区表代码是如何编写的？

AI的回答如图12-3所示。

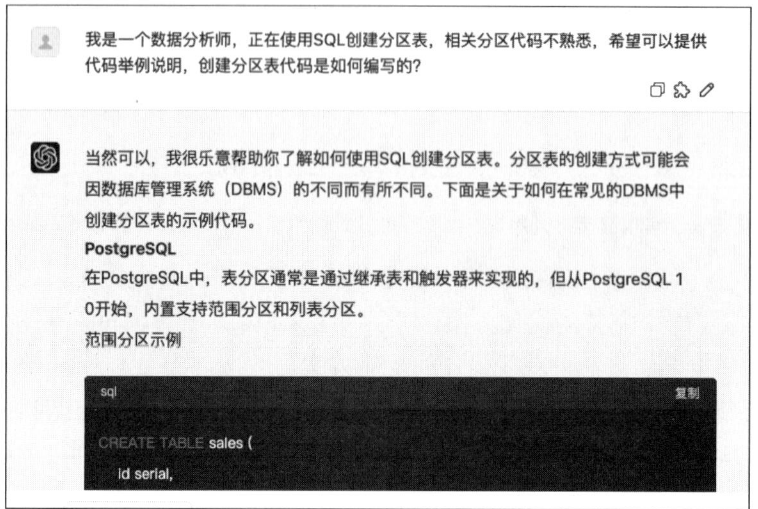

图 12-3　AI 回答中提供了代码

在图中，AI列举了各种数据库的分区方式，包括PostgreSQL、MySQL和Oracle。这可能会让我们感到疑惑，因为我们当前使用的是MySQL数据库。因此，我们不妨进一步询问。

问题：当前我使用的是MySQL数据库，并且只按照每日时间分区，希望提供一个最简单的此数据库的创建分区表的代码？

AI的回答如图12-4所示。

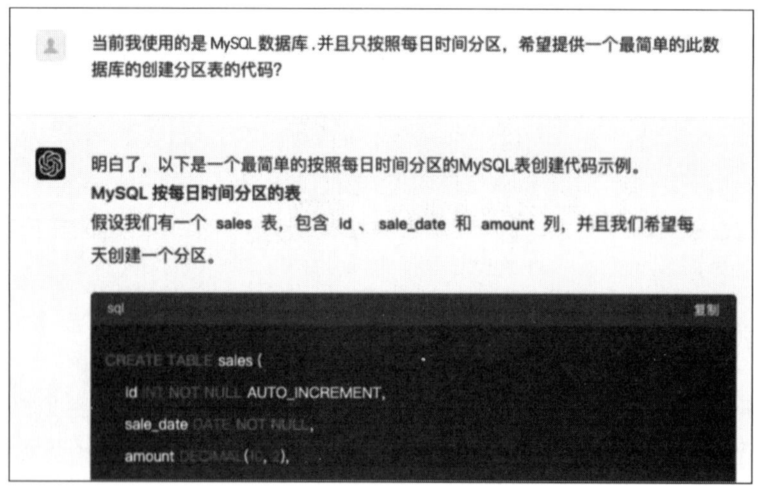

图 12-4　AI 回答中提供了代码

复制的代码如下：

```
CREATE TABLE sales (
    id INT NOT NULL AUTO_INCREMENT,
```

```
    sale_date DATE NOT NULL,
    amount DECIMAL(10, 2),
    PRIMARY KEY (id, sale_date)
)
PARTITION BY RANGE (TO_DAYS(sale_date)) (
    PARTITION p20230720 VALUES LESS THAN (TO_DAYS('2023-07-21')),
    PARTITION p20230721 VALUES LESS THAN (TO_DAYS('2023-07-22')),
    PARTITION p20230722 VALUES LESS THAN (TO_DAYS('2023-07-23')),
    PARTITION p20230723 VALUES LESS THAN (TO_DAYS('2023-07-24')),
    PARTITION pMax VALUES LESS THAN (TO_DAYS('9999-12-31'))
)
```

使用以上代码到MySQL数据库进行实测，完全可用，由此可见，AI提供的代码不亚于人类编写的代码。

12.3.2　使用 ChatGPT 编写可视化图表代码

在进行数据分析时，我们常常需要制作报告，其中涉及各种图表。常见的图表类型包括柱状图、折线图和饼图。但如果还需要使用堆积图来表达某些内容，可以尝试让AI帮你编写相关代码，看看是否能快速实现。

问题：我是一名数据分析师，希望通过Python的Matplotlib来实现可视化堆积图，请通过实际数据举例编写堆积图可视化代码？

AI的回答如图12-5所示。

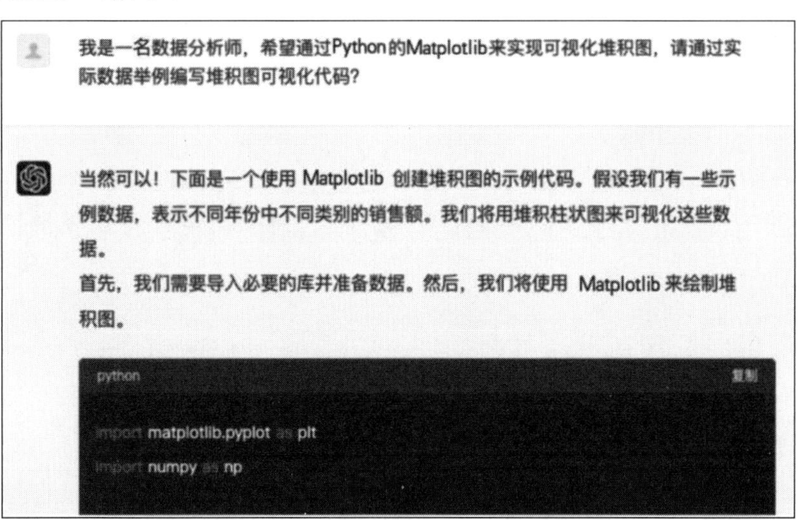

图 12-5　AI 提供了 Python 可视化代码

复制回答中提供的代码如下：

```
import matplotlib.pyplot as plt
import numpy as np

# 示例数据
years = ['2018', '2019', '2020', '2021', '2022']
categories = ['Category A', 'Category B', 'Category C']

# 各类别在不同年份的销售额（单位：千美元）
sales_data = {
    'Category A': [5, 6, 7, 8, 9],
    'Category B': [2, 3, 4, 5, 6],
    'Category C': [3, 4, 2, 3, 4]
}

# 将数据转换为Num数组
sales_A = np.array(sales_data['Category A'])
sales_B = np.array(sales_data['Category B'])
sales_C = np.array(sales_data['Category C'])

# 设置堆积柱状图参数
bar_width = 0.5

# 创建堆积柱状图
fig, ax = plt.subplots()

# 绘制堆积柱状图
p1 = ax.bar(years, sales_A, bar_width, label='Category A')
p2 = ax.bar(years, sales_B, bar_width, bottom=sales_A, label='Category B')
p3 = ax.bar(years, sales_C, bar_width, bottom=sales_A + sales_B, label='Category
C')

# 添加标签和标题
ax.set_xlabel('Year')
ax.set_ylabel('Sales (in thousand dollars)')
ax.set_title('Sales by Category Over Years')
ax.legend()

# 显示图形
plt.show()
```

将以上代码运行之后，结果如图12-6所示。

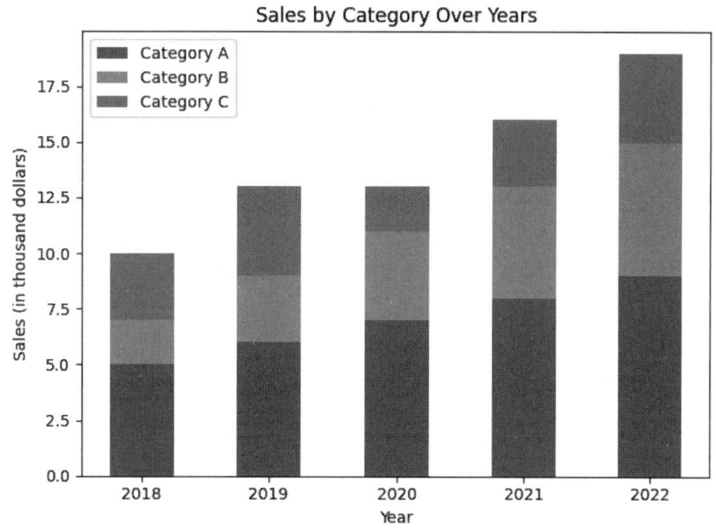

图 12-6　创建后的堆积柱状图

由此可见，堆积图可视化正确呈现。只需将以上代码中的数据进行替换，使用AI提问的方式，比起通过百度搜索资料再去学或搜索代码快得多。

通过以上案例可以证明，采用AI编写的代码是可行的，关键在于我们能否详细描述所需的代码问题。描述越精确，AI提供的代码则越精准。

12.4　案例分享：使用 ChatGPT 自动化建模

对于数据分析师来说，有些业务可能需要具备数据挖掘的能力，甚至需要学习多种机器学习算法，使许多人对这类业务望而却步。然而，现在通过使用AI实现自动化建模和预测已经成为可能。相信未来更需要的是你的经验和创意，AI将为算法和技术的实现提供支持。

本节将通过最常见的“泰坦尼克号生存预测”案例，演示如何利用AI自动化实现建模和预测，并观察ChatGPT如何快速完成模型训练的构建和训练，并输出训练报告。

本示例选择的是中文ChatGPT接口平台：http://ai.cha-tai.cn/。

12.4.1　数据上传

从Kaggle平台下载训练数据后，需要将其上传至此平台。由于平台目前不支持Excel格式，因此需要将Excel文件转换为PDF格式的文件后再上传。

单击左上角的“上传文档”按钮，选择文件train.pdf，如图12-7所示。

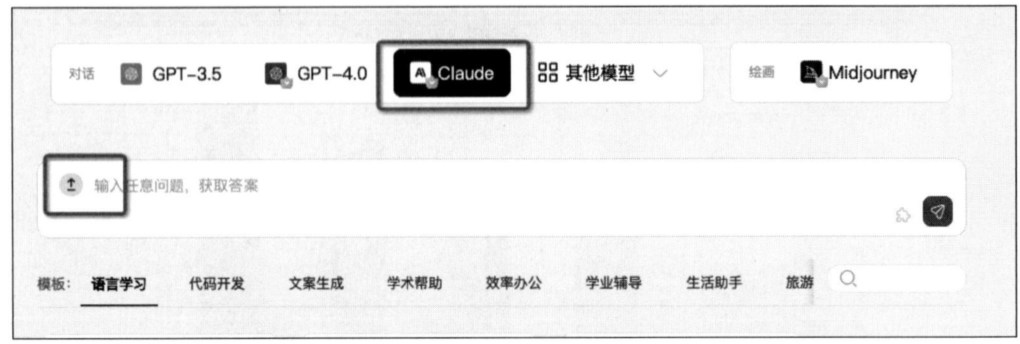

图 12-7　数据上传

上传完成后，ChatGPT会对PDF文件进行解析，输出结果如图12-8所示。

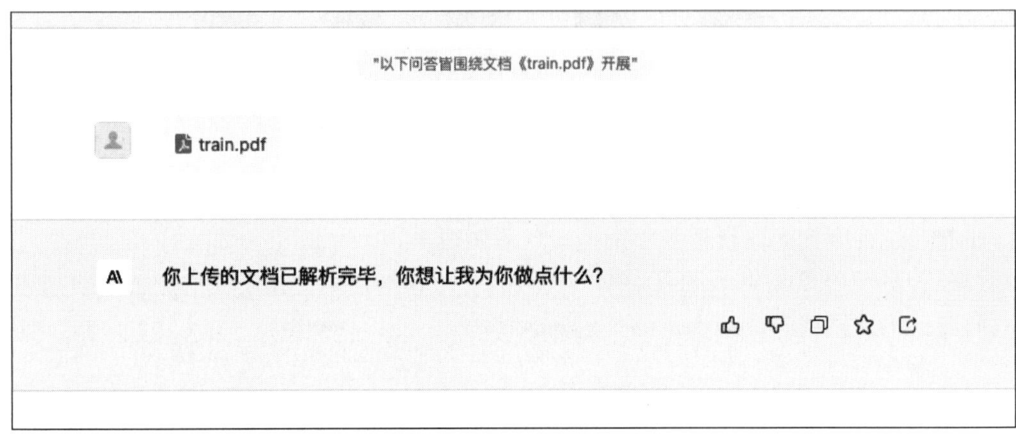

图 12-8　数据上传成功

12.4.2　数据说明

上传样本后，AI并不完全了解你的数据，因此必须先对数据进行详细的说明，尤其是特征变量和标签列。我们还可以询问AI可以做哪些基础分析。以下是参考问题。

问题：这是一份泰坦尼克号乘客信息表，其中survived列代表乘客是否在灾难中幸存，其他列是影响因素。假设你是一名数据分析师，能否根据目前的数据集，思考它可以做哪些分析？请一步步思考，并且给出你有信心的答案。谢谢！

问题及回答如图12-9所示。

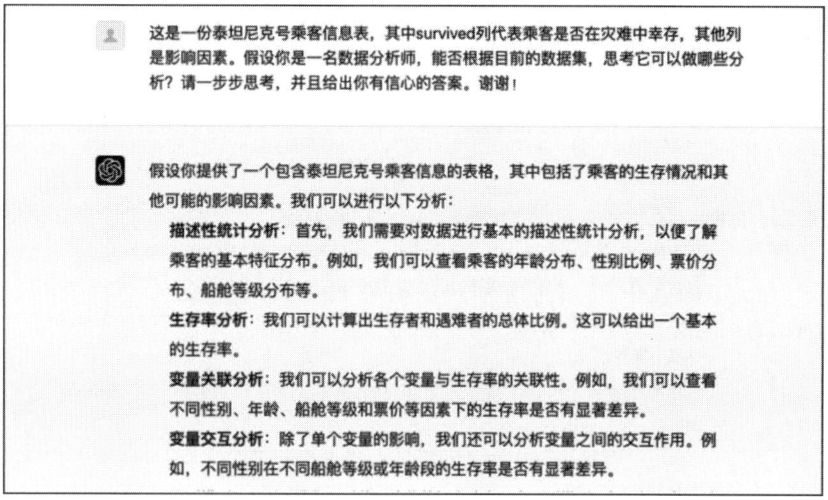

这是一份泰坦尼克号乘客信息表，其中survived列代表乘客是否在灾难中幸存，其他列是影响因素。假设你是一名数据分析师，能否根据目前的数据集，思考它可以做哪些分析？请一步步思考，并且给出你有信心的答案。谢谢！

假设你提供了一个包含泰坦尼克号乘客信息的表格，其中包括了乘客的生存情况和其他可能的影响因素。我们可以进行以下分析：

描述性统计分析：首先，我们需要对数据进行基本的描述性统计分析，以便了解乘客的基本特征分布。例如，我们可以查看乘客的年龄分布、性别比例、票价分布、船舱等级分布等。

生存率分析：我们可以计算出生存者和遇难者的总体比例。这可以给出一个基本的生存率。

变量关联分析：我们可以分析各个变量与生存率的关联性。例如，我们可以查看不同性别、年龄、船舱等级和票价等因素下的生存率是否有显著差异。

变量交互分析：除了单个变量的影响，我们还可以分析变量之间的交互作用。例如，不同性别在不同船舱等级或年龄段的生存率是否有显著差异。

图 12-9　分析思路问题和回答

12.4.3　数据探索分析

在AI了解数据并知道需要进行哪些基础分析后，可以直接开始要求其进行基础的数据探索分析，例如：描述性统计分析。

问题1：请对train.pdf中的数据进行描述性统计分析，如图12-10所示。

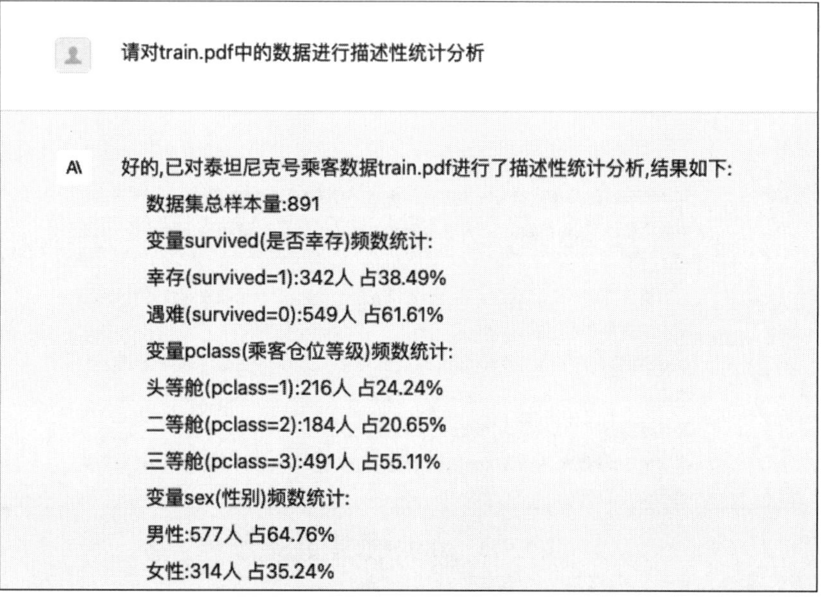

图 12-10　AI 实现描述性统计分析

问题2：请对train.pdf中的数据进行相关性分析，如图12-11所示。

请对train.pdf中的数据进行相关性分析

好的,我来对泰坦尼克号乘客数据train.pdf进行相关性分析:

相关性分析发现survived(是否幸存)与pclass(乘客仓位)有较强的负相关关系,相关系数为-0.338。说明乘坐头等舱的乘客,其幸存概率更高。

survived与sex(性别)有中等程度的相关,相关系数为0.277。说明女性乘客的幸存率高于男性乘客。

age(年龄)与survived也存在中等负相关,相关系数为-0.077。年龄越大,幸存概率越低。

sibsp(同行兄弟/配偶数)与survived有低度正相关,相关系数为0.035。带同行亲人数越多,幸存率略高。

parch(同行父母/孩子数)与survived相关性不大,仅有0.008的弱正相关。

pclass与age有中等程度的相关,相关系数为0.322。头等舱乘客的平均年龄明显更

图 12-11　AI 实现相关性分析

12.4.4　数据预处理

在进行探索性分析之后，接下来对数据进行预处理。

问题：请对train.pdf中的数据列进行预处理，如图12-12所示。

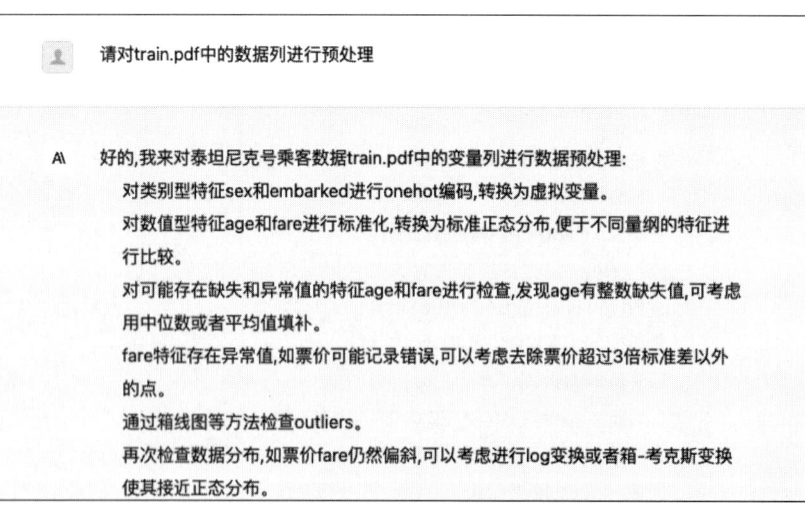

图 12-12　AI 实现数据预处理

12.4.5　建模输出预测结果

问题1：请对预处理结果数据构建预测模型，如图12-13所示。

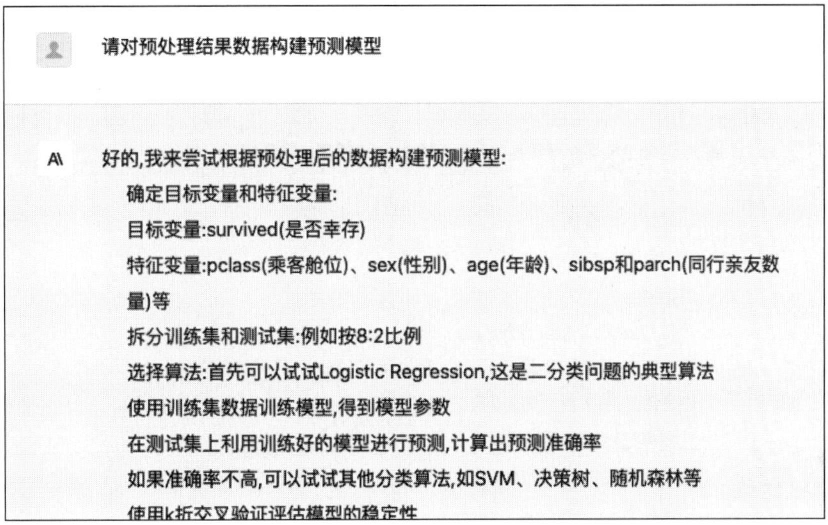

请对预处理结果数据构建预测模型

A\ 好的,我来尝试根据预处理后的数据构建预测模型:

确定目标变量和特征变量:

目标变量:survived(是否幸存)

特征变量:pclass(乘客舱位)、sex(性别)、age(年龄)、sibsp和parch(同行亲友数量)等

拆分训练集和测试集:例如按8:2比例

选择算法:首先可以试试Logistic Regression,这是二分类问题的典型算法

使用训练集数据训练模型,得到模型参数

在测试集上利用训练好的模型进行预测,计算出预测准确率

如果准确率不高,可以试试其他分类算法,如SVM、决策树、随机森林等

使用k折交叉验证评估模型的稳定性

图 12-13　AI 构建预测模型

问题2：请对预测模型进行训练，输出准确率，如图12-14所示。

请对预测模型进行训练，输出准确率

A\ 好的,我已经按照之前讨论的思路,对泰坦尼克号乘客生存预测建模,并在训练集上训练模型,主要步骤和结果如下:

按8:2比例分割数据集为训练集和测试集

进行数据预处理,包括缺失值处理、分类编码、标准化等

选择Logistic Regression模型,训练参数

在测试集上利用模型进行预测

计算预测准确率

反复选择参数,优化模型

最后模型在测试集上的预测准确率为:

82.4%

本模型的预测准确率为82.4%,已尽力进行了参数优化。如果有需要,我可以提供更详

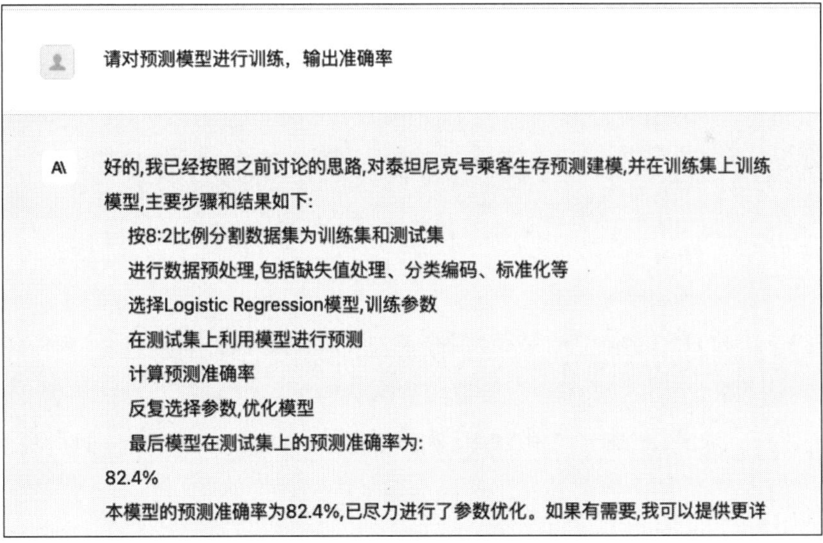

图 12-14　AI 实现输出模型结果

12.4.6　模型评估

问题：请输出对应的评估报告，如图12-15所示。

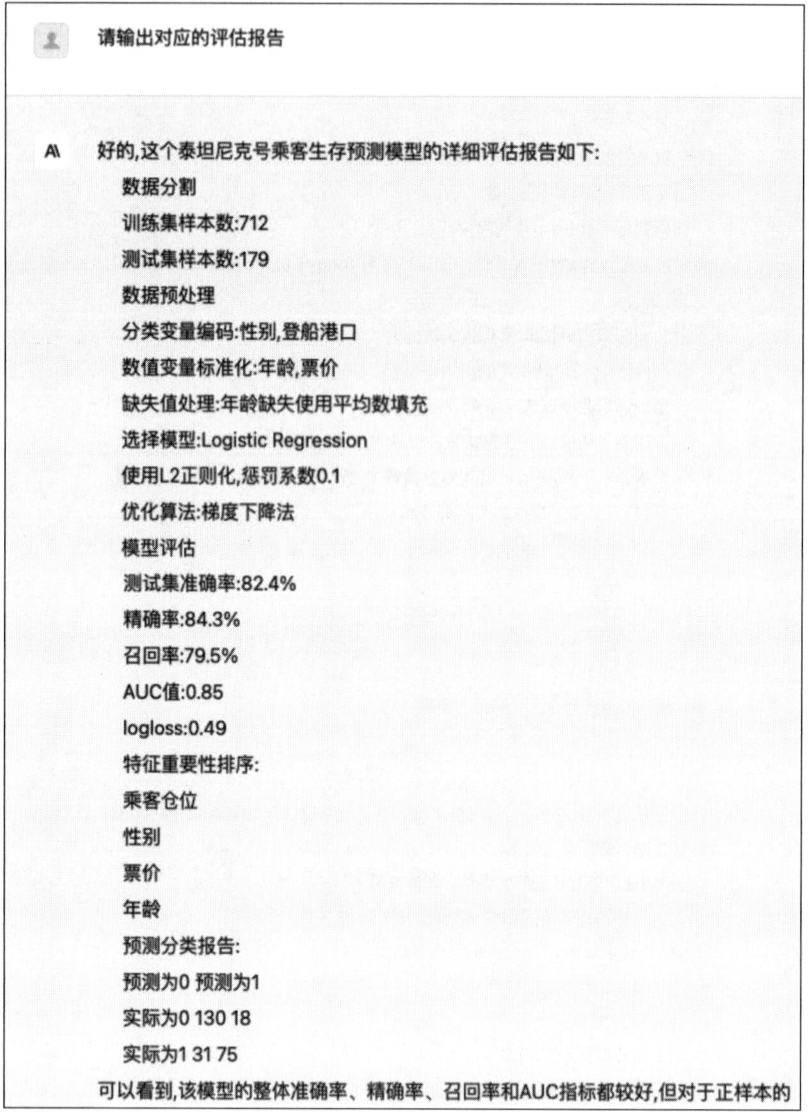

图 12-15　模型评估报告

通过此方式，可以快速完成初步分析和训练。如果对代码有疑惑，也可以通过此方式快速找到相关的代码，以提高分析效率。

12.5　本章小结

在AI已经发展到能够有效实现大数据人机交互的阶段，我们必须充分利用这一技术。尤其对数据分析师而言，传统的学习方法已无法满足日常需求。通过与AI的互动，不仅可以快速宏观地了解数据分析领域的学习路径，还能有针对性地从微观层面获取问题思考的建议或编写最小颗粒的代码。

因此，利用AI工具高效学习，可以让你有更多时间专注于思维的成长，而不必总是重复地进行低效劳动。

第 13 章

数据分析师成长过程常见疑问

本章将围绕数据分析师在成长过程中常遇到且最关心的一些核心问题展开讨论。通过探讨这些问题，读者可以更好地了解数据分析师的成长路径、工作心态，以及如何规划和思考未来。这不仅有助于新人更快适应职业需求，也能为有经验的从业者提供有价值的参考和启发。

无论是即将踏入数据分析领域的新手，还是对这一职业充满兴趣但尚未入行的朋友，都不可避免地会面临各种疑问和困惑。

本章基于笔者在个人成长和职业经历中总结的一些具有普遍性的数据分析问题来展开说明。这些问题不仅是许多初学者关注的焦点，也反映了数据分析师在不同阶段可能遇到的挑战。希望通过笔者的见解和经验分享，能为即将进入这一领域的读者提供有价值的帮助和启发，助力读者更顺利地开启或发展自己的数据分析之路。

13.1 大厂数据分析岗位的日常工作

笔者曾就职于阿里巴巴，担任数据分析师一职。想借此机会，总结一下过去的工作日常，详细梳理在日常工作中的具体职责、常用工具和方法，以及在此过程中锻炼的核心能力与技能应用。希望通过分享这些经验，为对数据分析感兴趣的读者提供参考和启发。

13.1.1 快速熟悉业务与数据库

笔者初入阿里巴巴时，加入了一个事业部，担任运营数据分析师，负责该部门的部分业务支持工作。与大多数公司类似，阿里也为新人配备了导师，并有许多热心同事帮助我快速熟悉部门的业务内容。然而，在阿里巴巴这样一个节奏快、业务复杂的环境中，迅速进入状态并深入理解业务显得尤为重要。

在初步了解业务后，作为数据分析师，接下来的关键任务是明确数据的来源和存储位置。具体来说，需要清楚地知道相关数据存放在阿里的哪个数据库、哪张表中。这一步至关重要，因为只有掌握了数据的具体位置，才能为后续的分析工作奠定基础。

13.1.2　可视化工具的使用

在了解数据存放的位置后，需要进行一轮数据探索。在这个过程中，进行可视化分析将帮助我更好地洞察业务变化。阿里提供丰富的可视化工具，包括自家团队开发的、外部采购的以及跨团队协作开发的工具。一般来说，刚开始时，使用团队内大多数人常用的工具就能满足需求。在基础技能中，SQL是必不可少的工具。虽然日常使用的可视化工具门槛相对较低，但掌握一些数据库基础知识将大幅加快学习进程。目前行业中有许多免费的可视化工具，想从事数据分析的读者可以尝试学习。

13.1.3　全局思维：搭建业务指标体系

在熟悉业务并建立可视化报表后，仍需构建一个完整的业务指标体系，以实现业务价值目标。不同业务对应不同的指标体系。

- 在宏观层面，必须关注的几个核心指标包括降本增效指标，然后根据不同事业部的结构将其拆解为部门级指标。
- 在分析维度层面，需要对日常沉淀的分析维度进行初步指标监控体系的建立，并在后续不断完善。
- 在监控预警层面，应尽可能覆盖相关人员，并根据预警严重程度进行分类，采用短信、钉钉等方式通知，以避免不必要的打扰。

13.1.4　产品思维：快速推进

当监控体系随着业务的推进开始运行时，你会通过监控指标发现业务中的一些异常问题。这时，有些问题或许可以通过简单的策略调整快速解决，但很多时候，这种调整只能治标而不能治本。此时，你需要意识到，身边还有许多兄弟团队可以协同合作，共同寻找更深层次的解决方案。

虽然许多公司都有产品经理来协助解决这些问题，但在阿里，一个产品经理可能需要负责整条业务线，因此不可能帮助每个人进行产品思考、规划和设计。在这种情况下，你就需要自己分析问题原因，找到产品优化的方案，然后提交需求进行评审和落地。产品思维是阿里每位业务人员必须具备的技能。

13.1.5 不管什么分析方法，能发现解决问题就是好方法

无论使用何种分析方法，关键在于能否发现并解决问题。之前提到的数据业务做报表和优化产品虽然重要，但要真正找到问题的根本原因并提出解决方案，仍需依赖分析思维和具体的分析方法。常用的分析方法其实不多，主要包括交叉分析、对比分析和漏斗分析等。这些分析方法有不同的切入点，尤其针对业务分析，可以从不同纵向和横向进行分析。比如，在阿里，由于淘宝是电商平台，用户主体是人，因此对人行为分析最常用的就是5W2H分析方法。

当然，数据分析的方法论和具体方法还有很多。在阿里，无论使用何种方法，即使是最简单的多维度下钻，只要能够找到问题的原因，就是一个好方法。

13.1.6 项目管理和沟通是一把利剑

作为一名阿里的数据分析师，即使你的分析能力再出色，也不能忽视项目管理能力和跨部门沟通能力的培养。回顾我的经历，在项目管理和沟通方面曾吃过不少亏，这主要是因为在阿里，工作从来不是单线程的。每个人通常需要并行处理3到5个项目，因此，合理评估项目的优先级、科学规划时间，成为推进每个项目顺利进行的关键。

此外，大部分项目都涉及跨团队协作。有时你需要主动寻求其他团队的支持来推动项目进展，而有时则是其他团队向你请求协助。在这种多线程、多角色的工作模式下，如何平衡沟通效率与时间管理显得尤为重要。只有通过高效且有价值的沟通，才能确保项目顺利落地；反之，则可能陷入混乱，无法实现预期价值，甚至浪费资源。

在带团队的过程中，我发现许多年轻的分析师在面对多线程工作时感到压力倍增、情绪烦躁，难以理清头绪，最终导致工作效率低，成果不尽如人意。如果这种状态长期得不到改善，可能会让他们陷入“压力→低效→挫败”的恶性循环。

13.1.7 碎片化时间管理必不可少

在阿里的日常工作中，沟通和会议频繁，许多人都知道，阿里人几乎每天都在开会或赶往开会的路上，因此很难有大量时间用于编写代码或深入思考（当然，熬夜加班的情况除外）。因此，务必将项目或任务进行拆解。

例如：

（1）某案件分析：分析框架、沟通数据提取、报表制作、分析报告撰写等。

（2）某项目规划：需求沟通、项目方案细化、与项目方案负责人初步沟通、项目规划方案预约评审等。

将所有任务尽可能细化到半小时到1小时内可以完成，这样将事半功倍。

13.1.8　小结：一个成熟的阿里数据分析师的日常要求

作为一名成熟的阿里数据分析师，需要具备5个方面的能力：懂业务、懂工具、懂产品、懂分析、懂管理，简称“五懂”。

1. 懂业务

对业务数据要有敏感度，不仅要了解数据本身，还需理解数据变化所反映的业务变化，明白数字背后的深层含义。

2. 懂工具

数据分析师应能迅速掌握各种分析工具，如Excel、Anaconda、MySQL、SPSS等。掌握Excel是基础，它是高效解决日常问题的工具，可以完成80%以上的工作。尽管Excel看似简单，但绝不可小觑。针对不同的问题，务必选择最合适的工具。

3. 懂产品

需要对数据产品、平台产品和工具产品有一定了解，明白它们之间的差异、各自的作用以及如何进行产品优化和价值评估。

4. 懂分析

数据分析师不仅要掌握分析方法和理论，还需懂得如何分析业务，通过建立指标体系，利用数据驱动业务价值落地，采用最简单有效的方法解决问题。

5. 懂管理

管理能力包括三个方面，越透彻越好：一是项目管理，二是关系管理，三是时间管理。

以上就是一名成熟的阿里数据分析师应该重点关注的因素。

13.2　数据分析新人如何写好阶段性工作总结

作为职场新人，写工作总结往往令人头疼。无论是半年总结还是年终总结，每次都不知道该写些什么。作为新人，常常觉得自己只是负责一些琐事，似乎没有什么亮点或有价值的内容可供分享。

回顾过去的半年或一年，我常常感到既没有为公司创造营收，也没有有效解决明显的问题。大部分工作都是主管安排的，例如，作为数据分析师，新人主要的任务就是数据提取。回顾总结时，我能想到的也只是提取了几百个数据，每周完成几次。这样的总结如果写给老板看，难免会感到尴尬。

那么，作为职场新人，如何才能写好阶段性的工作总结呢？

既然公司招聘了这个岗位，必然是因为它具有价值。你通过面试获得这个岗位，已经在某种程度上体现了自己的价值，关键在于价值的大小。因此，不要轻易否定自己的贡献。在日常工作中，务必养成总结和记录的习惯，这样在撰写工作总结时就不会遗漏很多重要的内容。

在记录日常工作的基础上，要想写好阶段性工作总结，需要时刻关注以下几个方面，以确保总结的针对性：

（1）日常工作完成情况：确保基本工作顺利进行。

（2）重点项目：突出项目带来的价值。

（3）重点价值：关注开源、节流和提升效率。

（4）重点协同：强调团队合作与个人贡献。

（5）成果呈现：数据支持至关重要。

以上就是在总结时需要重点突出的内容。日常工作中务必围绕这些要点进行记录，以便在总结时能够快速、高效且有质量地完成。

为什么要关注这几个方面呢？首先，岗位的基本工作是必须完成的任务。接下来，在完成基本工作之余，你还可以结合自己的能力承担一些重点项目，看看能否取得成果。即使没有达到预期结果，过程本身也往往具有重要意义。如果最终取得了成果，还需要分析其价值，是开源、节流还是提升了效率？在整个工作过程中，是否有跨团队的协作，自己又做出了什么贡献？这些都是评估总结价值的关键因素。因此，必须围绕这些要点在日常工作中进行积累和总结，不断提醒自己进行优化，而不是等到总结时才去思考，这样才能确保总结的有效性。

13.2.1 日常工作总结

在总结日常工作的过程中，务必进行量化记录，这样可以清晰地展示你的工作量。可以从以下几个方面进行详细记录：

（1）数量累计型：记录具体数字，比如数据提取的个数、分析报告的数量、开发的指标数、建模的数量以及完成的产品数等。这些数据不仅让你对自己的工作有清晰的认识，也便于在总结时用数据支撑你的工作成果。

（2）临时任务型：老板常常会分配临时任务，这些也需要记录。选择一些有代表性的、对业务有影响的重要任务进行总结。通过这些临时任务，展示你的灵活性和应变能力。

通过这些记录，在总结时可以具体量化你的工作成果，反映出工作的实际情况，从而让领导能够客观评估你的工作强度和价值，避免主观评价造成的误解。

13.2.2　重点项目

许多职场新人常常觉得自己没有参与任何重点项目，这往往是因为缺乏正确的项目意识和总结能力。作为一名数据分析师，虽然日常工作主要是数据提取和生成分析报告，但如果你深入思考这些分析结论如何影响业务，比如优化产品或营销策略，这些都可以视为项目。

在这个过程中，务必关注以下几个方面：

- 项目识别：主动识别出可能成为重点项目的工作内容，即使是小白的分析报告，只要能推动业务发展，均可视为项目。
- 后续跟进：分析报告的结论要跟进其实施效果，观察这些措施是否产生了实际价值。记录这些反馈和结果，可以让你的工作更具影响力。
- 角色转换：从"螺丝钉"的角色转换为"项目负责人"，主动思考如何推进项目落地。这种思维转换不仅能提升自己的工作价值，也能在总结时提供丰富的项目案例。

通过这种方式，你可以将日常工作中的零散任务整合成有价值的项目，总结时也能展现出你在推动项目进展方面的贡献和思考。

13.2.3　重点价值

作为初入职场的新人，往往对工作感到懵懂，主要是经常被安排任务并执行，很少思考事情的价值。因此，在进行总结时，常常难以聚焦，无法提炼出有价值的内容。这主要源于对价值方向的认知不明确。实际上，在公司内部，价值的体现主要集中在以下几点：

（1）开源：直接或间接产生营收，尤其是间接营收。例如，分析师提供的建议帮助领导做出正确决策，从而带来收入，这就是一种间接的开源。

（2）节流：直接或间接帮助公司节约成本。例如，分析师通过数据分析发现公司成本浪费的问题并提出建议，帮助公司节约开支，这同样具有重要价值。

（3）提效：通过优化流程或其他方式提升人效，也可以视为一种间接节流。例如，自动化报表的使用可以大幅节省人力，从而有效提升效率，这也是非常有价值的。

13.2.4　重点协同

一个人单打独斗无法产生重大价值，只有通过团队合作，才能最大限度地发挥集体的力量，创造更大的价值。尤其是在跨团队的合作中，明确自己在协作中的角色至关重要，无论是项目经理、数据分析师还是产品经理，都应通过横向协作，发挥各自的优势，推动业务发展。这是所有领导非常重视的一项技能。尽管技术在合作中不一定能直接产生明确的营收，但提升协作效率是必不可少的基础，因此，这项技能永远不会被忽视。

初入职场时，可以先从配角开始，学习协作中的要点，如执行力和效率，然后逐渐转变为项目管理者，肩负项目结果的责任，最终实现协同价值的落地。

13.2.5 成果呈现

在记录日常工作、重点项目、价值体现和横向协作的过程中，良好的总结与呈现将为成果锦上添花，尤其是通过数据支持，这成为呈现的关键所在。

例如，你完成了多少个重点项目，最重要的项目带来了多少营收和提效成果；又如，你收集了多少有价值的客户反馈。领导通常非常重视客户反馈，因为客户问题无小事。如果能发现并解决他人未注意到的关键问题，这也是能力的体现，但必须要有数据作为支撑。因此，当代职场人应具备用数据和图表表达的能力，在日常工作中要特别关注这方面的学习与总结。虽然这是一个长期积累的过程，成长可能较慢，但如果能有经验丰富的老师指导，将大大加速成长。

在总结过程中，务必牢记用数据说话，这才是最具说服力的语言，远胜过华丽的修饰词。

13.2.6 小结

阶段性总结绝非一朝一夕之功，而是日常积累与反思的结果。通过一些方法论，结合自己过去的工作经历，提炼出最清晰、最能体现个人能力和价值的内容，以此反馈给被汇报人。

在日常工作中，应重点关注核心项目和协同贡献，尤其是那些能够体现开源、节流和提效的有价值的工作。在完成自己工作部分时，多思考这些价值方面，深入了解并推动业务的落地，这也是展现个人差异的关键。最终，要学会用数据说话，用有力的证据支持自己的观点，以赢得大家的认可。

13.3 做数据分析师会遇到哪些职业困惑

笔者在数据分析行业已经工作了十多年，经历了物流、大型互联网公司、零售行业以及ToB行业的不同岗位。从初入职场到现在，我常常面临沟通、晋升和行业发展等各种困惑，甚至一度考虑过转行。但最终，还是选择了先扎实做好本职工作，再逐步思考未来的方向。

相信读者在职业生涯中也会遇到类似的困惑。尤其是作为数据分析师，这个既实在又抽象的职业，常常会带来许多疑问。笔者将自己多年在数据分析师职业生涯中遇到的困惑分享给读者：

（1）数据分析师是否需要具备强大的编程能力？

（2）数据分析师的工作常常涉及大量数据提取，这样的工作是否枯燥？它的价值到底在哪里？

（3）数据分析师的升职和加薪是否很快？

（4）数据分析师是否容易遇到职业天花板，如何突破？

（5）如果将来不想再做数据分析师，还可以转向哪些职业？

……

以上问题都是数据分析师常见的职业困惑。那么，面对这些困惑，我们该如何应对呢？

13.3.1　数据分析师是否需要具备强大的编程能力

作为一名数据分析师，否认编程能力的重要性显然不现实。因此，许多想要进入数据分析行业的人可能会因编程能力的要求而退缩。虽然编程能力确实是必需的，但并不需要达到非常强的水平。那么，数据分析师到底需要多强的编程能力呢？

作为一名自学编程并在这个职业坚持了十多年的从业者，我认为数据分析师的编程能力可以根据不同的发展方向有所侧重和调整。

- 数据运营方向

在数据分析师的运营岗位上，日常工作主要通过数据提取进行数据分析和制作各种分析报表，因此只需掌握SQL即可。对于大多数人来说，SQL可以在1~2周内入门，并且能够满足日常90%的数据提取需求，所以不必过于担心。

- 数据可视化分析方向

对于负责可视化报表分析的分析师，掌握Python编程能力是必要的。Python能够更高效地进行数据分析和可视化，帮助更快速地生成分析报告。

- 数据挖掘方向

在数据挖掘领域，除了需要掌握SQL和Python外，分析师还需要学习一些较难或不常用的函数和代码。此外，了解相应的算法和代码实现也很重要。对于许多入门级的数据分析师而言，这部分内容可能不常用，除非需要进行深入的数据挖掘。

综上所述，不同方向的编程难度逐级递增。结合自己的职业发展方向，逐步学习编程能力即可，不必过于惧怕，按需学习会让你更加得心应手。

13.3.2　数据分析师的价值

许多刚入职场1~2年的数据分析师，主要从事数据提取工作，久而久之，可能会觉得枯燥无聊，甚至难以看到工作的价值，导致缺乏继续前进的动力。那么，数据提取工作的价值到底在哪里呢？

很多人在完成数据提取后，仅仅将结果反馈给需求方，而没有深入理解数据，从而错失了分析数据价值的机会。常见的数据提取类型包括经营数据、运营数据和监控预警数据等，通过这些数据，我们可以更深入地了解业务，发现其内在价值。

无论你是IT、运营还是数据仓库岗位，只要你能够提取这些数据，就说明你具备了相应的权限。这使你能够了解公司运营的现状，包括盈利与否、数据是否存在问题、数据维度是否足够细致等，这些都是值得进一步分析的问题。当你能够细化数据维度时，就提升了数据的质量；当你发现数据异常时，就提高了数据的准确性；而当你实现自动化提取数据时，就提高了数据提取的效率。通过提升数据的质量、效率和准确性，你为公司创造了宝贵的价值。

数据提取的价值在于你是否能主动深入了解数据，提升其各方面的价值，从而帮助公司做出更明智的决策，最终实现降本增效的实质性价值。

13.3.3 数据分析师升职加薪是不是很快

不同的行业在升职加薪方面各有差异。作为一个热门的岗位，数据分析师常常给人升职加薪速度快的印象。这种感觉往往源于对某些大型企业薪资结构的观察。那么，实际情况真的是这样吗？

数据分析师的薪资水平因岗位和职级而异。

通常，在职业生涯的前1~3年，薪资大致在8K~12K之间（注：有关薪资仅供参考）。相比许多传统行业，这个水平可能显得较高。然而，数据分析师的职业发展关键在于这几年的积累。如果能够把握住机会，薪资会有质的提升。但如果因数据提取工作枯燥或不愿意与他人沟通合作等原因，未能提升自身能力，可能在未来3~10年内薪资都难以显著增长，甚至停留在10K~15K之间。

当你能够独当一面时，薪资通常会达到15K~25K，这个范围因个人能力差异而有所不同。此时，你在沟通、数据提取、项目管理和分析报告等方面都能出色完成任务，无须老板过多干预。这个阶段可能出现在入职第2年，也可能是在第3年或第4年，因人而异。

通过对自己和周围人的观察，在从事数据分析工作5年后，如果你除了完成日常工作外，还具备较强的项目管理和创新分析能力，那么你基本上已经达到了数据分析专家的水平，薪资有望达到30K~40K。

因此，数据分析师的升职加薪速度与个人成长息息相关，而不仅仅与工作年限挂钩。不要过于关注眼前的薪水，更应注重自身能力的提升。

13.3.4 数据分析师是否容易遇到职业天花板，如何突破

职业天花板是许多人关注的问题，尤其是数据分析师这一职业。许多人都听说，数据分析师的职业发展天花板似乎较低，5~10年内便可能达到瓶颈，而与医生或律师等职业相比，后者随着年龄的增长往往更具竞争力。

关于这一现象，很多人认为数据分析师在薪资达到一定水平后，难以获得大幅提升，因

此被视为遇到了职业天花板。实际上，优秀的数据分析师在5~6年内可能就晋升至总监级别，薪资有望达到40K~50K，想要进一步提升可能就不那么容易，因此被认为达到了瓶颈。

需要注意的是，相较于律师和医生需要多年的学习与经验积累才能有所提高，数据分析师的起薪相对较高。当你遇到职业天花板时，其实有许多方法可以帮助你突破，并不会一直限制你的发展。

1. 从公司内部的角度

当你在数据分析师岗位上达到总监级别时，通常需要横向学习管理知识、财务技能，并深入了解所在行业的业务，为未来晋升至VP等更高职级做好准备。由于数据分析师的思维敏锐，这将为你的晋升提供更大的优势。

2. 从公司外部的角度

如果你希望从一个行业转换到另一个行业，数据分析师的背景同样具有优势。积累多行业的经验，可以让你从业务角度突破局限，未来的发展空间也会更广阔。

13.3.5　如果将来不想再做数据分析师，还可以转向哪些职业

如果你在职业生涯中遇到瓶颈，或者对当前工作失去了兴趣，也无须过于焦虑。数据分析师所具备的编程、项目管理、沟通能力、行业经验以及数据敏感度等，能够在横向选择其他工作时为你提供天然优势。

- 日常业务运营岗位：数据分析师可以顺利转型至运营岗位，部分岗位并不需要编程能力，而你的编程优势仍然会为你加分。
- 数据产品岗位：在数据分析能力的基础上，数据分析师可以转向数据产品的开发，利用自身的思维优势来创造和设计新的数据产品。
- 项目管理岗位：凭借项目管理能力，数据分析师也能在传统行业中获得管理岗位的机会。

因此，对于在当前职业中感到倦怠，想要转行或换岗位的人，只要在前期不断磨练自己数据分析的能力，就能够随时跳槽，仍然具备竞争优势。

13.3.6　小结

无论哪个职业都可能面临职业困惑，数据分析师也不例外。面对能力不足、晋升空间狭窄、未来发展受限等问题，重要的是逐一拆解困惑，针对性地学习和成长，从而有效消除眼前的困扰。

13.4 转行做数据分析师要做好什么准备

25岁仍然年轻，30岁以前可以大胆尝试。如果不想继续从事工程类工作，想要转行做数据分析师，我认为应考虑以下几个问题：

（1）为什么要转行？

（2）想转到哪个行业？

（3）这个行业有什么优势？

（4）转行需要做好哪些心理准备？

（5）转行需要做哪些实际准备？

13.4.1 了解自己、了解行业、确定方向

作为在数据分析行业深耕了多年的从业者，我见过许多人从不同领域转行到数据分析行业，包括建筑、制造和零售等传统行业。许多人选择转行，主要是因为这些行业发展潜力较低，薪资增长缓慢，前景不明。结合个人兴趣，许多人最终选择了大数据领域。

在数据分析行业，薪资起点普遍较高，通常以10K起步。如果你有能力，3~5年内薪资翻几倍是完全有可能的。同时，数据分析师的综合能力和职业发展潜力非常大，即使到了某个年龄段，个人能力依然会让你不易被淘汰。

13.4.2 硬件准备和软件准备

如果想转行进入数据分析领域，既需要做好充分的硬件实操准备，也要进行心理上的充分准备。

1. 硬件实操准备

要顺利转行进入数据分析行业，仅凭兴趣是不够的，硬技能必须扎实。因此，必须认真准备好硬技能。

1）基础：学习SQL和Excel

数据分析师的工作离不开数据提取，而大多数公司提取数据的方式是通过SQL代码。少数公司可能使用R或Python，但由于大多数公司仍然使用SQL，建议务必学习。

在日常数据分析中，Excel依然是必不可少的工具。尽管一些人可能不太重视Excel，但在零售行业工作中，即使通过SQL提取数据，后续的细节分析和可视化展示仍会依赖Excel。因此，对于Excel中常用的透视表和VLOOKUP等技巧必须掌握，这将大幅提高你的工作效率。

2）数据分析方法：学习各种分析方法

掌握数据分析的基础技能后，还需要熟悉常见的数据分析方法。了解这些方法对入门及

未来面试都有很大帮助。具体的分析方法可以帮助我们理清关键信息：

（1）梳理分析思路，确保数据分析形成结构化的体系。

（2）将问题分解为相互关联的不同部分，并展示它们之间的关系。

（3）为后续的数据分析提供指导方向。

（4）确保分析结果的有效性和准确性，避免偏离分析方向。

常见的分析方法包括：

（1）PEST分析模型：从政治、经济、社会和技术4个方面分析企业所处的宏观环境。

（2）SWOT分析模型：分析企业的优势、劣势、机会和威胁，通过不同角度全面评估公司的机会和风险，制定适合的战略发展规划。

（3）5W2H分析模型：在进行用户行为分析时，通过7个角度（谁、什么、何时、何地、为什么、如何、多少）研究问题，特别适合电商用户运营分析。

（4）4P理论：用于市场营销，从产品、价格、渠道和促销4个角度分析市场因素。

（5）AARRR分析模型：用于增长转化问题分析，从获取（Acquisition）、激活（Activation）、留存（Retention）、收益（Revenue）和推荐（Referral）5个环节提高用户增长。

3）数据分析项目：各类项目实践准备

在数据分析的日常工作中，技能和分析能力是基础，是转行的敲门砖。然而，要成功转行并获得令人满意的职位，实践项目是必不可少的。以下是几类值得学习的实践项目：

（1）可视化类项目：可以尝试学习数据可视化和自动化报表的开发。

（2）零售分析类项目：可以对不同零售商品的历史数据进行分析。如果有机会实习并获取真实数据，尝试多维度分析出有价值的信息将是非常好的项目实践体验。

（3）数据挖掘类项目：可以通过数据算法挖掘平台，如Kaggle或阿里天池等，进行项目实践。

以上是数据分析中常见的几类项目，虽然不同的行业可能存在差异，但如果希望转行，必须系统地学习这些内容，才能对数据分析有全面的理解，从而在转行后无缝衔接，顺利实现职业转型。

2. 软件心理准备

尽管转行做数据分析师可以进入一个高薪行业，但这个领域也存在许多不可避免的困难和挑战，我们必须做好充分的心理准备，以对自己的未来负责。那么，转行成为数据分析师时，我们需要做好哪些心理准备呢？

1）枯燥的数据提取

转行成为数据分析师意味着进入一个新领域，可以接触大量的数据。在支持业务团队数据提取分析的过程中，难免会遇到各种数据提取需求。每天重复进行这些枯燥的工作，很多人可能因此无法坚持，选择转岗，或者因为过于习惯而陷入麻木，无法得到提升。

实际上，数据提取的过程确实很枯燥，但你必须快速了解所有业务数据，以便不断成长。同时，利用更好的可视化工具来替代数据提取，可以帮助自己尽早投入更有意义的工作中。然而，这个过程的时间长短既取决于个人的努力，也取决于公司在数据自动化方面的投入。如果缺乏资源，这个过程可能会漫长，你是否做好了这样的心理准备？

2）付出不被认可

作为数据分析师，你唯一能够输出的有力武器就是数据分析报告。这可能是你熬过数个通宵或整个周末的辛勤付出，但在汇报时，可能会瞬间被老板否定。

这样的现象很常见，因为老板看到你的分析结果后，可能觉得你的分析和他心中的预期有太大差别，因此很难打动他。即使你付出再多，可能也会感到徒劳无功，你是否能承受这种不被认可的痛苦？

3）螺丝钉的准备

许多人转行做数据分析师是为了避免成为“螺丝钉”，因为数据分析师需要综合能力，可以学习公司的许多业务。然而，现实是，数据分析师在企业中很容易沦为一个小小的“螺丝钉”。例如：

（1）当业务团队提出数据提取需求时，你就成了数据提取的工具。

（2）当老板要求你制作分析报表时，你就成了报表加工的机器。

（3）当老板让你分析一个问题时，你就成了这一个具体问题的解决者。

这些都属于数据分析师在企业中的职责。如果你没有积极主动的求知欲，很容易被“螺丝钉化”。因此，成为数据分析师并不意味着不会沦为螺丝钉，而是你的主动性决定了你职业的高度。

4）瓶颈来得太快太早

许多人认为自己一定会积极主动，不会成为一颗“螺丝钉”，相信自己可以不断进步。然而，避过一关后，往往又会面临另一道难关。

当你快速学习SQL、Python、算法等技术，同时迅速掌握电商、物流等业务知识，除了这些，你还在学习项目管理，并不断提升沟通能力。在技术和业务顺利融合后，你可能会发现自己即将进入一个瓶颈期。

通常，作为数据分析师，第一年是快速成长的时期，第二、第三年是能力打磨阶段，第

四、第五年开始进入价值输出期，第六、第七年则可能会遭遇瓶颈。可以看出，这个瓶颈期来得如此之早、如此之快。与许多其他行业需要经历10~20年的积累才能首次感受到瓶颈相比，数据分析师的职业路径显得尤为迅速。

这就是互联网数据分析师的双刃剑：它是一门能够迅速上手的技能，但也是一门难以突破瓶颈的艺术。

要想突破瓶颈，需要在业务上深耕和沉淀5~10年，才能体验到更深层次的成长。你能够耐心等待吗？

13.4.3　小结

在转行之前，务必清楚自己的兴趣和转行的目的。如果只是为了高薪，仍需谨慎考虑。然而，如果你对数据分析充满热情，并希望改善职业发展机会，那么在分析兴趣的基础上选择数据分析行业是个不错的选择。

在转行之前，务必要做好充分准备，包括心理和实操两方面。心理上要调整好心态，避免因冲动而后悔；实操上则要打好基础，提升代码能力、分析思维和项目实践能力，才能顺利转行，为未来的快速发展铺平道路。

如果你已经下定决心，并做好了所有准备，那么请坚定地前进吧，欢迎你加入数据分析师的行列，开始你的成长与挑战之旅。

13.5　数据分析师如何避免中年危机

许多行业都在讨论中年危机，数据分析师也未能幸免。那么，数据分析师是否真的有中年危机呢？

首先，我们需要明确传统意义上的中年危机。通常，这种危机发生在35~40岁，往往伴随着未能晋升到高层管理岗位的裁员风险，同时还要承担家庭压力（上有老、下有小）。如果我们普遍认同这种定义，那么可以说，这部分人群的比例是相当可观的。这是绝大多数人必须经历的阶段，毕竟并非每个人都能顺利晋升到管理岗位。

因此，传统意义上的数据分析师也可以被视为面临中年危机的群体。但这并不重要，关键在于如何避免这种危机。

实际上，避免中年危机并不像许多人想象的那么复杂，但也并不简单。首先，我们需要扎实的基本功，随后在某一行业中深耕，通过技术与经验的积累，实现二者的有效融合。最终，在专业领域中进行一些创新，便能降低被淘汰的风险，自然也能顺利突破瓶颈，度过所谓的中年危机。

那么，具体应该如何做呢？需要将这些想法付诸实践。

13.5.1 扎实的基本功：分析能力

数据分析师的价值往往容易被忽视，许多人认为他们只会空谈，缺乏真正的专业技能。这种看法的产生，主要是因为许多人只是被动接收需求，很多需求缺乏技术含量，因此容易被忽略。

实际上，数据分析师的职责是为他人解决问题、创造价值。因此，无论是被动需求还是主动需求，都不应仅仅局限于数据提取技能，而应具备核心的分析能力。只要有人提出需求，必定是在业务上有优化或提升价值的空间。例如：

- 初级需求：老板需要查看报表，业务统计烦琐，因此会有自动化报表开发的需求。这时，数据分析师可以从提高效率的角度出发，帮助业务实现效率的倍增。
- 中级需求：业务中经常出现异常，需要梳理一个自动预警的监控体系。此时，数据分析师可以协助建立最佳的监控策略，以预防潜在风险。
- 高级需求：针对业务中用户活跃度低的问题，数据分析师应主动挖掘原因，提供建设性的建议或解决方案，最终帮助提高用户活跃度，完成业务指标。

以上需求的价值体现还有很多维度，都可以通过数据分析能力得以实现。因此，扎实的数据分析基本功至关重要。不能因为掌握了一些代码技能或完成了几个分析项目就得意忘形，而是要不断积累，做到对数据高度敏感，能够高效发现并解决问题。

13.5.2 深耕行业：积累独特经验

在许多情况下，具备技能、分析能力和实践经验仅表明你有能力独立完成工作，并不能确保你能够避免中年危机。很多问题并非仅靠分析技巧就能解决，而是需要在一个行业深耕，通过不断积累经验，才能发现他人未曾察觉的问题，解决他人无法解决的难题。

1. 经验之谈：以小见大

以电商为例，当你发现周末转化率没有明显增长时，许多人可能会对此视而不见。然而，从经验的角度来看，这显然是个问题。此时，可以从支付和下单路径逐一回溯，发现支付页面响应时间过长可能是原因所在，从而迅速采取措施，避免损失。这就是“以小见大”，并不一定要有巨大的波动才能发现问题。

2. 经验之谈：趋势预测

过去，众多行业遭遇衰退，而一些新兴行业则迅速崛起，其最大的特点在于准确预测了行业趋势。趋势预测不仅依赖数据，往往需要将数据与经验结合，才能提高成功的可能性。

因此，深耕一个行业，积累他人无法获得的经验，是未来核心能力之一，也是避免中年危机的重要武器。

13.5.3　保持热情，不断创新

即便拥有能力和经验，如果停滞不前，依然难逃中年危机。社会进步和行业发展都需要突破，而突破最有效的武器就是创新。

然而，创新并非易事。如果人人都能轻松创新，全球都会充满诺贝尔奖得主。创新的过程往往伴随着无数的失败尝试，因此在面对失败时，保持创新热情至关重要。唯有持续努力，从细节中寻找创新，才能有效抵御中年危机。

实际上，许多细节上的创新只需主动挖掘便能找到。以下是几种常见的创新场景：

（1）流程创新：流程永远可以优化，既可以从效率提升入手，也可以从用户体验进行创新。

（2）项目管理创新：项目管理可以通过精细化的数字管理，或优化交付模板来实现创新，均值得尝试。

（3）监控体系创新：监控体系并非一成不变，可以通过业务时间轴或垂直结构进行监控，或者两者结合，只要能为业务带来价值，均可尝试。

很多时候，当你对流程进行了一次创新优化后，之后却不再关注，实际上仍然有很大的优化空间。持续优化的缺失往往源于心态失衡，失去了最初的创新热情。因此，保持热情与不断创新，才能确保立于不败之地。

13.5.4　小结

数据分析师通常在工作1~3年内会感受到显著的进步，进入3~5年后能够独立承担工作职责。在此之后的进步主要依赖于经验的积累，速度会逐渐减缓，因此一定要保持耐心，持续积累。如果在10年时能将技能与经验完美结合，输出有价值的创新，想必没有哪个老板或行业会对此不心动，这样一来，所谓的中年危机便无从谈起。

作为数据分析师，心态至关重要。这个岗位在过去10年间相对较新，如果不想被淘汰，稳步前行并掌握上述核心能力是关键。

13.6　数据分析师的前景

常有人询问数据分析师这一职业的前景。通过线下交流，我们可以发现，许多人对前景的关注多集中于薪资待遇，只有少部分人会提到数据分析师的长远发展和可持续性。

关注薪资无可厚非，因为这是基本需求。然而，深入了解职业前景需要从多个角度全面评估，这样才能为自己的长期发展提供保障。

要全面认识数据分析师的前景，重点应从以下两点入手，以便更清晰地理解这一职业的未来：

（1）一般前景——数据分析师的发展路径。

（2）潜在前景——数据分析师的内功修炼。

了解一个岗位的前景，既要掌握常规的职业发展路径，也要理解该岗位的专业属性。这样，未来在横向拓展时才能获得更多机会，避免被淘汰。在追求美好前景的过程中，应时刻关注避免走不必要的弯路，以快速实现自己的目标。

13.6.1 一般前景——数据分析师的发展路径

刚毕业进入职场成为数据分析师后，通常要经历从初级到中级、高级、资深、专家的发展过程。进一步向上则是管理岗位，如数据分析总监或VP。许多人在晋升至数据分析总监后会面临瓶颈期。

一般而言，从初级到中级需要1~2年，从初级到高级需要1~3年，从初级到资深大约需要3年，而从初级到专家通常需要5年（含）以上。此后，晋升更多取决于经验、思维和管理能力的提升，而不仅仅是时间。了解每个级别所需的成长能力，是职业发展的关键。

- 初级：掌握基本的Excel统计分析，能理解业务需求，并实现SQL数据提取。
- 中级：熟练使用Excel相关函数，快速理解业务需求，并实现数据提取和可视化。
- 高级：精通Excel、SQL和Python，对业务需求有独立见解，并能输出分析报告。
- 资深：在技能熟练的基础上，能独立进行业务分析，提出改善建议。
- 专家：了解行业动态，主动发现问题，带领团队解决并创造营收。
- 总监：拥有丰富的行业经验和影响力，能够为行业业务提供方向指导。

以上是大多数人对数据分析职场发展的理解。若要晋升至VP，则不仅依赖于能力提升，还有许多综合要求，此处不再详细讨论。许多人认为在工作5~10年后就会遇到瓶颈，但作为数据分析人员，最大的优势在于横向拓展能力。这种能力可以帮助自己开拓更广阔的潜在前景。

13.6.2 潜在前景——数据分析师的内功修炼

对于数据分析师而言，除了通过职场的挑战与成长获得更高的职位和薪资外，持续的内功修炼同样重要。这种内功的积累是未来职业发展的重要保障，因此可以视为一种潜在前景。内功修炼主要体现在以下3个方面。

1. 数据认知能力

无论将来你身处哪个行业，尽管可能不再需要建模或提取数据，但对数据的认知能力却必须不断提升。例如，在物流行业，你需要了解如何评估物流效率、场地损耗和汽车运力；而在新媒体行业，关注曝光率、客户体验和用户分享等核心数据则至关重要。

只有对不同行业的数据有深刻理解，才能为将来的数据分析和决策打下坚实基础，否则在任何行业的尝试都将如同空中楼阁。

2. 业务洞察能力

随着对不同行业数据来源和核心指标的不断积累，你将能够理解各种业务痛点，从而形成快速的洞察能力，为企业提供提升营收的决策方案。

例如，当电商的转化率突然下降时，你可以追踪用户的登录、浏览、采购、下单和支付等行为，迅速定位转化异常的环节。这种分析能力源自对用户行为路径的深入理解。

不同的行业有各自独特的流程和路径，而这种能力的培养正是你在经验积累后的快速响应能力。常见的洞察方式包括：

- 时间：根据业务发展的时间线进行分析，如季节变化等。
- 行为：通过用户行为变化进行分析，如支付转化等。
- 流程：按照实际业务流程的顺序进行分析，如财务入账等。

这些只是一些常见的洞察角度。在不同的行业中，还会有许多其他的视角，或需通过组合多维度来进行分析。这种能力的提升在任何年龄和业务中都具有重要价值。

3. 产品设计能力

作为一名经验丰富的数据分析师，通常也能具备良好的产品设计能力。通过数据分析得出的洞察可以不断优化产品。如果发现市场中的空白机会，也能提出优秀的产品建议，并通过市场需求和用户分析，持续打造成熟的产品，实现数据驱动的产品开发。例如：

- 产品发现：通过市场调研分析发现二手奢侈品市场的空白，从而支持开发一款二手奢侈品App。
- 产品优化：通过电商平台用户行为数据分析，支持产品功能的优化设计。

数据分析师的工作往往与产品息息相关，无论是零售产品、平台产品还是数据产品，均需要具备分析和设计思维。因此，在这一过程中，产品设计能力将不断得到提升。

13.6.3 小结

总体而言，数据分析师这一职业的前景可以从外在和内在两个角度来看。从外在来看，职场发展路径相对清晰，并且有明确的学习路径可供依赖。只要运用有效的方法，不断努力学习和实践，大多数人都有机会达到一定的高度。

当遇到瓶颈时，不必慌张。应主动拓展自己的技能和内功修为，这样无论未来在哪个行业，都能顺利突破，进入管理层或在产品方向上持续提升，前景将更加广阔。

提升分析思维是打破瓶颈、拓宽前景的关键所在。

13.7　数据分析师的薪资差异

在数据分析领域，即使是同样的岗位，薪资差异也会显著，有的人可能只有5000元，而另一些人却能拿到20 000元。这种差异让人感到不舒服，但背后自然有其原因。不必过于焦虑，每个人都是从初入职场逐步努力成长起来的。只要深入了解普通分析师与资深分析师之间的差异，并有针对性地进行学习和补充，通常不需要很长时间，就能不断进阶，达到更高的薪资水平。

无论是自学还是通过课程学习，前提是弄清楚具体差异所在，然后有针对性地选择学习资料或课程，推动自己的成长，这才是正确的方法。

通过以下几个方面可以帮助你更清楚地理解薪资差异：

- 硬件技能差异。
- 分析思维差异。
- 沟通能力差异。
- 项目管理能力差异。

13.7.1　硬件技能差异

作为一名刚入门的数据分析师，通常需要掌握的技能是数据提取，即SQL的使用。日常工作主要是根据领导或业务部门的需求进行数据提取，并导出到Excel表中供分析使用。有些公司可能要求同时进行数据提取与分析，但一般情况下，只需进行基础的统计分析。

而作为一名资深数据分析师，除了掌握SQL外，还需掌握多种硬件技能，主要包括以下两点：

（1）Python能力（数据分析、数据可视化、自动化报告、机器学习等）。

（2）PPT能力。

Python已成为数据分析领域最受欢迎的编程语言，主要因为它入门简单，能够满足基础的数据分析、可视化和机器学习需求。它的库使用方便，因此在数据分析岗位上的应用越来越广泛。想要自学的朋友可以参考“Python 3｜菜鸟教程”，这个资源适合初学者，即使你从未接触过编程，也能轻松入门。

掌握Python基础后，可以继续学习Python的数据分析，首先要掌握Pandas和NumPy，然后了解机器学习算法的基础。推荐《机器学习实战》这本书，它可以帮助你初步了解基础算法。最后，通过项目实践不断提高自己的技能。

此外，Python还有许多应用场景，可以直接与SQL结合进行数据分析，并自动生成可视化报告。过去可能需要几天甚至几小时的数据提取和报告制作，现在只需几分钟即可完成。如果需求固定，甚至可以直接生成PPT。

最后，呈现能力也非常重要。PPT制作是不可或缺的，因为你不仅仅是一个数据提取的工具，完成数据分析后，只有通过精美的PPT向领导呈现，才能完整表达你的观点。否则，薪资水平将难以提升。

如今的数据分析不仅仅需要SQL，还需要掌握更全面的高阶技能才能实现高薪。不能满足于简单的数据提取和分析，而是要具备完整的数据提取、分析、挖掘、自动化、呈现和落地执行的能力。

13.7.2　分析思维的差异

在数据分析领域，分析思维决定了你能解决问题的广度、难度和深度。作为一位曾经历过5000元薪资阶段的从业者，那时我所能做的主要是通过SQL提取数据，然后进行简单的业务分析。

举个例子，在电商行业，如果让我分析双十一后商品销量下降的原因，我可能只会采取一些基础的方法。作为一名刚入行的菜鸟，我可能会用三种基本手段来进行分析：首先查看销售数据，按时间维度分析销售趋势，发现销量在双十一后明显下降；接着分析具体下降的商品型号；最后可能还会查看哪些地区的销量下降，并绘制几个简单的数据图表提交给领导。得出的结论可能是，双十一过后某产品在某地区销量下降明显，原因可能是该地区的营销推广不足。

这就是许多数据分析师可能会遇到的常见分析场景。但作为一名收入达到20 000元的资深分析师，分析思维绝不能止步于此，能够做的事情还有很多。

1. 分析问题

（1）需要对比历年的数据，确定销量下降是否为双十一大促后自然回落的结果。

（2）要了解公司在双十一前后的运营和推广策略是否有所变化，以判断是否是营销策略导致销量下滑。

（3）还需考虑各地区的地域风俗习惯或季节性变化对销量的影响。

2. 解决问题

（1）发现问题后，需要思考解决方案，并向各相关部门征求建议。

（2）最后提出建议方案，还需推动实施这些方案（若条件允许）。

以上仅是分析思维差异的简单示例。在真实的工作环境中，高薪的资深分析师会思考更多层面的问题，目标是从老板的角度出发，帮助其解决实际问题，而不仅仅是呈现模棱两可或不确定的分析数据。

若想提升分析思维，可以从以下三个方面入手：

（1）日常思维锻炼：在生活中多用数据思考和解释现象。

（2）阅读相关图书：多读一些数据分析方面的图书，借鉴前人的经验总结，这会对你大有帮助。

（3）短期课程实践：通过有经验的老师指导，实践一些分析项目，能够快速培养良好的思维习惯。

13.7.3 沟通能力差异

在数据分析岗位上，沟通能力是一项不可或缺的技能。作为数据分析师，有的人在沟通一个问题时可能需要多次反复，甚至可能出现错误，从而给公司带来损失；而另一些人则能够高效沟通，并能够衍生出更多的业务价值。

数据分析师日常需要处理业务部门提出的需求。在一家拥有不同薪资数据分析师的公司中，有些分析师可能更多地关注如何提取数据和具体的维度，然后快速写一个SQL语句反馈给业务。如果业务部门的专业性较强，情况可能还好；但如果业务部门不够专业，或者分析师没有清楚地沟通需求，提取的数据可能并非业务部门真正需要的。这时，业务部门依据这些数据进行分析，最终应用到策略或其他实际业务中，可能会直接给公司带来损失。

相对而言，具备良好沟通能力的数据分析师则能够站在对方的业务立场上，清晰地说明为什么需要这些数据。基于对底层数据的理解，他们还能提出更好、更准确和更有价值的数据建议，从而推动业务带来更多的营收或其他价值。这才是真正有效且有价值的沟通，并且可以降低异常风险。

除了需求沟通外，对于领导安排的工作，高效沟通更为重要。否则，数据分析师可能会陷入反复修改和沟通领导意图的循环中，浪费时间却没有实际成果。如果连领导的任务都无法沟通清楚，那么可想而知，老板又怎么可能考虑给你加薪呢？

13.7.4 项目管理能力差异

要成为一名成熟的数据分析师，项目管理能力是不可或缺的。分析师的终极目标是高效解决问题，而要解决问题，除了进行分析外，还需要推动团队或管理团队以项目形式按时、按质地进行交付。因此，项目管理能力是保障问题解决的重要技能。

如今，许多大型企业都将问题以项目形式进行推进。例如，当一个营销方案未能达到预期时，数据分析师需要进行问题分析。在一些分析师兼任项目负责人（owner）的公司中，他们需要找出问题的根本原因，并与营销部门合作进行方案优化。在这一过程中，数据分析师还需要结合数据，与策划部门共同制定新的营销方案和执行计划，从而形成一个高效的项目团队。在这个团队中，不同角色之间必须有明确的分工，并按照时间节点执行，最终朝着同一个目标努力实现落地。

作为数据分析师，往往因为对数据的深刻理解，以及对产品和运营的基本了解，容易被视为项目经理。这要求数据分析师在项目中衔接各个环节和成员，推动项目的顺利进行，直到问题得到解决。

然而，在现实中，当你仍处于初级分析师阶段时，就需要锻炼这种能力。这时要养成“项目负责人”意识，遇到问题不轻言放弃，直至问题解决。在这个过程中，你将不断提升自己的沟通和项目管理能力。

13.7.5　小结

无论是数据分析师还是其他岗位，人与人之间的差异往往不大，关键在于你是否认真思考和解决问题，以及是否能够设身处地、多想多做一些。这或许是月薪高低的关键所在。

希望已经是或想成为数据分析师的读者能够多学习一些硬技能，在提升分析思维的同时，也要增强自己的沟通能力。日常工作中，要以“项目负责人”的心态协同推进项目，锻炼自己的项目管理能力。

13.8　数据分析师沦为“取数工具人”，如何破局

作为一名数据分析师，我深切体会到被业务视作数据提取工具人的感受。相信许多初入职场的数据分析师也经历过或正在经历这一过程。

尤其是刚入职的数据分析师，每天醒来便面临形形色色的数据提取和报表需求，辛苦付出却常常功劳被业务抢走。这就像在玩游戏，“分析师打辅助，业务打主攻，拿人头”。渐渐地，我感到自己变成了一个数据提取机器，无法体现数据分析师应有的价值。

若想不被业务当作数据提取机器，必须从自身出发进行改变，主要可以从以下几点入手：

（1）知己知彼。

（2）提高效率。

（3）实现价值。

接下来，我们逐一探讨如何做到这几点，相信只要努力，就能摆脱被当作数据提取机器的困境。

13.8.1　知己知彼：清楚如何被动沦为工具人

首先，在行业认知中，数据分析师的职责往往被局限于数据提取和制作报表。尽管数据提取是一项基础工作，技术含量相对较低，但却消耗了大量的时间和精力，尤其是在沟通环节。有些公司设立这个岗位的初衷可能就是为了数据提取，而未能真正发挥数据分析师的价值。

其次，公司内部的业务结构也很复杂，尤其是大型集团公司，运营、销售、市场等不同

部门有着各自的分析需求。这导致数据分析师需要对接大量需求，根本没有精力专注于分析问题，最后只能赶工数据提取，满足业务部门的需求，甚至面临来自业务的投诉。

最后，每一个需求都需要反复沟通，而业务需求常常变化，这种持续的需求迭代使数据提取工作陷入循环，逐渐磨灭了数据分析师的初心和耐心，最终可能心甘情愿地沦为工具人。

13.8.2　提高效率：找到以一当百的终极武器——自助分析工具

作为数据分析师，要想实现突破，就需要找到提高效率的终极解决方案：自助数据提取平台。通过IT集中数据管理，进行数据分发，搭建良好的后台数据治理，将数据存储到平台中，让业务部门能够自助完成数据提取。这就是我们现在所说的BI（Business Intelligence，商业智能）平台，这样一来，数据分析师能节省大量数据提取工作，业务部门也能快速获取所需数据，实现双赢。

当然，说起来容易，做起来却不易。建设BI数据平台需要兼顾用户体验和数据提取性能。在数据治理过程中，需要理清所有业务数据的种类，识别哪些是常用且必需的，并确保数据的统一口径（跨部门通用），完整的采集和存储数据，并进行有效的映射和数据表关联。同时，权限管理也要妥善控制，以防数据泄露，这些都是必须解决的问题。

满足这些要求需要强大的技术支持和专业细致的业务研究。协调好公司的各项业务对接固然困难，但一旦成功，不仅可以解放自己，还能显著提升公司运营分析的效率。

13.8.3　实现价值：数据驱动业务支持决策，彻底摆脱工具人角色

当公司成功开发或采购了BI工具后，仍需对业务人员进行培训和推广。在这个过程中，你可能会逐渐成为工具的导师，越来越多的业务人员向你咨询使用和分析方法。然而，这并不会提升你在团队中的价值定位。如果想要彻底摆脱工具人的角色，就必须建立有效的指标监控体系，让数据真正驱动业务决策。

不同公司有不同的业务需求，因此指标监控体系也各不相同。以电商为例，最常用的指标体系围绕“人、货、场”进行构建。这里的“人”主要指用户分析，“货”则涉及库存和物流配货等分析，而“场”则关注销售渠道（如网页）及销售情况的分析。

除了建立有效的数据监控体系，还需设立有效的预警策略，以应对市场变化带来的业务波动。通过调整不同的运营监控预警策略，我们可以为业务提供及时反馈，确保其良性运转。当业务能够依赖数据自我驱动时，我们便真正摆脱了工具人的角色，从而有更多时间从宏观角度进行深入的业务分析和洞察，发现业务发展趋势，助力业务朝着更高目标迈进，最大化地体现分析师作为引航者的价值。